职业技能等级认定培训教程
职业培训包教材资源

无人机装调检修工

（基础知识）

中国就业培训技术指导中心
人力资源和社会保障部职业技能鉴定中心　组织编写

编审委员会

主　任　吴礼舵　张　斌　韩智力
副主任　葛恒双　葛　玮
委　员　李　克　朱　兵　赵　欢　王小兵　贾成千
　　　　吕红文　瞿伟洁　高　文　郑丽媛　陆照亮
　　　　刘维伟

中国劳动社会保障出版社

图书在版编目（CIP）数据

无人机装调检修工. 基础知识 / 中国就业培训技术指导中心，人力资源和社会保障部职业技能鉴定中心组织编写. --北京：中国劳动社会保障出版社，2024
职业技能等级认定培训教程
ISBN 978-7-5167-6084-0

Ⅰ.①无… Ⅱ.①中… ②人… Ⅲ.①人工智能-应用-无人驾驶飞机-组装-职业技能-鉴定-教材②人工智能-应用-无人驾驶飞机-调试方法-职业技能-鉴定-教材③人工智能-应用-无人驾驶飞机-检修-职业技能-鉴定-教材 Ⅳ.①V279

中国国家版本馆 CIP 数据核字（2024）第 003212 号

中国劳动社会保障出版社出版发行

（北京市惠新东街 1 号　邮政编码：100029）

*

保定市中画美凯印刷有限公司印刷装订　　新华书店经销

787 毫米×1092 毫米　16 开本　21 印张　330 千字
2024 年 5 月第 1 版　2024 年 5 月第 1 次印刷
定价：59.00 元

营销中心电话：400-606-6496
出版社网址：http://www.class.com.cn

版权专有　　侵权必究

如有印装差错，请与本社联系调换：（010）81211666
我社将与版权执法机关配合，大力打击盗印、销售和使用盗版图书活动，敬请广大读者协助举报，经查实将给予举报者奖励。
举报电话：（010）64954652

无人机装调检修工职业技能等级认定丛书
编审委员会

主　任　郑丽梅
副主任　刘加勇
委　员　鞠致礼　朱爱华　宋建堂　何先定　熊　勇　鹿秀凤
　　　　　刘艳菊　钟伟雄　周　玲

本书编写人员

主　编　何先定　宋建堂　王　强
副主编　李　煜　杨　芳　戴升鑫
参　编　周佳欣　何　达　罗　哲　王　聪　魏爱玲　程　红
　　　　　刘　星　张大鹏　周仁健　王思源　马　娟　刘秀芝
　　　　　李志昇　冯成龙　杨少艳　谢燕梅　魏春晓　姜　舟
　　　　　刘明鑫　朱菲菲　杨康宁　王　飞　韦　凤　果　辉
　　　　　郑丽娜　王朋飞　贾婷婷　黄仁均　李凯瑞
主　审　钟伟雄　朱爱华

前　言

为加快建立劳动者终身职业技能培训制度，全面推行职业技能等级制度，推进技能人才评价制度改革，促进职业培训包制度与职业技能等级认定制度的有效衔接，进一步规范培训管理，提高培训质量，中国就业培训技术指导中心、人力资源和社会保障部职业技能鉴定中心组织有关专家依据《无人机装调检修工国家职业技能标准（2021年版）》（以下简称《标准》）和职业培训包（以下简称培训包），编写了无人机装调检修工职业技能等级认定培训教程（以下简称等级教程）。

无人机装调检修工等级教程紧贴《标准》和培训包要求编写，内容上突出职业能力优先的编写原则，结构上按照职业功能模块分级别编写。该等级教程共包括《无人机装调检修工（基础知识）》《无人机装调检修工（初级）》《无人机装调检修工（中级）》《无人机装调检修工（高级）》《无人机装调检修工（技师 高级技师）》5本。《无人机装调检修工（基础知识）》是各级别无人机装调检修工均需掌握的基础知识，其他各级别教程内容分别包括各级别无人机装调检修工应掌握的理论知识和操作技能。

本书是职业技能等级认定推荐教程，也是职业技能等级认定题库开发的重要依据，已纳入职业培训包教材资源，适用于职业技能等级认定培训和中短期职业技能培训。

本书在编写过程中得到机械工业教育发展中心的大力支持，得到北京康鹤科技有限责任公司、成都航空职业技术学院、广州市机电技师学院、广州中望龙腾软件股份有限公司、许昌职业技术学院、山东水利职业学院、廊坊燕京职业技术学院、西安航空职业技术学院、山东中宇航空科技发展有限公司、吉林省彬生蓝航天际无人机科技有限公司等单位的协助，在此一并表示衷心感谢。

中国就业培训技术指导中心
人力资源和社会保障部职业技能鉴定中心

目 录 CONTENTS

职业模块1　职业道德

培训课程1　职业道德基本知识 ………………………………………………… 3
　学习单元　职业认知与职业道德 …………………………………………… 3
培训课程2　职业守则 …………………………………………………………… 5
　学习单元　无人机装调检修工职业守则 …………………………………… 5

职业模块2　无人机基础知识

培训课程1　无人机系统基础知识 ……………………………………………… 9
　学习单元1　无人机概述 …………………………………………………… 9
　学习单元2　无人机系统 …………………………………………………… 13
培训课程2　无人机操控基础知识 ……………………………………………… 31
　学习单元1　安装和使用无人机模拟飞行器 ……………………………… 31
　学习单元2　无人机模拟飞行的训练方法 ………………………………… 36
培训课程3　航空气象基础知识 ………………………………………………… 41
　学习单元1　大气基本知识 ………………………………………………… 41
　学习单元2　气象要素及其对无人机飞行的影响 ………………………… 44
　学习单元3　危害飞行安全的重要天气气象要素 ………………………… 49
培训课程4　飞行原理基础知识 ………………………………………………… 54
　学习单元1　空气动力学基础知识 ………………………………………… 54
　学习单元2　固定翼无人机的飞行原理 …………………………………… 57
　学习单元3　无人直升机的飞行原理 ……………………………………… 70
　学习单元4　多旋翼无人机的飞行原理 …………………………………… 76
培训课程5　通信基础知识 ……………………………………………………… 80
　学习单元　无人机通信系统认知 …………………………………………… 80
培训课程6　导航基础知识 ……………………………………………………… 85
　学习单元1　单一导航系统基础知识 ……………………………………… 85
　学习单元2　组合导航系统基础知识 ……………………………………… 89

1

学习单元3　导航系统在无人机上的应用 …………………………………………… 90
培训课程7　无人机测试飞行安全防护基础知识 ……………………………………… 92
　　学习单元　无人机测试飞行安全防护措施 ……………………………………… 92
培训课程8　无人机故障检测基础知识 ………………………………………………… 96
　　学习单元1　无人机常见故障 …………………………………………………… 96
　　学习单元2　无人机故障检测技术 ……………………………………………… 100
培训课程9　无人机维修基础知识 ……………………………………………………… 104
　　学习单元1　无人机维修概述 …………………………………………………… 104
　　学习单元2　无人机维修技术 …………………………………………………… 109

职业模块3　机械装配基础知识

培训课程1　机械识图知识 ……………………………………………………………… 115
　　学习单元1　机械识图基础知识 ………………………………………………… 115
　　学习单元2　机件图的基本表示方法 …………………………………………… 120
　　学习单元3　零件图和装配图的识读 …………………………………………… 125
培训课程2　机械技术基础知识 ………………………………………………………… 131
　　学习单元1　平面机构的运动简图及自由度 …………………………………… 131
　　学习单元2　平面连杆机构基础知识 …………………………………………… 134
　　学习单元3　连接及传动基础知识 ……………………………………………… 137
　　学习单元4　轴系零件基础知识 ………………………………………………… 141
培训课程3　无人机机体常用材料基础知识 …………………………………………… 145
　　学习单元　无人机机体常用材料 ………………………………………………… 145
培训课程4　无人机机械结构基础知识 ………………………………………………… 148
　　学习单元1　无人机的基本结构 ………………………………………………… 148
　　学习单元2　无人机的机械结构 ………………………………………………… 153
培训课程5　无人机机械装配工量具基础知识 ………………………………………… 157
　　学习单元1　无人机机械装配工具 ……………………………………………… 157
　　学习单元2　无人机机械装配量具 ……………………………………………… 163
培训课程6　无人机机械装配工艺基础知识 …………………………………………… 165
　　学习单元1　无人机机械装配工艺 ……………………………………………… 165
　　学习单元2　无人机机械装配工艺文件 ………………………………………… 169

培训课程7　无人机机械装配安全防护基础知识 …………………………… 174
　　学习单元　无人机机械装配安全管理规定 ………………………………… 174

职业模块4　电气安装基础知识

培训课程1　电子电路基础知识 ………………………………………………… 181
　　学习单元1　电路基础知识 ………………………………………………… 181
　　学习单元2　模拟电路与数字电路基础知识 ……………………………… 185
　　学习单元3　半导体器件 …………………………………………………… 189
培训课程2　电气识图知识 ……………………………………………………… 192
　　学习单元1　电气图的基本知识 …………………………………………… 192
　　学习单元2　电子电路识图 ………………………………………………… 197
培训课程3　传感器基础知识 …………………………………………………… 203
　　学习单元1　传感器 ………………………………………………………… 203
　　学习单元2　传感器分类 …………………………………………………… 208
培训课程4　电气安装工具材料、仪器仪表基础知识 ………………………… 212
　　学习单元　无人机电气安装工具、仪器仪表及材料基础知识 ………… 212
培训课程5　无人机电气安装工艺基础知识 …………………………………… 215
　　学习单元1　无人机电气安装工艺 ………………………………………… 215
　　学习单元2　无人机电气作业标准及布线原则 …………………………… 220
培训课程6　无人机电气安装安全防护基础知识 ……………………………… 224
　　学习单元　无人机电气安装安全防护 …………………………………… 224

职业模块5　信息技术基础知识

培训课程1　计算机基础知识 …………………………………………………… 231
　　学习单元1　计算机操作系统 ……………………………………………… 231
　　学习单元2　计算机网络系统与安全 ……………………………………… 232
培训课程2　无人机调试软件操作基础知识 …………………………………… 239
　　学习单元1　调试软件和调试对象 ………………………………………… 239
　　学习单元2　调试参数 ……………………………………………………… 243
培训课程3　常用办公软件操作基础知识 ……………………………………… 258
　　学习单元1　Excel基本操作 ……………………………………………… 258

学习单元2　Word 基本操作 …………………………………………………… 266

职业模块6　安全生产与环境保护基础知识
　培训课程1　劳动保护基础知识 …………………………………………………… 279
　　学习单元1　劳动保护知识 ………………………………………………………… 279
　　学习单元2　劳动防护用品 ………………………………………………………… 283
　培训课程2　安全生产基础知识 …………………………………………………… 285
　　学习单元1　安全生产基本管理制度 ……………………………………………… 285
　　学习单元2　安全生产的人为因素 ………………………………………………… 287
　　学习单元3　安全生产事故的应急救援 …………………………………………… 290
　培训课程3　环境保护基础知识 …………………………………………………… 293
　　学习单元1　环境保护概述 ………………………………………………………… 293
　　学习单元2　无人机的使用对环境的影响及保护措施 …………………………… 295

职业模块7　相关法律、法规知识
　培训课程1　《中华人民共和国民用航空法》相关知识 ………………………… 299
　培训课程2　《通用航空飞行管制条例》相关知识 ……………………………… 306
　培训课程3　《民用航空安全管理规定》相关知识 ……………………………… 314
　培训课程4　《民用无人机驾驶员管理规定》相关知识 ………………………… 318
　培训课程5　《轻小无人机运行规定（试行）》相关知识 ……………………… 321
　培训课程6　《民用无人驾驶航空器实名制登记管理规定》相关知识 ………… 323
　　学习单元1　无人机相关方的职责 ………………………………………………… 323
　　学习单元2　民用无人机实名登记内容 …………………………………………… 324

职业模块 ❶

职业道德

培训课程 1

职业道德基本知识

学习单元　职业认知与职业道德

一、职业认知

职业是性质相近的工作的总称,通常指个人服务社会并作为主要生活来源的工作。在特定的组织内它表现为职位,我们在谈某一具体的工作(职业)时,其实也就是在谈某一类职位。每一个职位都会对应着一组任务,作为任职者的岗位职责。而要完成这些任务就需要这个岗位上的人,即从事这个工作的人,具备相应的知识、技能、态度等。

无人机装调检修工是使用设备、工装、工具和调试软件,对无人机进行配件选型、装配、调试、检修与维护的人员。

二、职业道德

职业道德是指人们在职业生活中应遵循的基本道德,是职业品德、职业纪律、专业胜任能力及职业责任等的总称。

职业道德是整个社会道德的主要组成部分;是一个人的道德意识、道德行为发展的成熟阶段,具有较强的稳定性和连续性;也是一个职业集体,甚至一个行业全体人员的行为表现。

职业道德既是本行业人员在职业活动中的行为规范,也是行业对社会所承担的道德责任和义务。在职业活动中,公约、守则等对职业生活中的某些方面加以规范。

随着生产力的提高和生产关系的改变，社会化分工也在不停地改变，职业道德是从道德中衍生出来的具体行为方式，主要包括诚实守信、爱岗敬业、办事公道、热心服务、奉献社会等。

培训课程 2 职业守则

学习单元　无人机装调检修工职业守则

一、遵纪守法

遵纪守法是指在从事职业活动过程中，遵守职业活动中的法律法规、纪律、规定、规章、制度、守则、公约等。

遵纪守法具体表现在"知法、守法、护法"三个方面。

1. 知法

知法是指知道职业活动中应遵守的法律法规、纪律、规定、规章、制度、守则、公约等，是守法的前提和基础。

2. 守法

守法是指遵守职业活动过程中涉及的法律法规、纪律、规定、规章、制度、守则、公约等，是从事职业活动的依据和保障。

3. 护法

护法是指在职业活动中，对于违反相关规定、纪律的行为，给予纠正和教育，以维护法律法规的严肃性。

二、爱岗敬业

爱岗敬业是爱岗与敬业的总称。爱岗是对所从事岗位的热爱，敬业是对所从事职业的敬畏。爱岗和敬业，互为前提，相互支持，相辅相成。爱岗是敬业的基石，敬业是爱岗的升华。

职业和工作岗位，都是一个人赖以生存和发展的基础保障。爱岗敬业不仅是个人生存和发展的需要，更是社会存在和发展的需要。爱岗敬业应是一种普遍的奉献精神。

随着我国民用无人机良好的市场发展势头，对无人机生产和售后服务人才的需求越来越大。无人机装调检修工职业的诞生，不仅能改变人才供不应求的状态，而且能让从事无人机装调检修工作的技术人才真正进入规模化发展，是无人机相关人才需求体系成型的一个重要信号。从业人员应当顺应国家的政策导向，着眼于行业的发展趋势，履行岗位的工作要求，努力做到爱岗敬业、履职尽责。

三、团结协作

团结协作是指人们在日常生活、学习和工作中，互相支持、互相配合，明确工作任务和共同目标，在工作中尊重他人，虚心诚恳，积极主动协同他人做好各项事务的行为。

无人机装调检修工是一项综合化、多流程的工种，对于从业人员的互相协作性要求较高。团结协作也是无人机装调检修工重要的职业特点，使无人机的装调和检修行为更加专业化、规范化，为无人机生产和安全飞行提供保障。

四、精益求精

精益求精是指事物已经非常出色，却还要不断追求更加完美。精益求精是大国工匠应具备的基本素质，是从业者的核心价值取向，是职业道德的内在要求。

从业者的职业素质对一个国家、一个民族的发展至关重要。不论是传统制造业还是新兴产业，不论是工业经济还是数字经济，职业工匠始终是产业发展的重要力量，精益求精的工匠精神始终是创新创业的重要精神源泉。

职业模块 ❷
无人机基础知识

培训课程 1

无人机系统基础知识

学习单元1　无人机概述

一、无人机的定义

1. 无人机与无人机系统

无人机（Unmanned Aircraft，UA），是指由控制站管理（包括远程操纵或自主飞行）的航空器，英文也常用UAV（Unmanned Aerial Vehicle）缩写。一般所说的无人机是无人驾驶飞机的简称。

无人机系统（Unmanned Aircraft System，UAS），是指无人机以及与其相关的遥控站（台）、任务载荷和控制链路等组成的系统。

2. 飞行器

飞行器（Flight Vehicle），是指由人类制造、能飞离地面、在大气层内或大气层外宇宙空间飞行的机械飞行物。按飞行环境和工作方式的不同，可把飞行器分为航空器、航天器、火箭和导弹三大类。无人机属于飞行器的一种。

二、无人机的特点

1. 无人机的优点

与有人机相比，无人机具有以下优点。

（1）无人机上没有驾驶员，简化了系统、减轻了重量、降低了成本。

（2）无人机更适合执行危险性高的任务。

(3) 无人机可以适应更激烈的机动飞行和更加恶劣的飞行环境。

(4) 无人机在制造、使用和维护方面的技术门槛与成本相对更低。

2. 无人机的缺点

与有人机相比,无人机具有以下缺点。

(1) 无人机对导航系统和通信系统的依赖性更高。

(2) 当无人机发生机械故障或电子故障时,无人机及机载设备可能产生致命损伤。

(3) 无人机的载荷能力有限,续航时间较短。

(4) 无人机飞行范围较小。

(5) 无人机抗风、抗雨能力有限。

随着科技进步,无人机也迎来快速发展,续航时间短等问题也在逐渐完善。

三、无人机的分类

无人机可以按飞行平台构型、应用领域、飞行航程、飞行高度、飞行重量、运行风险几个大类进行划分。

1. 按飞行平台构型分类

按飞行平台构型的不同,无人机可分为固定翼无人机、无人直升机、无人伞翼机、多旋翼无人机、无人扑翼机、无人飞艇和混合式无人机等。

(1) 固定翼无人机。固定翼无人机是指由动力装置产生前进的推力或拉力,由机身固定的机翼产生升力,在大气层内飞行的重于空气的无人机。

(2) 无人直升机。无人直升机是指依靠动力系统驱动一个或多个旋翼产生升力和推进力,实现垂直起落及悬停、前飞、后飞、定点回转等可控飞行的无人机。

(3) 无人伞翼机。无人伞翼机是指以伞翼为升力面,以柔性伞翼代替刚性机翼的无人机。伞翼位于全机的上方,多用纤维织物制成不透气柔性翼面,可收叠存放,张开后利用迎面气流产生升力。

(4) 多旋翼无人机。多旋翼无人机是指具有三个及以上旋翼轴提供升力和推进力的可垂直起降的无人机。

(5) 无人扑翼机。无人扑翼机是一种利用仿生原理,通过机翼主动运动来模拟鸟的翅膀振动,产生升力和前行力的无人机。

（6）无人飞艇。无人飞艇是一种轻于空气、具有操纵和推进系统的无人机。无人飞艇分为硬式、半硬式和软式三种类型。

（7）混合式无人机。混合式无人机是指混合以上两种或多种平台构型的无人机。倾转旋翼无人机就是一种最典型的混合式无人机。

2. 按应用领域分类

按应用领域的不同，无人机可分为军用无人机、民用无人机和科研无人机。

（1）军用无人机。军用无人机是指应用于军事领域的无人机。军用无人机可分为靶机、侦察无人机、诱饵无人机、电子对抗无人机、通信中继无人机和无人战斗机等。

（2）民用无人机。民用无人机是指应用于民用领域的无人机。民用无人机可分为消费级无人机和工业级无人机。消费级无人机主要用于个人娱乐、个人航拍、青少年科普教育等方面，强调产品的易操作性、便携性和性价比。工业级无人机主要用于各个行业应用领域，强调产品的专业性、稳定性和可靠性。

（3）科研无人机。科研无人机是指应用于科学研究、科学试验或类似用途的无人机。

3. 按飞行航程分类

按飞行航程的不同，无人机可分为超近程无人机、近程无人机、短程无人机、中程无人机和远程无人机，见表 2-1。

表 2-1　无人机的分类（按飞行航程分）　　　　　　　　km

无人机的分类	无人机的飞行航程
超近程无人机	<15
近程无人机	15～50
短程无人机	50～200
中程无人机	200～800
远程无人机	>800

4. 按飞行高度分类

按飞行高度的不同，无人机可分为超低空无人机、低空无人机、中空无人机、高空无人机和超高空无人机，见表 2-2。

表2-2 无人机的分类（按飞行高度分） m

无人机的分类	无人机的飞行高度
超低空无人机	0～100
低空无人机	100～1 000
中空无人机	1 000～7 000
高空无人机	7 000～18 000
超高空无人机	>18 000

5. 按飞行重量分类

按飞行重量分，无人机可分为九类，见表2-3。

表2-3 无人机的分类（按飞行重量分） kg

无人机的分类	空机重量	起飞重量
Ⅰ	0＜空机重量/起飞重量≤1.5	
Ⅱ	1.5＜空机重量≤4	1.5＜起飞重量≤7
Ⅲ	4＜空机重量≤15	7＜起飞重量≤25
Ⅳ	15＜空机重量≤116	25＜起飞重量≤150
Ⅴ	植保类无人机	
Ⅵ	无人飞艇	
Ⅶ	超视距运行的Ⅰ、Ⅱ类无人机	
Ⅷ	116＜空机重量≤5 700	150＜起飞重量≤5 700
Ⅸ	空机重量/起飞重量＞5 700	

6. 按运行风险分类

根据运行风险大小，民用无人机可分为微型无人机、轻型无人机、小型无人机、中型无人机和大型无人机，具体分类见表2-4。

表2-4 无人机的分类（按运行风险大小分）

无人机的分类	说明
微型无人机	空机重量小于0.25 kg，设计性能同时满足飞行真高不超过50 m、最大飞行速度不超过40 km/h、无线电发射设备符合微功率短距离无线电发射设备技术要求的遥控驾驶航空器

续表

无人机的分类	说明
轻型无人机	同时满足空机重量不超过 4 kg、最大起飞重量不超过 7 kg、最大飞行速度不超过 100 km/h，具备符合空域管理要求的空域保持能力和可靠被监视能力的遥控驾驶航空器（不包括微型无人机）
小型无人机	空机重量不超过 15 kg，或最大起飞重量不超过 25 kg 的无人机（不包括微型无人机、轻型无人机）
中型无人机	最大起飞重量超过 25 kg 且不超过 150 kg，且空机重量超过 15 kg 的无人机
大型无人机	最大起飞重量超过 150 kg 的无人机

学习单元 2　无人机系统

无人机系统包括动力系统、飞行控制与导航系统、通信系统、起飞着陆系统和任务载荷系统。

一、动力系统

动力系统的作用是通过能量转换为无人机飞行提供动力。常见的动力系统有电动动力系统和燃油类动力系统两类。

1. 电动动力系统

电动动力系统是将电能转化为机械能，为无人机飞行提供动力的系统。电动动力系统由电池、电子调速器、电动机和螺旋桨四个部分组成。

（1）电池。电池是无人机常用的动力来源。

1）电池类型。电池有铅酸蓄电池、镍氢电池、镍镉电池、锂聚合物电池等。

2）电池区分。电池主要从电池类型、电池参数和电池出线的接口三个方面进行区分。目前无人机使用的电池主要是锂聚合物电池，具有高倍率、高能量比、高性能、高安全、寿命长、环保无污染、质量轻等优点。在形状上，锂聚合物电池具有超薄化特征，可以配合一些产品的需要制作成不同形状与容量的电池。锂聚合物电池如图2-1所示。

图2-1 锂聚合物电池

3）电池参数。衡量电池性能的参数有电压、电池容量和电池倍率。

①电压。电压分为额定电压、开路电压、工作电压和充电电压等。电压的单位为伏特（V），符号为U。

额定电压是指电池工作时公认的标准电压。例如，锂聚合物电池为高电压版3.8 V，低电压版3.7 V。

开路电压是指无负载使用情况下的电池电压。

工作电压是指电池在负载工作情况下的放电电压，它通常是一个电压范围。例如，锂聚合物电池的工作电压为高电压版3.8~4.35 V，低电压版3.7~4.2 V。

充电电压是指外电路电压对电池进行充电时的电压，一般充电电压要大于电池开路电压。

②电池容量。电池容量是指电池储存电量的大小。电池容量分为实际容量、额定容量、理论容量。电池容量的单位为毫安时（mAh）。

实际容量是指在一定放电条件下，在终止电压前电池能够放出的电量。

额定容量是指电池在生产和设计时规定的，在一定放电条件下电池能够放出的最低电量。

理论容量是指根据电池中参加化学反应的物质计算出的电量。

③电池倍率。电池倍率是指电池充电、放电电流与额定容量的比值。充放电倍率用C-rate（capacity rate）来表示，用来表示充放电电流的大小。

1C：电池一小时完全充满电或放完电时，电流强度与额定容量的比值。

（2）电子调速器。电子调速器用于调节电动机的转速，又称电调（Electronic

Speed Control，ESC）。

电子调速器可分为无刷电子调速器和有刷电子调速器。电子调速器的主要功能是将直流电源转换为三相电源，将飞控板的控制信号进行功率放大，控制电动机的转速，即变相（直流—三相）、变压和调流（调速）。有的电调有 5 V 左右的电压输出，通过信号线为接收机供电，接收机再为舵机等控制设备供电。电子调速器如图 2-2 所示。

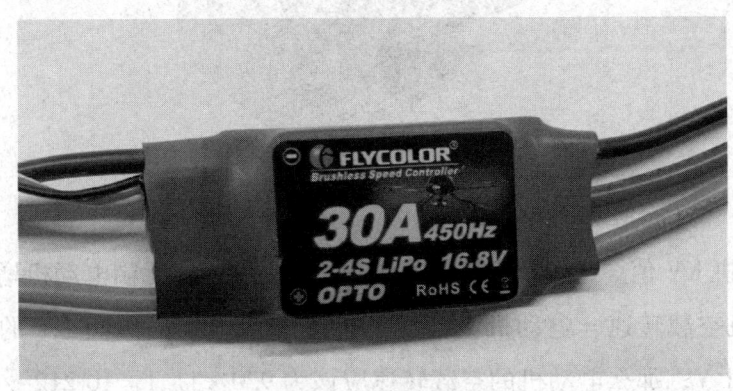

图 2-2　电子调速器

（3）电动机。电动机用于带动螺旋桨旋转，产生升力或推力等。通过电调对不同电动机转速的控制，可使无人机变换各种飞行姿态。

1）电动机分类。电动机有无刷电动机和有刷电动机两类。

2）无人机的电动机固定在机架力臂的电机座上。

3）无人机上使用的无刷电动机为外转子型。电动机定子线圈通电，外面的转子的 N 极靠近定子的 S 极，转子的 S 极靠近定子的 N 极。此线圈停止通电，使下一个线圈通电，即图中标 B 的线圈通电流。这样永磁铁就开始继续寻找下一个目标。外转子型无刷电动机的结构如图 2-3 所示。

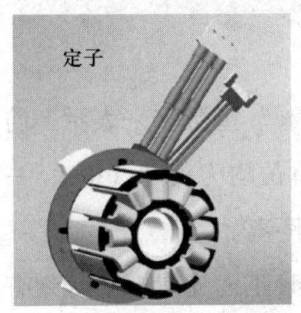

图 2-3　外转子型无刷电动机的结构

4)电动机的型号。电动机的型号通常用形如"××××"型数字来表示。例如,2212外转子无刷动力电动机,即表示电动机定子直径为22 mm,电动机定子高度为12 mm,如图2-4所示。

图2-4　2212外转子无刷动力电动机

5)电动机KV值。电动机KV值指电压每增加1 V,无刷电动机增加的每分钟转速,电动机空载转速=电动机KV值×电池电压。例如,920 KV的电动机,电池电压为11.1 V,那么电动机的空载转速应该为920×11.1=10 212 r/min。

(4)螺旋桨。螺旋桨将电动机旋转的机械能转换为无人机运动的动能和势能。

无人机使用的螺旋桨多为桨距固定不变的定矩螺旋桨,常见的定距螺旋桨如图2-5所示。

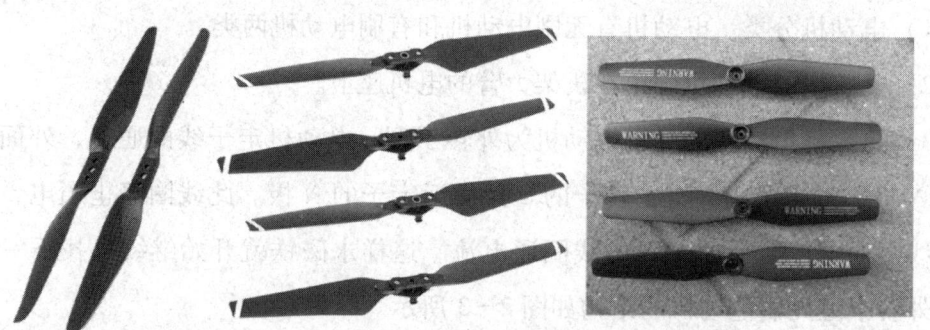

图2-5　定距螺旋桨

1)螺旋桨尺寸。螺旋桨尺寸通常用形如"××××"型数字来表示,前两位数字表示螺旋桨直径,后两位数字表示螺旋桨螺距,单位均为英寸(in),一英寸约等于2.54 cm。螺距即桨叶旋转一圈旋转平面移动的距离。

2)螺旋桨分类。螺旋桨有正反桨之分,一般螺旋桨正面光滑,同时刻有相应的螺旋桨参数值。当该面朝前时,逆时针旋转产生拉力的为正桨,顺时针旋转产生拉力的为反桨。

3）螺旋桨配型。电动机与螺旋桨的配型原则：高 KV 电动机配小桨，低 KV 电动机配大桨。电动机 KV 值越小转动惯量越大，KV 值越大转动惯量越小。所以，螺旋桨越大，无人机产生的拉力就越大，需要更大能量来驱动螺旋桨旋转，应采用低 KV 电动机。反之螺旋桨越小，需要更快转速才能产生足够拉力，应采用高 KV 电动机。

2. 燃油类动力系统

常用的燃油类动力系统有活塞式发动机和涡轮喷气发动机两类。

（1）活塞式发动机。活塞式发动机是将燃料的化学能转化为热能，并经活塞将热能转换为机械能的装置，即一种利用燃料在气缸内燃烧膨胀产生压力，推动活塞运动做功的机器。

1）常用燃料。活塞式发动机常用的燃料有酒精、汽油、柴油等。

2）活塞式发动机的结构。活塞式发动机主要由气缸、活塞、连杆、曲轴、气门机构、螺旋桨减速器和机匣等组成。常见汽油机和柴油机如图 2-6 所示。

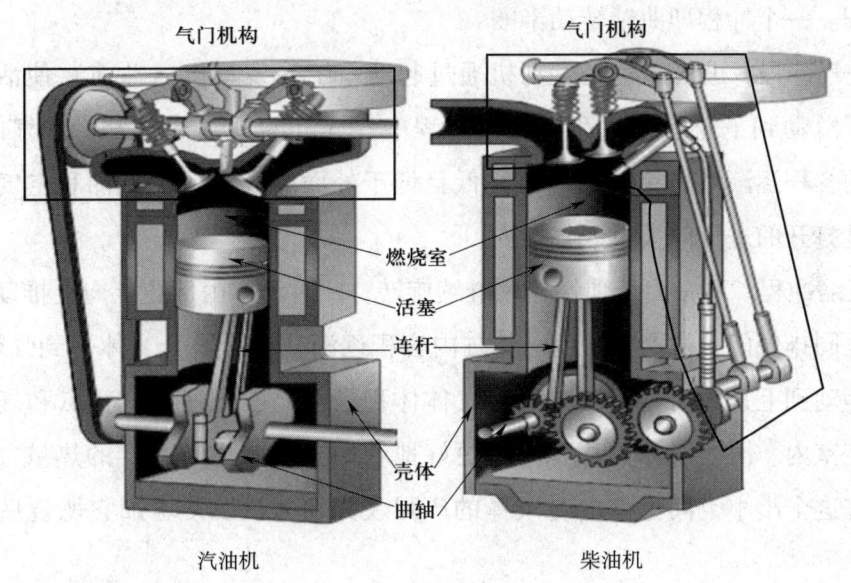

图 2-6　汽油机和柴油机的构造

3）分类

①根据燃料点火方式的不同，发动机可分为点燃式和压燃式两种。点燃式发动机是利用电火花点燃燃料的发动机。压燃式发动机是压缩空气使空气温度升高点燃燃料的发动机。

②根据发动机工作原理不同可以将发动机分为二冲程发动机和四冲程发动机。

活塞式发动机四个冲程依次是进气冲程、压缩冲程、做功冲程和排气冲程，如图2-7所示，即发动机完成一个工作循环需要经过四个冲程，曲轴旋转两圈完成一个工作循环。

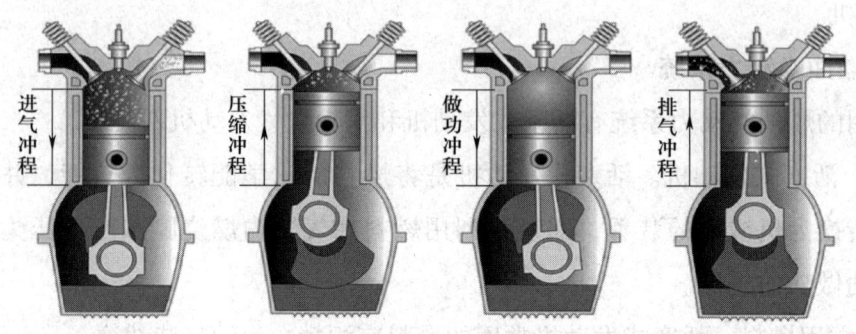

图2-7 活塞式发动机四个冲程

活塞冲程是指活塞从上止点到下止点或者从下止点到上止点运动的过程，即一个冲程。一个冲程即曲轴转动半圈。

- 进气冲程。进气冲程是发动机通过起动系统（发动机启动前）使活塞从上止点向下滑动到下止点的过程。这个过程中，气缸的进气门打开，排气门关闭，气缸内的容积逐渐增大，缸内气压降低且低于外面的大气压，汽油和空气的混合气体通过打开的进气门被吸入气缸内。

- 压缩冲程。曲轴由于惯性作用继续旋转，此时活塞由下止点向上推动。这时进气门也同排气门一样严密关闭。气缸内容积逐渐减小，混合气体受到强烈压缩。当活塞运动到上止点时，气缸内混合气体体积最小，被压缩在上止点和气缸头之间的燃烧室内。压缩气体体积是为了更好地利用汽油燃烧时产生的热量，使限制在燃烧室这个小小空间里的混合气体的压强大大增大，以便增加它燃烧后的做功能力。

- 做功冲程。在压缩冲程快结束，活塞接近上止点时，气缸头上的点火装置火花塞通过高压电产生了电火花，点燃混合气体，燃烧时间很短，但是燃烧速度很快。气体剧烈膨胀，压强急剧增大。活塞在燃气的强大压力作用下，从上止点向下止点迅速运动，连杆便带动曲轴转起来。做功冲程是发动机唯一能够获得动力的冲程，其余三个冲程都是为这个冲程做准备的。

• 排气冲程。做功结束后，曲轴在惯性的作用下继续旋转，活塞由下止点向上移动。此时，进气门继续关闭，而排气门打开并将燃烧后的废气排出气缸。当活塞运动到上止点时，由于活塞的推挤基本已排出气缸内的废气，此时，一个循环完成。然后打开进气门，关闭排气门又开始新的循环。

在进气、压缩、做功、排气这一完整的循环中，汽油的化学能通过燃烧转化为热能，又转化为推动活塞运动的机械能，从而带动旋翼轴旋转。由于循环中还包含着热能到机械能的转化，所以也叫作热循环。

二冲程活塞式发动机完成两个行程作为一个完整的工作循环。进气、压缩、做功和排气这四个步骤是曲轴旋转一圈完成的，且曲轴每旋转一圈对外做一次功。活塞式发动机两个冲程如图2-8所示。二冲程活塞式发动机的进气孔和排气孔设置在缸体上，活塞的上下移动就能打开或关闭气孔，实现进气和排气。而四冲程活塞式发动机则是由相应的驱动机构定时打开或者关闭进气门和排气门。

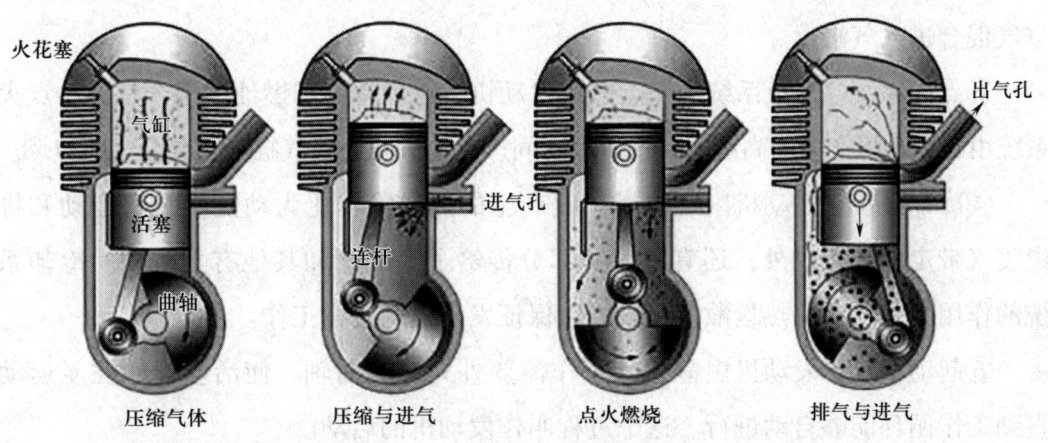

图2-8　活塞式发动机两个冲程

• 第一冲程进行进气和压缩，活塞从下止点向上运动直到上止点。当活塞位于下止点时，排气孔和扫气孔处于开启状态，进气孔被活塞挡住处于关闭状态。这时上一循环中进入曲轴箱内的可燃混合气通过扫气孔进入气缸，扫除气缸内的废气。随着行程的继续，扫气孔将先关闭，扫气终止。活塞继续上移，排气孔跟着关闭之后，可燃混合气开始被活塞压缩直至到达上止点。

• 第二冲程进行燃烧和排气，活塞从上止点向下运动到下止点。当活塞压缩可燃混合气到达上止点时，点火装置点燃可燃混合气，气体经燃烧膨胀做功。此时唯有进气孔仍然处于开启状态，扫气孔和排气孔处于闭合状态，可燃混合气通过进气孔继续流入曲轴箱，直至活塞因燃烧做功推动下移将进气孔关闭为止。活塞继续向下止点移动的过程中，曲轴箱内的可燃混合气体因容积不断减小而被预压缩。此后，活塞继续下移，排气孔最先开启，可燃混合气体在气缸内经燃烧产生的废气从排气孔排出，做功结束。随后活塞在曲轴惯性作用下继续下移又将扫气孔开启，曲轴箱内的可燃混合气经扫气孔进入气缸，扫除气缸内的废气，开始扫气过程，直至扫气孔被关闭为止。

4) 发动机工作系统。活塞式发动机的工作系统主要有进气系统、燃油系统、点火系统、冷却系统、起动系统、散热系统等。

①进气系统。进气系统为燃烧做功提供燃料和清洁空气并使之混合然后输送到气缸内。进气系统内常装有增压器，用来增大进气压力。

②燃油系统。燃油系统由油箱、油泵、汽化器或燃料喷射装置等组成，作用是为发动机持续不断提供洁净燃油。油泵将汽油压入汽化器，汽油在此雾化并与空气混合进入气缸。

③点火系统。点火系统用于点燃式发动机，点燃空气和燃油的混合气体。点火系统由磁电动机产生的高压电在规定的时间产生电火花，将气缸内的混合气体点燃。

④冷却系统。发动机内燃料燃烧时产生的热量除转化为动能使活塞运动和排出废气带走部分能量外，还有很大一部分传给了气缸壁和其他有关机件。冷却系统的作用就是将这些热量散发出去，以保证发动机的正常工作。

⑤起动系统。发动机由静止到工作需要外力转动曲轴，使活塞开始往复运动直到工作循环能够自动进行。这个过程叫作发动机的启动。

⑥散热系统。散热系统是对发动机气缸体和气缸盖进行适当冷却散热的系统。冷却方法有两种，一种是水冷，另一种是风冷。水冷发动机的气缸周围和气缸盖中都加工有冷却水套，并且气缸体和气缸盖冷却水套相通，冷却水在水套内不断循环，带走部分热量，对气缸体和气缸盖起冷却作用。

(2) 涡轮喷气发动机。涡轮喷气发动机是一种涡轮发动机，完全依赖燃气流产生推力，通常用作高速飞机的动力。

1) 组成。涡轮喷气发动机主要由进气道、压气机、燃烧室、涡轮和尾喷管五个部分组成。其中压气机、燃烧室、涡轮是发动机的核心组成部分，称为"核心机"。涡轮喷气发动机结构如图 2-9 所示。

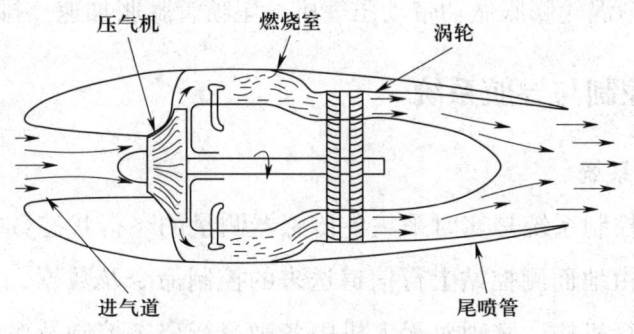

图2-9 涡轮喷气发动机结构

①进气道是气体进入发动机的通道，它的作用是引导空气顺利进入发动机。

②压气机的工作原理是空气流过高速旋转的叶片，叶片对空气做功，空气压力增大，温度升高。

③燃烧室是将燃料与经压气机增压增温的空气混合并燃烧的地方，燃料燃烧化学能转变为内能，使气体温度和压力升高。

④涡轮。燃烧室流出的气体具有很高的能量，流经涡轮时大部分能量转换为机械能使涡轮高速旋转。涡轮轴驱动螺旋桨、压气机以及其他部件。燃气经过涡轮后温度和压力下降，速度增加，流向尾喷管。

⑤尾喷管是发动机的排气系统，能将燃气经涡轮后产生的强烈涡流进行整流，使燃气继续膨胀加速从涡轮流出，使发动机排气速度更大，产生更大的推力。

2）工作原理。新鲜空气进入进气道，流经压气机，压力增大变成高温高压气体，接着进入燃烧室与喷油嘴喷出的燃油混合燃烧，从燃烧室流出的高温高压高速燃气冲击涡轮，涡轮旋转，带动压气机（风扇/螺旋桨）工作，从涡轮流出的燃气在尾喷管中继续膨胀，高速喷出，使发动机获得了部分推力。

（3）涡轮风扇发动机。涡轮风扇发动机由进气道、风扇、压气机、燃烧室、涡轮、尾喷管组成。其工作原理：进气道进气→风扇→压气机增压→燃烧室加热→涡轮膨胀做功带动压气机、风扇→尾喷管膨胀加速→排气到体外。

（4）涡轮螺旋桨发动机。其简称为涡桨发动机，由进气道、压气机、燃烧室、涡轮、尾喷管、减速器、螺旋桨组成。其工作原理：进气道进气→压气机增压→燃烧室加热→涡轮膨胀做功带动压气机、螺旋桨→尾喷管膨胀加速→排气到体外。

（5）涡轮轴发动机。其简称为涡轴发动机，由进气道、压气机、燃烧室、涡轮、尾喷管、功率输出轴、主减速器组成。其工作原理：进气道进气→压气机增压→燃烧室加热→涡轮膨胀做功带动压气机→尾喷管膨胀加速→排气到体外。

二、飞行控制与导航系统

1. 飞行控制系统

无人机飞行控制系统是实时采集各传感器测量的飞行状态数据、接收无线电测控终端传输的由地面测控站上行信道送来的控制命令及数据，经计算处理，输出控制指令给执行机构，实现对无人机中各种飞行姿态控制及对任务设备的管理与控制；同时将无人机的状态数据，发动机、机载电源系统、任务设备的工作状态参数实时传送给机载数据终端，经无线电下行信道发送回地面测控站的系统。

（1）飞行控制系统的功能

1）完成多路模拟信号的高精度采集。

2）输出各类能适应不同执行机构控制要求的信号。

3）利用多个通信信道，分别实现与机载数据终端、GPS（全球定位系统）信号、数字量传感器以及相关任务设备的通信。

（2）组成。无人机飞行控制系统由传感器、机载计算机和执行机构三大部分组成。

1）传感器。传感器包括陀螺仪、加速度计、磁力计、气压计和 GPS。

2）机载计算机。机载计算机是飞行控制系统的核心部件，应具有姿态稳定与控制、导航与制导控制、自主飞行控制、自动起飞及着陆控制的功能。

3）执行机构。执行机构主要作用是根据飞控计算机的指令，按规定的静态和动态要求，通过对无人机各控制舵面和发动机节气门等的控制，实现对无人机的飞行控制。

2. 导航系统

无人机导航系统是指利用导航设备进行位置指引、方向修正、速度调整、高度调节和航迹储存的系统。目前用于无人机的导航技术有：无线电导航、惯性导航、卫星导航、图像匹配导航、天文导航和组合导航等。

（1）无线电导航。无线电导航（Radio Navigation）是指借助于无线电波的发射和接收，测定飞行器相对于导航台的方位、距离等，以确定飞行器的导航参数的技术。

(2) 惯性导航。惯性导航是通过测量飞行过程中的加速度,经过运算得到无人机当时(实时)速度和位置的一种综合性导航技术。

(3) 卫星导航。卫星导航是利用导航卫星发射的无线电信号,求出无人机相对卫星的位置,再根据已知的卫星相对地面的位置,计算出无人机在地球上的位置的技术。

目前世界上已有的卫星导航系统有：中国的北斗卫星导航系统(BDS)、美国的全球定位系统(GPS)、俄罗斯的全球卫星导航系统(GLONASS)和欧洲的"伽利略"卫星导航系统。

(4) 图像匹配导航。图像匹配导航分为地形匹配导航和景象匹配导航两种。图像匹配导航的关键数据原图称为数字地图。

(5) 天文导航。天文导航是以已知准确空间位置的自然天体为基准,通过天体测量仪器被动地探测天体位置,经解算确定测量点所在载体的导航信息的技术。

(6) 组合导航。组合导航是无线电导航、卫星导航、图像匹配导航和天文导航等一个或几个与惯性导航组合在一起形成的综合导航系统。因为惯性导航能够提供比较多的导航参数,还能够提供全姿态信息参数,所以一般组合导航中以惯性导航为主。

三、通信系统

通信系统是用以完成信息传输过程的技术系统的总称。现代通信系统主要借助电磁波在自由空间的传播或在导引媒体中的传输机理来实现,前者称为无线通信系统,后者称为有线通信系统。通信系统由发射设备、接收设备和频段组成。

1. 发射设备

发射设备是将操控信号转换为电信号并发射出去的装置。

2. 接收设备

接收设备是接收发射设备发出的信号,并将之转换为可用信号的装置。

3. 频段

频段是发射出的信号传输的通道。无人机通信使用的频段是2.4 G和5.8 G。

(1) 2.4 G。无人机的遥控器信号大多数采用的是2.4 G无线技术,也有图传使用2.4 G无线技术的。2.4 G无线技术采用的是频段处于2.400 0～2.483 5 GHz的信号。这个频段受到的干扰较少,一般用于高速传输,保障了数据有效传输。

目前手机、蓝牙和 Wi-Fi（Wireless Fidelity）都占用这个频道，导致遥控器信号传输分配的带宽很小。为了保证传输信号的质量，传输距离不能太远，在开阔的无人区最远只能达到 1~2 km。但是如果一台无人机上既使用 2.4 G 频段来遥控，又用来图传，这样的结果是相互间干扰较大，不利飞行。无线通信 2.4 G 模块如图 2-10 所示，2.4 G 无线图传发射模块如图 2-11 所示。

图 2-10　2.4 G 模块 JF24D　　　　图 2-11　2.4 G 无线图传发射模块

（2）5.8 G。5.8 GHz 频段包含了三个 100 MHz 频段。

1）5.15~5.25 GHz，适用于室内无线通信。

2）5.25~5.35 GHz，适用于中等距离通信。

3）5.725~5.825 GHz，目前用于社区的宽带无线接入。

5.8 G 相比较 2.4 G 而言，优势是比较明显的，如实现容易、频谱利用率高、业务种类多、接口简单统一、升级容易，特别适用于非连接的数据传输业务。基于电路的技术时延小，适用于进行传统的语音传送和基于连接的传输业务。但是 5.8 G 也有缺点，如波长较短、绕射能力较差、传输带宽也比 2.4 GHz 要小些。

5.8 G 也用于遥控器信号传输，但是在画质的处理上，5.8 G 视频传输器能够完全释放出 64 位模拟色彩度输出，这是 2.4 G 达不到的，所以航拍一般常用 5.8 G 频段。5.8 G 图传设备如图 2-12 所示。

4. 传输方式

（1）Wi-Fi 传输。Wi-Fi 是基于 IEEE 802.11 标准的无线局域网技术，通常使用 2.4 G 特高频无线电波或 5 G 超高频无线电波。和蓝牙技术类似，通过该技术，相关电子设备可以接入无线局域网以实现在小范围里高速传输信号。无人机上应用的 Wi-Fi 模块如图 2-13 所示。

图 2-12　5.8 G 图传设备

图 2-13　无人机 Wi-Fi 模块

无人机上的 Wi-Fi 模块功能有三点。

1）传递控制信号，控制无人机的飞行方向、距离、速度、倾斜角度等。

2）给无人机传输航拍的视频数据。

3）增加传输距离。

（2）4 G 网络传输。4 G 网络的优点是通信传输距离可以很远，缺点是限于低空 200 m，所以只能用于低空民用无人机。

（3）数据卫星传输。高空控制需要卫星来实现。通过发射卫星提供中继服务，可以使无人机控制范围更广，但是成本高，所以这种方式只作为辅助通信使用。传统无人机和卫星无人机通信功能的比较见表 2-5。

表 2-5　传统无人机和卫星无人机通信功能的比较

功能	传统无人机	卫星无人机
飞行控制	无线电遥控设备，最远传输距离大约 100 km	卫星数据控制，最远传输距离在 5 000 km 以上
定位回中	定向天线或无线电回传，当飞出可控范围时，只能进行预设定位飞行	可实时回传定位信息，运动轨迹可完全在平台显示
图传	受通信方式限制，一般最远 5 km	在 5 000 km 范围内，可将无人机所拍摄的实时影像传回地面站显示屏
安装	由于定向天线、无线电远程控制需要调试、架高等，安装麻烦	直接集成在无人机内部，无须调试，直接控制

(4) 数传、图传

1) 数传。数传是用于飞控和地面站之间的数据传输。数传属于无人机系统里的链路系统,是连接地面站和无人机的唯一纽带。

数传链路有机载数传电台和地面数传电台,可以将无人机的姿态、位置、高度等信息进行天空端与地面端的传输。机载数传电台通过数据线与无人机的自驾仪连接。地面数传电台通过数据线与无人机地面站连接。

2) 图传。无线图传模块是利用无线技术进行无线传输图像视频的一种模块。无线图传系统包含发射端和接收端。发射端安装于无人机上,通过 HDMI、RJ45 等方式连接机载相机,经过数字调制,以无线形式发射对应频率信号。接收端安装于地面,收到来自发射端的无线信号,经过数字解调,通过 HDMI、USB、RJ45 等形式输出高清视频至手机、平板电脑以及高清显示屏上。

四、起飞着陆系统

起飞着陆系统是保证无人机安全起飞和安装降落着陆的装置,分为起飞系统和着陆系统两类。有的无人机的起飞与着陆系统是不同的装置,有的是同一套装置。

1. 起飞系统

起飞系统是保证无人机安全起飞的装置。无人机的起飞系统可分为手抛发射、起落架滑跑起飞、垂直起飞、弹射发射、母机空中发射、容器式发射装置发射等形式。

(1) 手抛发射。这种发射方式简单可靠,由操作手投掷到空中,但是受到重量限制,是所有发射方式中最简单的,一般适用于微型、小型低速无人机,靠无人机自身动力起飞。手抛发射如图 2-14 所示。

(2) 起落架滑跑起飞。无人机起落架滑跑起飞受到地面环境条件的限制,与有人机起飞方式相似,不同的地方在于以下两点。

1) 无人机起落架可以采用可弃式起落架,只在起飞阶段用到起落架,起飞后便抛弃,减轻无人机重量,等到回收时用其他回收方式。

2) 轻型、微型无人机一般采用固定起落架,结构简单。而远航飞行的大型、小型无人机则采用可收放起落架,以减少飞行过程中因起落架产生的阻力。起落架滑跑起飞如图 2-15 所示。

图2-14 手抛发射

图2-15 起落架滑跑起飞

（3）垂直起飞。这种起飞方式对场地要求不高，旋翼无人机和固定翼无人机垂直起飞方式不同。

1）旋翼无人机垂直起飞。其以旋翼作为产生升力的部件，动力系统工作带动旋翼旋转产生升力，垂直起飞。

2）固定翼无人机垂直起飞。固定翼无人机垂直起飞有两种形式：一种是在发射场上将无人机以垂直的形态放置，由无人机尾部支座支撑，在发动机作用下起飞；另一种是在无人机上配置专门用于垂直起飞用的发动机，使无人机能够垂直起飞。固定翼无人机垂直起飞如图2-16所示。

图 2-16 固定翼无人机垂直起飞

（4）弹射发射。弹射发射起飞用于固定翼无人机的发射，由于发射设备笨重，目前已逐步被淘汰。

（5）母机空中发射。这种发射需要大型有人机作为平台（母机），经济性较差，多用于军事方面，民用方面几乎不采取这种方式。

（6）容器式发射装置发射。这种发射方式多用于军事方面。

2. 着陆系统

着陆系统是保证无人机安全着陆的装置。着陆装置主要有伞降回收、起落架滑跑着陆、阻拦网回收、天钩回收、气垫着陆、垂直着陆回收等几类。

（1）伞降回收是由主伞和减速伞（阻力伞）二级伞组成降落伞的回收方式，该回收方式较为普遍。伞降回收时，先由无人机接收地面站发送的回收指令，无人机开始无动力飞行，减速到合适值时，减速伞打开，减小无人机下降过程的速度直到合适速度时主伞打开，充气完成的主伞悬挂无人机慢慢着陆，着陆瞬间开关接通主伞脱离。伞降回收如图 2-17 所示。

（2）起落架滑跑着陆。该着陆方式与有人机相似，无人机起落架滑跑着陆受到地面环境条件的限制，与有人机相比不同之处在于：

1）在跑道要求方面，无人机比有人机要求低。

2）有些无人机特意将起落架局部设计成较脆弱的结构，用以吸收无人机着陆时撞地能量。

3）有些无人机会在尾部装上尾钩，在回收着陆滑跑过程中，尾钩钩住地面的拦截索，通过拦截索的弹性变形吸收无人机的动能，降低速度，缩短滑跑距离。

（3）阻拦网回收。用阻拦网系统回收无人机是目前世界小型无人机较普遍采用的回收方式之一。阻拦网回收如图2-18所示。

图2-17 伞降回收

图2-18 阻拦网回收

（4）天钩回收。和阻拦网回收相似，天钩回收时控制无人机飞向绳索，利用无人机翼尖挂钩钩住绳索回收，如图2-19所示。

图2-19 天钩回收

（5）气垫着陆。无人机在着陆前打开气囊，发动机把空气压入气囊，压缩空气从囊口喷出，在机腹下形成高压空气区——气垫，实现无人机着陆时的缓冲目的。但需要注意的是，依靠气囊直接着陆，缓冲能力有限，该方式只适用于微型无人机。

（6）垂直着陆回收。同垂直起飞方式一样，该方式对场地要求不高。旋翼无人机和固定翼垂直起降无人机利用逐渐减小旋翼产生升力的方式，使无人机安全着陆。

1) 旋翼无人机垂直着陆,以旋翼作为产生升力的部件,旋翼旋转产生拉力,控制旋翼转速来控制拉力大小使无人机垂直着陆。

2) 固定翼垂直着陆与固定翼垂直起飞的方式相同,以发动机推力(螺旋桨拉力)抵消重力。

五、任务载荷系统

任务载荷系统是指为完成作业任务而装备到无人机上的设备。不同的任务载荷系统直接决定了无人机的功能,主要载荷包括侦察设备、通信设备、武器、作业设备等。

1. 无人机的任务载荷

无人机的任务载荷是指无人机在执行特定飞行任务时,需要装载特定任务的仪器、设备和系统。无人机任务载荷可用于监视、巡逻、架线、空投物品、大气监测、采样、通信、实验、中继等。

2. 常用民用任务载荷

常用的民用任务载荷有航空照相机、摄像机、红外热成像相机、喷洒设备等。

(1) 航空照相机。它是一种利用光学成像原理形成影像并使用底片记录影像的设备,是用于摄影的光学器械,装载在无人机上拍摄地面景物来获取地面目标。航空照相机具有良好的机动性、时效性和低投入等优点,在航空遥感、测量和侦察等领域发挥了重要作用,主要在昼间实施侦察任务。

(2) 摄像机。它是将景物的活动影像通过光电器件转换成电信号,以便于存储或者传输的装置。

(3) 红外热成像相机。红外热成像相机利用大气、烟云无法吸收某一波段热红外线的原理,能在无光的夜晚或是烟云密布的战场,清晰地观察到地面情况。红外热成像相机也应用于空中探测,提高无人机全天候实时观测能力,利用红外热像光谱探测器探测地面上具有热泄露的物体,并将所探测的热泄露物体图像实时记录并传输至机载电子储存器上。

(4) 喷洒设备。该设备主要用于农业植保的喷洒农药、喷洒消毒等,具有安全性高、成本低、易保养、效率高等特点。

培训课程 2

无人机操控基础知识

学习单元1　安装和使用无人机模拟飞行器

一、无人机模拟飞行软件

1. 无人机模拟飞行

模拟飞行是成为无人机驾驶员的入门训练。通过模拟飞行训练，既可以有效地降低训练成本，又可以快速地提升无人机驾驶的能力。

模拟飞行是依托计算机硬件和软件技术，应用互联网、局域网环境，近似于真实无人机的仿真飞行操作技术的训练。模拟飞行具有以下优势。

（1）所使用的器材是普通的计算机及模拟器，降低了因操作不当或机器故障等因素导致无人机不正常坠地的概率，具有良好的经济性。

（2）在基础训练方面，无人机模拟飞行与无人机真实飞行具有融通性。

（3）高度仿真、互动性强，使模拟飞行具有实用性和应用性。

（4）时间上灵活，不受设备、天气、场地和管理上的限制，在家也可以练习。

（5）没有电量限制，可以长时间进行练习。

（6）通过规范的无人机模拟飞行，可以非常快地适应无人机真实飞行培训。

2. 常用模拟飞行软件

无人机常用模拟飞行软件有 PhoenixRC（凤凰模拟软件）、Reflex XTR、AeroFly、RealFlight 几个系列，也有满足专项训练要求的模拟软件，例如穿越机飞行训练、行业无人机专项训练。

3. 无人机模拟飞行软件安装

（1）软件安装准备。安装前应准备好 PhoenixRC 安装盘、计算机、遥控器和加密锁。SM600 型遥控器如图 2-20 所示，加密锁如图 2-21 所示。

图 2-20　SM600 型遥控器　　　　　　图 2-21　加密锁

（2）PhoenixRC 模拟软件安装

1）双击安装盘中的 setup.exe 可执行文件。

2）选择安装语言——中文（简体）。

3）单击下一步，选择安装位置。

4）单击"我接受许可协议中的条款"。

5）输入用户名和公司名，如图 2-22a 所示。

6）选择安装所有程序功能，即可进入安装。可以通过安装进度条进行安装进程监控，安装进度条如图 2-22b 所示。

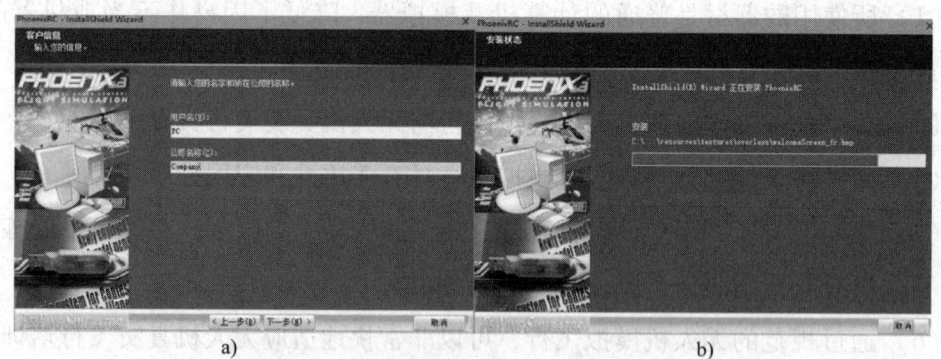

图 2-22　输入用户名和公司名及安装进度条
a）用户名和公司名填写　b）安装进度条

安装成功后，在计算机桌面可以找到 PhoenixRC 的启动快捷方式，如图 2-23 所示。

图 2-23 快捷方式

二、使用无人机模拟飞行软件

1. 无人机遥控器

遥控器主要由发射器与接收机两部分组成。遥控器上的控制杆移动量转为无线电波，通过专用通道发送给接收机，接收机通过接收无线电波读取遥控器上控制杆位移量，并转为数字信号发送到无人机的控制器中。

2. 无人机模拟器与遥控器连接

（1）双击 PhoenixRC 的快捷方式，点击 Start PhoenixR/C 图标即可启动软件。软件启动画面如图 2-24 所示。

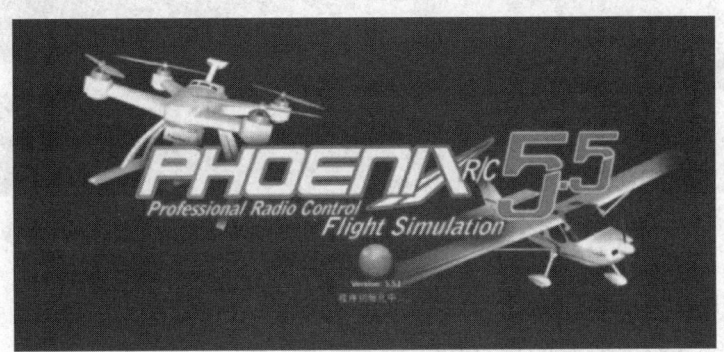

图 2-24 软件启动画面

（2）遥控器和计算机相连。如果内置了加密锁的遥控器，可以直接通过 USB 接口进行连接。如果是普通遥控器，通过额外的加密锁再和计算机进行连接，接着打开遥控器即可。

在软件菜单栏，有"系统设置""选择模型""选择场地""查看信息"等选项。其中较为重要的有"系统设置"，在该选项下可以配置新的遥控器、设置遥控器等。在"选择模型"中可以自由选择无人机模型或者编辑模型。在"选择场地"中可以选择合适的训练场地,在子选项"场地布局"中可以选择系统预设的几种训练场地。在"查看信息"中可以设置摄像机的视角以及屏幕显示。在"飞行记录"中可以完成飞行练习的记录。在"训练模式"中可以按照预设的训练科目完成训练。在"比赛模式"中可以进行多种多样的比赛项目。在"多人联机"中可以和他人一起联机训练飞行。

(3) 对遥控器进行调试。选择"系统设置"—"配置新遥控器"会出现模拟飞行器配置遥控器画面,图2-25所示。

图2-25 模拟飞行器配置新遥控器画面

1) 选择下一步,按照提示进入校准遥控器环节。

2) 首先将遥控器所有的摇杆置于中立位置,单击下一步。

3) 开始缓慢地移动所有摇杆到最大限度,单击下一步。

4) 移动所有开关到最大位置,接着开始检查校准效果。遥控器校准界面如图2-26所示。

需要注意的是,系统默认1通道为控制无人机副翼通道,2通道为控制无人机升降舵通道,3通道为控制无人机油门通道,4通道为控制无人机方向舵通道。

(4) 设置控制通道。设置控制通道即按照操作者习惯来设置"美国手"与

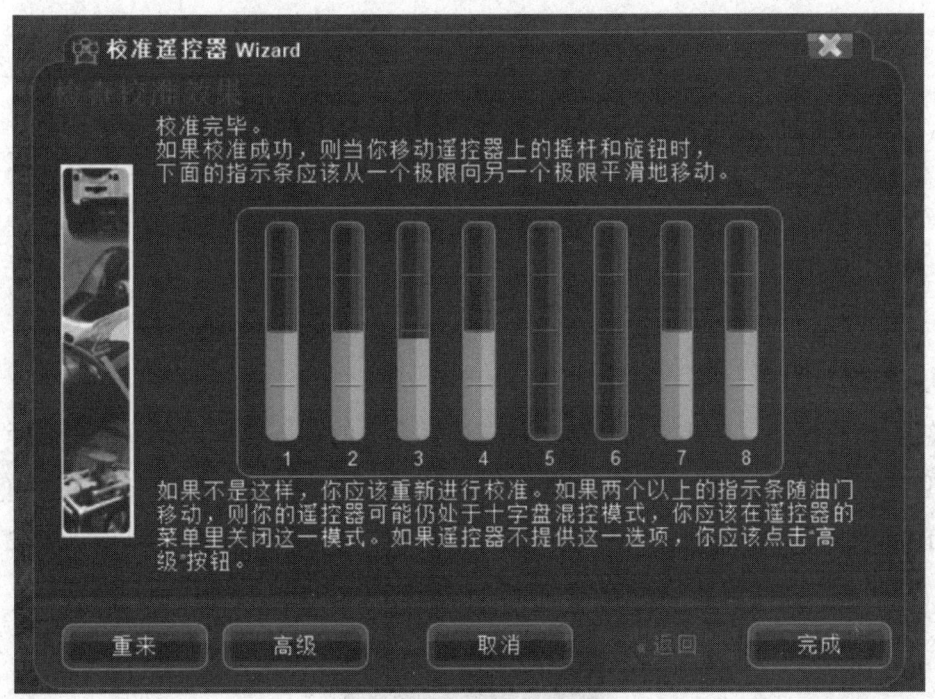

图 2-26 遥控器校准界面

"日本手"。如果现有遥控器不是图中所显示的遥控器品牌，选择"My transmitter is not listed here"，接着开始创建一个配置文件，自定义配置文件的名称后单击快速设置，按照软件提示进行操作。需要特别指出的是，对于多旋翼无人机和固定翼无人机，无须设置桨距控制，在模拟器中根据所选模型的情况完成起落架收放按键设置和襟翼收放按键设置。

3. 选择模型

选择模型即选择训练用的无人机。在菜单栏选择"选择模型"—"更换模型"，选择需要使用的模型即可。

4. 环境选择

环境选择即选择场地，在菜单栏单击"选择场地"—"场地布局"等进行设置。

5. 任务选择

操作者根据不同阶段的训练要求，选择合适的训练任务，以便循序渐进地掌握飞行技巧。

学习单元 2　无人机模拟飞行的训练方法

一、多旋翼无人机操作训练方法

1. 准备工作

（1）选择模型。在开始训练前，首先选择合适的训练模型，在菜单栏选择"选择模型"—"更换模型"，选择"Multi-rotors"—"Electric"—"Blade 350 - QX"，挑选 Blade 350 - QX 电动多旋翼无人机作为训练用机。模型选择界面如图 2 - 27 所示。

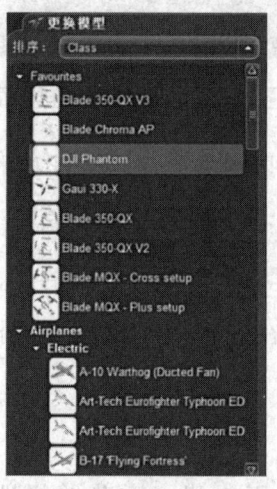

图 2 - 27　模型选择界面

选择完模型后，可以轻推油门使无人机升空，并操作其他三个通道来感受无人机在空中运动的变化。

（2）选择场地。在菜单栏选择"选择场地"—"场地布局"—"目标降落"。选择场地如图 2 - 28 所示。

2. 多旋翼无人机起飞和降落操作

操作者使用遥控器操作多旋翼无人机进行起飞和降落练习，并尽量将无人机降落到中心处。

图2-28 选择场地

3. 多旋翼无人机悬停飞行训练

在完成多旋翼无人机起飞和降落训练后,尝试将无人机保持在空中悬停状态。飞机在悬停时,根据飞机和操作者的相对位置,可以定义4个基本的飞行姿态。当飞机机尾正对操作者,称为对尾悬停。当飞机机头正对操作者,称为对头悬停,该模式下飞机的前后左右移动和操作习惯相反,需要反复练习。当飞机机头正对操作者左侧,称为对左悬停。当飞机机头正对操作者右侧,称为对右悬停。

4. 多旋翼无人机的四边航线飞行训练

在菜单栏选择"选择场地"—"场地布局"—"F3C方框",四边航线界面如图2-29所示。

图2-29 四边航线界面

四边航线飞行就是控制无人机保持一定高度，飞出一个正方形的形状。在四边航线飞行界面（见图2-30），控制无人机以地面的白线为航线进行飞行，初步练习时，可以始终以对尾飞行的姿态进行操作；先练习好无人机在四个角旗上方悬停，逐步达到控制飞机在白线上方顺畅飞行的水平。

图2-30　四边航线飞行界面

待训练技术成熟时，在控制无人机飞行时，保持机头方向和前进方向一致，分别以顺时针和逆时针运动完成上述动作。

5. 多旋翼无人机的弓字航线飞行训练

在能够娴熟地操作多旋翼无人机完成四边航线飞行以后，可以开始多旋翼无人机的弓字航线飞行训练。弓字航线，即按照图2-31的航线进行飞行。弓字航线常常是植保无人机和测绘无人机的飞行航线，掌握该项技能有助于操作者在特殊情况下手动完成飞行任务。

图2-31　多旋翼无人机弓字航线

6. 多旋翼无人机的圆形航线飞行训练

在能够熟练地操作多旋翼无人机完成直线航线飞行以后，就可以开始多旋翼无人机的圆形飞行训练，操作者操作多旋翼无人机沿着圆形轨迹进行飞行。在飞行过程中一边向前飞行一边匀速地调整多旋翼无人机机头朝向，飞机机头朝向时刻和圆形航线的切线方向保持一致。多旋翼无人机圆形航线如图 2-32 所示。

7. 多旋翼无人机的水平 8 字航线飞行训练

多旋翼无人机水平 8 字航线飞行是把两个圆形航线飞行合并在一起，要求操作者先后完成多旋翼无人机的顺时针圆形航线和逆时针圆形航线飞行训练。水平 8 字航线如图 2-33 所示。

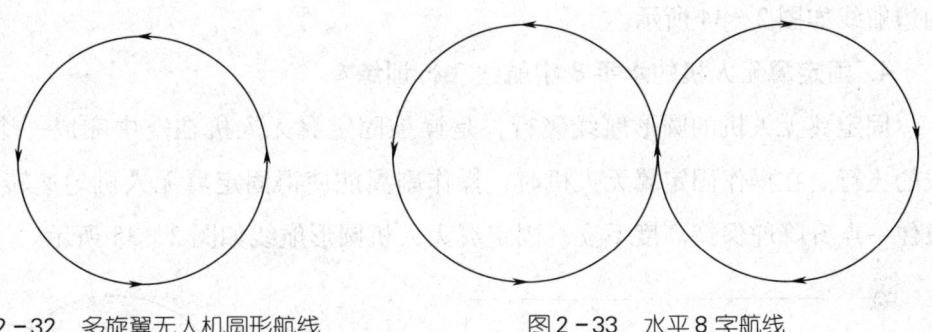

图 2-32　多旋翼无人机圆形航线　　　　图 2-33　水平 8 字航线

二、固定翼无人机操作训练方法

1. 固定翼无人机起飞和降落训练

固定翼无人机起飞和降落训练包括滑行起飞和滑行降落操作训练。

（1）滑行起飞。准备起飞时，确保固定翼无人机周围空旷没有遮挡、环境安全，拉一半幅度的升降舵，平稳地将油门加至最大，在固定翼无人机离地的瞬间，将升降舵平稳地回中，此时固定翼无人机就可以平稳地爬升了。

（2）滑行降落。准备降落时，确保固定翼无人机对准跑道，避免在最后时刻还大幅度修正。首先让飞行高度降低，同时稍微减小一点油门，固定翼无人机就能自然地下滑到跑道上面。在此过程中不要操控升降舵使固定翼无人机上升，只使用升降舵把固定翼无人机拉平，否则容易造成无人机波状飞行，即固定翼无人机像波浪一样上下起伏。

2. 固定翼无人机转弯操作

固定翼无人机的转弯主要依靠副翼舵的作用来实现，而不是靠方向舵的作用来实现。在推动副翼舵时，固定翼无人机便能向左或向右转弯，在转弯的同时固定翼无人机的升力会损失，因此需要适当地拉升降舵来补偿升力的损失。完成转弯以后，副翼舵回中，升降舵也迅速回到转弯前的位置。

3. 固定翼无人机的四边航线飞行训练

固定翼无人机具有飞行控制系统的辅助，可以很容易地飞出直线航线。如果固定翼无人机直线飞行出现偏转，只需要在遥控器上调整一下微调开关即可。固定翼无人机的升降舵不要频繁变动，否则会造成固定翼无人机波状飞行。

固定翼无人机的四边航线飞行，是操控固定翼无人机在空中完成一个四边航线的飞行，需要保证固定翼无人机的飞行线路直，高度保持不变。固定翼无人机四边航线如图 2-34 所示。

4. 固定翼无人机的水平 8 字航线飞行训练

固定翼无人机的圆形航线飞行，是操控固定翼无人机在空中完成一个圆形航线的飞行。在操作固定翼无人机时，操作副翼舵使得固定翼无人机匀速转弯飞行，拉住一点升降舵保持高度不变。固定翼无人机圆形航线如图 2-35 所示。

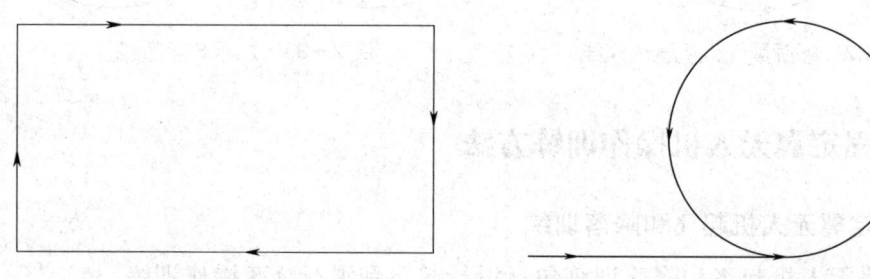

图 2-34　固定翼无人机四边航线　　图 2-35　固定翼无人机圆形航线

固定翼无人机的水平 8 字航线飞行，是操控固定翼无人机在空中完成两个圆形航线的飞行，和固定翼无人机的圆形航线飞行类似。固定翼无人机水平 8 字航线如图 2-36 所示。

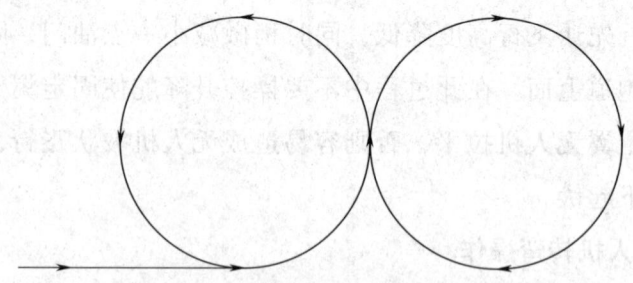

图 2-36　固定翼无人机水平 8 字航线

培训课程 3

航空气象基础知识

学习单元1　大气基本知识

一、大气结构

1. 大气

地球表面的分层是蒸气,受地球重力作用,围绕地球占有一定的空间,称为大气。它是地球整体的第二大物质圈(除陆圈)。作为飞机飞行的介质,大气对航空十分重要。

2. 大气参数

衡量大气的参数主要有大气温度、大气密度和大气压。

(1) 大气温度。大气温度衡量空气的冷热程度。

(2) 大气密度。大气密度是指单位体积大气中含有的空气质量。

(3) 大气压。大气压是指单位面积上所受大气柱的重量(大气压强),也就是大气柱在单位面积上所施加的压力。

3. 大气组成

大气组成指的是干空气的化学成分。干空气主要由氮气、氧气组成。氮气占干空气的体积比最大,约为78%;其次是氧气,约占干空气体积的21%;剩下的1%由其他各种气体构成,如惰性气体、水蒸气、二氧化碳、甲烷等。除惰性气体外,各气体的浓度和停留时间呈正相关。

4. 大气分层

大气分层的主要依据是大气温度、大气密度和大气运动状况。根据大气温度的垂直分布特点将大气层分为对流层、平流层、中间层、热层和散逸层五层，如图2-37所示。

无人机飞行活动主要集中在对流层和平流层中，大气各层的特征如图2-38所示。

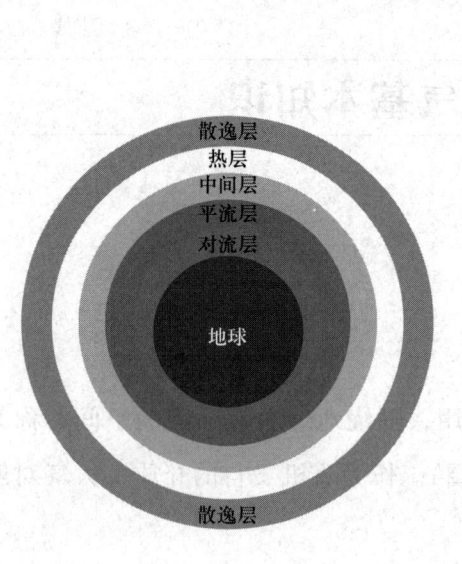

图2-37 大气分层

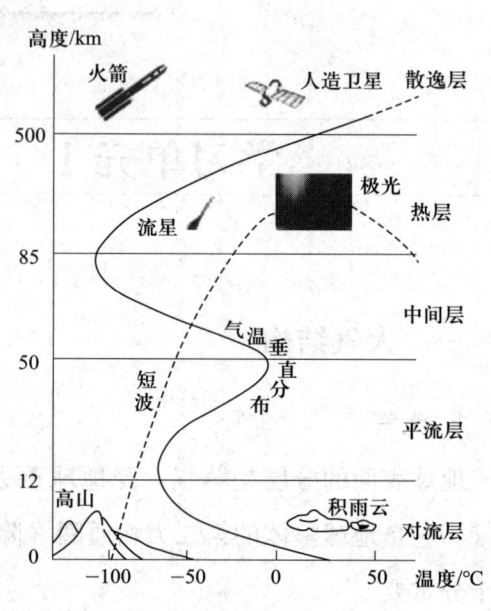

图2-38 大气各层的特征

（1）对流层。对流层因为空气有强烈的对流运动而得名，其底界为地面，上界高度随纬度、季节、天气等因素而变化。平均而言，低纬度地区（南北纬30°之间）上界高度为17~18 km，中纬度地区（南北纬30°~60°）上界高度为10~12 km，高纬度地区（南北纬60°以上）上界高度为8~9 km。同一地区对流层上界高度往往夏季大于冬季。此外，天气变化对对流层的厚度也有一定影响。

相对于整个大气层来说，对流层是很薄的一层，但它却集中了约75%的大气质量和90%以上的水汽，云、雾、降水等天气现象基本上都出现在这一层，故有天气层之称。该层对飞行的影响很大，空气具有强烈的垂直混合，对流和乱流盛行，飞机在这样的环境中飞行经常出现颠簸。

（2）平流层。从对流层顶之上到大约50 km的高度为平流层。现代大型喷气式运输机的高度可达到平流层低层。平流层中空气热量的主要来源是臭氧吸收太阳紫外辐射。它具有如下三个特征。

1）在平流层下半部，气温随高度增高变化不大；其上半部，气温随高度增高而升高很快。在平流层的顶部，温度已升至 0 ℃ 左右。

2）平流层整层空气几乎没有垂直运动，气流平稳，大气受地表影响极小，空气运动几乎不受地形阻碍及扰动，因此空气以水平运动为主。

3）平流层中空气稀薄，水汽和杂质含量少，只有极少数垂直发展相当旺盛的云才能延伸到这一层来，故天气晴朗，飞行气象条件良好。所以，飞行高度应尽量选择在这里。

（3）中间层。中间层又称中层，是自平流层顶到 85 km 之间的大气层。

（4）热层。热层又称暖层或电离层，中层之上，整个层是电离状态的。这一层具有很强的导电性，能吸收、反射和折射无线电波；空气密度极小，声波已无法传播。

（5）散逸层。散逸层又称外大气层，是大气的最外层。从热层顶部到大气层的最外边缘伸至距地球表面 1 000 km 处。这里的温度很高，可达数千摄氏度；大气已极其稀薄，由于地心引力很小，大气分子不断向星际空间散逸。

二、标准大气

标准大气又称参考大气，是指能够反映某地区垂直方向上气温、气压、湿度等近似平均分布的一种模式大气。它能粗略地反映该地区大气多年年平均状况，并得到一国或国际组织承认。

标准大气压为 101.325 kPa，在 11 km 以下，高度每增高 100 m，温度降低 0.65 ℃；在 11～20 km，温度保持 -56.5 ℃。这样规定的标准大气压，与中国中纬度（北纬 45°）实际大气压十分接近。

实际大气状态、气象情况是在不断变化的，而无人机的性能和某些仪表的示度，都与大气状态有关。为了准确表示无人机的飞行状态，所用于测量的仪器仪表等必须有一个标准的大气状态为基准。例如，无人机的高度表和空速表的设计就需要大气为标准大气时才准确，然后根据这个基准进行修正。

学习单元2　气象要素及其对无人机飞行的影响

一、天气要素

1. 气温

气温是用来表示空气冷热程度的物理量，它实质上是空气分子平均动能大小的宏观表现。一般情况下，可将空气看作理想气体，这样空气分子的平均动能就是空气的内能，因此气温的升高或降低，也就是空气内能的增加或减少。根据大气层气温的垂直分布特点，可用气温垂直递减率来描述。气温垂直递减率定义为：

$$\gamma = -\frac{\Delta T}{\Delta Z} \tag{2-1}$$

式中，ΔZ——高度变化量；

ΔT——相应的温度变化量。

因此，γ 的物理意义是表征气温随高度变化的快慢。可以看出，气温随高度上升而降低时 γ 值为正，气温随高度上升而增高时 γ 值为负。实际运用中，通常将 γ 的单位取为℃/100 m。

2. 气压

气压随高度的变化规律是气压随高度的升高而减小。在大气处于静止状态时，某高度上的气压值等于其单位水平面积上所承受的上部大气柱的重量。随着高度增加，其上部大气柱越来越短，大气柱中空气密度越来越小，气柱重量也就越来越小。

气压与高度具有一一对应的关系。同样可以知道，在相同高度上，气温高的地区气压降低得比气温低的地区慢。飞机的气压式高度表就是根据标准大气条件下气压与高度的这种一一对应的规律制作的，通过气压来测高度。

在标准大气条件下，高度每升100 m，气压平均降低12.7 hPa，在高层则小于此数值，高度越高，气压减小得越慢。

3. 空气密度

（1）空气密度是指在一定的温度和压力下，单位体积空气所具有的质量。在标准条件下 [0 ℃，1 个标准大气压（1 atm）]，空气密度约为 1.29 kg/m³。

（2）不同压力、温度下，空气密度是不一样的，不同压力、温度下的空气密度见表 2-6。

表 2-6 空气密度表

绝对压力/MPa	空气温度/℃	空气密度/(kg/m³)	绝对压力/MPa	空气温度/℃	空气密度/(kg/m³)
0.1	25	1.169 1	1.4	25	16.367
0.2	25	2.338 2	1.5	25	17.537
0.3	25	3.507 3	1.6	25	18.706
0.4	25	4.676 4	1.7	25	19.875
0.5	25	5.845 5	1.8	25	21.044
0.6	25	7.014 6	1.9	25	22.213
0.7	25	8.183 7	2.0	25	23.382
0.8	25	9.352 8	2.1	25	24.551
0.9	25	10.522	2.2	25	25.720
1.0	25	11.691	2.3	25	26.889
1.1	25	12.860	2.4	25	28.058
1.2	25	14.029	2.5	25	29.228
1.3	25	15.198	—		

4. 空气湿度

空气湿度是用来度量空气中水汽含量多少或潮湿程度或大气干燥程度的物理量。在一定的温度下，一定体积的空气里含有的水汽越少，则空气越干燥；水汽越多，则空气越潮湿。

在蒸汽中水蒸气的重量占蒸汽总重量（体积）的百分比称为蒸汽的湿度。在航空上常用相对湿度及露点等来描述空气湿度。

(1) 相对湿度。相对湿度（f）是指空气中的实际水汽压（e）与同温度条件下的饱和水汽压（E）的百分比，即：

$$f = \frac{e}{E} \times 100\% \qquad (2-2)$$

水汽压是空气中的水汽所产生的那部分压力。

在其他条件相同时，水汽含量越多，水汽压 e 越大。在温度不变的情况下，单位体积空气所能容纳的水汽量有一定的限度，如果水汽含量达到了这个限度，空气中的水汽就呈饱和状态，称为饱和空气。饱和空气的水汽压叫作饱和水汽压（E）。饱和水汽压的大小仅与气温有关，气温越高，饱和水汽压越大。因此，气温升高时，空气的饱和水汽压增大，容纳水汽的能力也增大。

相对湿度则直接反映了空气距离饱和状态的程度，也就是空气的潮湿程度。相对湿度越大，说明空气越接近饱和，饱和空气的相对湿度为100%。

相对湿度的大小取决于两个因素：一是空气中的水汽含量，水汽含量越多，水汽压越大，相对湿度越大；二是温度，在空气水汽含量不变时，温度升高，饱和水汽压增大，相对湿度减小。通常情况下，气温变化大于水汽含量变化。一个地方往往晚上和早晨的相对湿度大，中午和下午相对湿度较小。

(2) 露点。露点是指当空气中水汽含量、气压不变时，气温降低到使空气达到饱和时的温度。

气压不变时，露点的高低仅与空气中水汽含量的多少有关，水汽含量越多，露点温度越高。露点温度的高低反映了空气中水汽含量的多少。

二、气象要素对飞行的影响

气象要素对飞行的影响体现在对仪表参数、发动机性能、飞行性能和经济性能的影响等几个方面。

1. 对仪表参数的影响

(1) 对空速表的影响。空速是指飞机相对于空气运动的速度，又称飞行真速或飞行速度。测量空速的仪表是空速表。空速表是根据海平面标准大气条件下空速与动压的关系，通过测量动压来表示空速的。

由于空气密度随高度递减，故随着飞行高度的增加，表速必然越来越小于空速。在 8~10 km 高度上，这种误差达 50%~70%，甚至更大。

(2) 对高度表的影响。仪器仪表的设计、制造是以标准大气为基准的,实际大气与标准大气的状态通常存在一定差异,因此实际飞行时高度表指示的高度与当时的气象条件有关。飞行器在飞行中,即使高度表的示度相同,实际高度也并不一样。

(3) 对空速、地速、风速的影响

1) 空速,即飞机相对于空气的运动速度,机翼的升力来自流过其上下表面气流的速度差,因此空速决定了升力的大小。

2) 地速,即飞机相对地面的速度,可以通过地面导航台、GPS等测得。

3) 风速,是指空气相对于地球某一固定地点的运动速率,常用单位是 m/s。

在无风的状态下,真速和地速是一致的。有风的情况下,真速和地速是不一致的,真速和风速之和(矢量和)等于地速。注意这种情况仅适用于平飞,如果是在爬升或者下降状态,无风时地速不等于真速,这种情况下地速只等于飞机真速的水平分量。

举例:一架飞机以相对地面速度为 200 m/s 的速度向北水平飞行,这时飞机的地速为 200 m/s。若此时刮 20 m/s 的正北风,则指示空速即地速(表速)为 20 + 200 = 220 m/s。此时海平面的声速为 340 m/s,所以马赫数为 200/340 = 0.59。

2. 对发动机性能的影响

发动机的可用推力随大气温度的增大而减小;随着大气温度的降低,发动机的可用推力增大。温度的日变化,特别是季节变化,也能引起发动机推力的很大变化。当飞机在对流层顶上飞行时,由于平流层中温度升高,会影响推力。

3. 对飞行性能的影响

气象要素对飞行性能的影响主要体现在对平飞性能的影响,对起飞、着陆性能的影响和对升限的影响。

(1) 对平飞性能的影响。在标准大气条件下,当其他条件不变时,5 km 高度上的平飞需要速度比海平面增大 30%。10 km 及 20 km 高度上的平飞需要速度比海平面分别增加超过 70%~200%。按气压高度表固定高度飞行时,气压不变,气温升高时,则平飞需要速度增大。

一般情况下,民用无人机的活动范围较小,多在低空与超低空飞行,飞行高度的变化量不大,因此温度的变化对平飞需要速度的影响不大,可以认为不变。

（2）对起飞、着陆性能的影响。飞机的起飞和着陆性能，如起飞滑跑距离、离地速度、着陆速度、着陆滑跑距离等，在很大程度上取决于大气状态的物理特性。

1）气温升高。气温升高，导致空气密度减小，产生需要的升力则必须增大离地速度。同样，气压升高则使得密度增大，产生同样的升力，需要的滑跑速度和离地速度都减小。

2）气温和气压的剧烈变化。气温和气压的剧烈变化，能使离地速度发生很大变化，而离地速度又影响滑跑距离和全部起飞距离。在从长度有限的跑道上起飞或当飞机负荷较大时，这一点特别值得注意。

3）对滑跑距离的影响。飞机起飞滑跑时，发动机推力的变化对起飞滑跑距离也有影响。当温度升高时，推力减小，飞机加速较慢，因而要增加离地所需的速度，飞机沿跑道需多滑跑一段时间。气压降低也能使推力减小。

（3）对无人机升限的影响。无人机升限是指在一定的飞行状态下，无人机能够上升的最大高度。气温变化时，无人机升限变化很大。其他条件不变的情况下，温度升高，无人机升限降低（$T\uparrow \to H_{升限}\downarrow$）；反之温度降低，无人机升限升高（$T\downarrow \to H_{升限}\uparrow$）。据资料表明：100 hPa 高度上气温升高 10~15 ℃，超音速飞机的升限减少 1.0~1.5 km。

风向是无人机飞行的重要影响因素，逆风飞行将降低无人机的飞行速度，而顺风飞行恰恰相反。固定翼无人机通常逆风起降，因为逆风能获得较大的升力和阻力，缩短滑跑距离，从而增大无人机运动开始时的稳定性和操纵性。有较大的侧风则会对无人机的降落造成困难或者侧翻，降落时应注意风的方向。

4. 对经济性能的影响

（1）对燃料消耗量的影响。高度越高，大气密度减小，无人机若要发出同样的功率，燃料消耗量就越大。气温越高，无人机燃油消耗量越大；气温越低，无人机燃油消耗量越小。

（2）对无人机载重量的影响。无人机的载重量受大气温度变化的影响很大。当大气温度高于标准大气温度时，空气密度变小，产生的升力减小，因而载重量减小；反之，载重量增大。

学习单元3　危害飞行安全的重要天气气象要素

影响飞行安全的重要天气气象要素主要有雷暴、低空风切变、飞机积冰、高空急流和山地背风等。

一、雷暴

1. 雷暴的定义

雷暴是指由对流旺盛的积雨云引起的、伴有电闪雷鸣的局地风暴。常见雷暴如图2-39。

图2-39　常见雷暴

2. 雷暴的形成条件

雷暴是由强烈发展的积雨云产生的，形成强烈的积雨云需要深厚且明显的不稳定气层、充沛的水汽和足够的冲击力三个条件。

3. 雷暴对飞行的影响

雷暴天气能够损伤或损坏通信设备和飞机。

中大型无人机在雷暴活动区飞行，除了在云中飞行的一般困难外，还会遇到强烈的湍流、积冰、闪电击、阵雨、恶劣能见度、冰雹、下击暴流、低空风切变和龙卷风等。雷暴区内蕴藏着巨大的能量，具有极大的破坏力，飞机若误入雷暴活动区，轻则造成飞行器损伤，重则造成飞行器损毁报废。驾驶员应根据天气状况及时控制飞机返航，避免在雷暴天气飞行。

二、低空风切变

低空风切变是指空间两点之间风的矢量差,即在同一高度或不同高度短距离内风向和(或)风速的变化。发生在 500 m 高度以下的平均风矢量在空间两点之间的差值称为低空风切变。在空间任何高度上都可能产生风切变,对飞行威胁最大的是发生在近地面层的风切变。

根据飞机的运动相对于风矢量之间的各种不同情况,风切变可分为顺风切变、逆风切变、侧风切变和垂直风切变四种。

1. 顺风切变

顺风切变指的是飞机在起飞或着陆过程中,水平风的变量对飞机来说是顺风的切变。例如,飞机由逆风区进入顺风区,由大逆风区进入小逆风区或无风区,由小顺风区进入大顺风区,都是顺风切变。飞机着陆进入顺风切变区时,指示空速会迅速降低,升力会明显减小,从而使飞机不能保持高度而向下掉。

2. 逆风切变

逆风切变是指水平风的变量对飞机来说是逆风的切变。例如,飞机由小逆风区进入大逆风区,由顺风区进入逆风区,由大顺风区进入小顺风区等,都是逆风切变。飞机着陆下滑进入逆风切变区时,指示空速迅速增大,升力明显增加,飞机被抬升,脱离正常下滑线,驾驶员面临的问题是怎样消耗掉飞机过剩的能量或过大的空速。

3. 侧风切变

侧风切变是指飞机从一种侧风或无侧风状态进入另一种明显不同的侧风状态。飞机在着陆下滑时遇到侧风切变,会产生侧滑、带坡度,使飞机偏离预定下滑着陆方向,驾驶员要及时修正。如果侧风切变层的高度较低,驾驶员来不及修正时,飞机会带坡度和偏流接地,影响着陆滑跑方向。

4. 垂直风切变

垂直风切变是指飞机从无明显的升降气流区进入强烈的升降气流区的情形。垂直风切变特别是强烈的下降气流,往往有很强的突发性,强度很大,使飞机突然下沉,危害很大。

对飞机起降构成严重威胁的是雷暴云下的下冲气流,在下冲气流强度较大时形成下击暴流。下击暴流中不仅有明显的垂直风切变,还有强烈的水平风切变,常会出现严重事故。当飞机在飞行过程中遇到升降气流时,飞机的升力会发生变化,从而使飞行高度发生变化。垂直风对飞机着陆的影响主要是对飞机的高度、空速、俯仰姿态和杆力的影响。

三、飞机积冰

飞机积冰是指飞机机身表面某些部位聚集冰层的现象。它是由于云中过冷水滴或降水中的过冷雨滴碰到机体后冻结而形成的,也可由水汽直接在机体表面凝华而成。冬季露天停放的飞机有时也能形成积冰。

1. 积冰类型

飞机表面上所积的冰主要有明冰、雾凇、毛冰和霜四种。

2. 积冰部位

飞机积冰多发生在飞机外突出的迎风部位。飞行中,比较容易出现积冰的部位主要有机翼、尾翼、风挡、发动机、桨叶、空速管、天线等。

积冰会使飞机升力减小,阻力增大,影响飞机的稳定性和操纵性。积冰对飞行的影响主要有以下四个方面。

(1) 破坏飞机的空气动力性能。飞机积冰增加了飞机的重量,改变了重心和气动外形,从而破坏了原有的气动性能,影响飞机的稳定性。

例如,无人直升机旋翼积冰破坏了旋翼的平衡,引起剧烈振动,使无人直升机安全性能变差,操纵困难,积冰严重时,可导致飞行事故。当直升机悬停时,桨叶积冰使载荷性能变差,只要积有 0.75 mm 厚的冰就足以使其掉高度,积冰对直升机飞行的影响最大。涡桨无人机的进气道和发动机进气装置积冰,使进气量减少,会造成富油燃烧,严重时会导致熄火停车。若进气道的加温除冰装置接通得晚,脱落下来的冰块会打坏发动机。

(2) 降低动力装置效率,甚至产生故障。发动机桨叶积冰,使拉力降低。同时,脱落的冰块还可能打坏发动机和机身。

在湿度较大的区域,如雾、云或降水中,如果外部温度低于 15 ℃,则会在发动机进气口或汽化器上出现积冰。这样就会使进气量减少,进气气流畸变,造成动力损失,甚至使发动机停车。

高空飞行的无人机,机翼油箱里燃油的温度可能降至与外界大气温度一致,约为 -30 ℃。油箱里的水在燃油系统里传输的过程中很可能变成冰粒,这样就会阻塞滤油器、油泵和油路控制部件，引起发动机内燃油系统的故障。

（3）积冰对仪表的影响。积冰可影响仪表精度，甚至使之失灵。积冰产生在空气压力受感部位时，可影响空速表、高度表等的正常工作。若进气口被冰堵塞，可使这些仪表失效。风挡积冰可影响目视，特别在进场着陆时，对飞行安全威胁很大。

（4）积冰对通信的影响。通信天线积冰，会影响无线电的接收与发射，甚至中断通信。

四、高空急流

高空急流是位于对流层上层或平流层中的一股强而窄的气流。

1. 高空急流的特点

高空急流中心轴的方向是准水平的，它以很大的风速水平切变和垂直切变为特征。风速的水平切变量级为每 100 km 为 5 m/s，垂直切变量级为每千米 5~10 m/s。急流区的风速下限为 30 m/s。沿急流中心轴上有一个或多个风速最大区。

2. 高空急流对飞行的影响

（1）顺流影响。飞机顺急流飞行，可增大地速，节省燃料，缩短航行时间。

（2）逆流影响。逆急流飞行时则相反，要多消耗备份油量。

（3）横穿急流的影响。横穿急流飞行，会产生很大的偏流，对领航计算和保持航向都有影响。在横穿急流时，当刚进入时，风由小突然变大，刚穿出急流时，风由大变小。气温变化也相当大，这时风切变和温度切变都是巨大的，所以在穿越高空急流时最易发生飞机颠簸。

五、山地背风

1. 山地背风的特点

山地背风是指运动气流遇山受阻时，绕过或越过山体后在背风一侧形成的背风涡旋。

（1）绕山形成的背风涡旋。当气流从孤立或不太长的山体两侧绕过时，在背风一侧由于风速水平切变，往往形成具有垂直轴的涡旋。

（2）越山形成的背风涡旋。当比较稳定的气流遇连绵山脉被迫从山顶越过时，在背风一侧由于上、下层风速相差很大，容易形成具有水平轴的涡旋。

2. 山地背风对飞行的影响

山地背风波中有明显的升降气流和乱流,可给飞行造成很大的影响。山地背风波峰处的风速比波谷处大,另外还有阵风,其强度比一般雷雨所出现的风速还要大。由于山地背风波中垂直气流和水平气流都存在明显的差异,因而常有乱流造成飞机颠簸。

培训课程 4

飞行原理基础知识

学习单元 1　空气动力学基础知识

一、大气性质

1. 空气黏性

空气黏性是指流动的空气流经机翼表面（螺旋桨表面）时，机翼表面对流动空气的阻碍作用。

2. 气流运动

（1）气流。流动着的空气称为气流。

（2）相对气流。相对气流是指空气相对飞机的运动。相对气流的方向与飞机运动的方向相反。只要相对气流速度相同，产生的空气动力也就相等。

3. 相对运动

相对运动是指某一物体对另一物体而言的相对位置的连续变动，即此物体相对于固定在第二物体上的参考系的运动。空气的相对运动是指流动的空气相对于飞机位置的连续变动。

作用在飞机上的空气动力取决于飞机与空气之间的相对运动情况。飞机以速度 v 在平静的空气中飞行时，作用在飞机上的空气动力与空气以速度 v 流过静止不动的飞机时所产生的空气动力完全相同。

4. 相对气流与飞行速度之间的关系

飞机飞行过程中，相对气流速度的大小与飞行速度相等，方向相反。例如，飞机以300 km/h的速度平飞，相对气流就以300 km/h的速度流向飞机（速度的大小相等而方向相反）。飞机保持同样的速度、一定的角度上升，速度的大小虽然未变，但方向却改变了，因而相对气流的方向随之改变（仍与飞行速度方向相反）。飞机以同样的速度、一定的角度下滑，则相对气流的方向也随之改变（仍与飞行速度方向相反），而速度的大小相等。可见，只要知道飞机飞行速度的大小和方向，相对气流速度的大小和方向也就确定了。

二、气体流动的基本规律

1. 连续性原理

河水在河道窄的地方流得快，在河道宽的地方流得慢；山谷里的风比开阔地带的风大，穿堂风比院子里的风大等。不论是水还是低速流动的空气，在它们流动的时候，总是在窄的地方流得快，宽的地方流得慢。把流动的路径看成是一个管子的话，可以把这种现象总结为：在流管切面积小的地方流速大，在流管切面积大的地方流速小。流速随流管切面积的变化而变化的这种原理，称为连续性原理。

连续性原理可以这样表述：当流体连续不断而稳定地流过一个粗细不等的管子时，在同一时间内，流进管子任意切面的流体质量和从另一切面流出的流体质量应该相等。根据这个原理，同一时间内，流过管子不同切面的流体质量是相等的，当流体的密度保持不变时，则必然在管子细的地方流得快，管子粗的地方流得慢。

民用无人机的飞行速度一般是低于声速的，空气的流动属于低速流动，通常认为空气密度不变，流速只与流管切面积有关，即低速气流中的流速与流管切面积成反比：流管切面积缩小，流速增大；流管切面积扩大，流速减小。

2. 伯努利定理

伯努利定理反映的是流速与压力之间的关系。在日常生活中，可以观察到气流速度增大时，空气压力会减小；气流速度减小时，空气压力会增大。

（1）试验

1）试验一：向两纸片间吹气（见图2-40），两纸片不是彼此离开，而是互相靠拢。这是因为吹气时，两纸片中间的气流速度增大，压力减小，造成两纸片中间的空气压力小于纸片外侧的大气压力，两纸片便在压力差的作用下合拢。

2）试验二：压力和流速的关系还可用如图 2-41 所示的风洞试验来说明。空气静止不动时，与试验管道各切面相连通的玻璃管内的水柱高度一样，说明各切面的空气压力相等，都等于大气压力。当有气流在实验管内稳定流动时，仔细观察各玻璃管水柱高度的变化，可以发现，各玻璃管水柱高度普遍上升，而且在管径细的地方，水柱上升得更高一些，说明这里的流速较快，空气压力较小。相反，在管径粗的地方，水柱上升得不多，说明这里的空气压力要大一些。

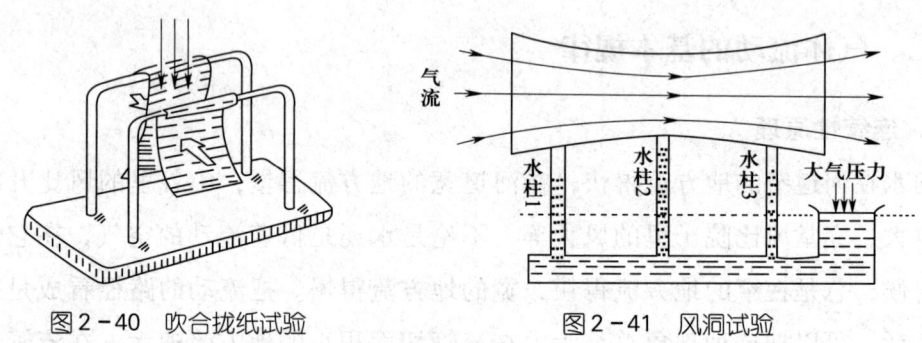

图 2-40　吹合拢纸试验　　　　　　图 2-41　风洞试验

试验结论：当流体稳定地流过一条管道时，流速快的地方，压力小；流速慢的地方，压力大。流体压力随流速而变化的这一关系，称为伯努利定理。

（2）伯努利方程。在空气动力学中，常使用静压、动压和全压之间的相互关系来表述气流能量的变化关系，这个表述能力变化关系的方程就是伯努利方程。

1）静压（静压力）。空气垂直作用于物体表面的压力是静压力，简称为静压，用 p 表示。

2）动压。流动的空气受到物体阻挡时，流速（动能）降低，而静压增大。逆风前进之所以感到很大压力，就是这个原因。既然空气在流速降低时，静压会增大，所以常把空气在流速降低到零时，静压所能增加的数量称为动压，用 q 表示。动压的大小与空气密度（ρ）和气流速度（v）两个因素有关，可以表示为：

$$q = \frac{1}{2}\rho v^2 \tag{2-3}$$

3）全压。静压与动压之和，称为气流的全压。在流动的空气中，空气流过任何一点时所具有的静压与动压之和，称为空气在该点的全压，用 p_0 表示。

在稳定气流中，压力能与动能之和等于一个常量，因此，气流的静压与动压之和（全压）也应等于一个常量，可以表示为：

$$p + \frac{1}{2}\rho v^2 = p_0 \tag{2-4}$$

这个数学表达式称为伯努利方程。

方程中的静压可以认为是单位体积内空气所具有的压力能,动压是单位体积内空气所具有的动能,而全压则是单位体积内空气所具有的压力能与动能的总和。即在全压一定的条件下,当气流速度加快时,动压增大,静压必然减小,而当气流速度减慢时,动压减小,静压必然增大。

无人机在飞行中,相对气流中的全压等于飞机所在高度上的大气压力加上相对气流的动压。当保持飞行高度不变时(如平飞),静压不变(该高度上的大气压力),如果飞行速度增大,则相对气流的动压增大,全压也随之增大。因此,伯努利方程中的全压应等于一个新的常量。

学习单元2 固定翼无人机的飞行原理

一、固定翼无人机受力分析

1. 升力

升力是支托飞机升空(滞空)的力,是气流流过飞机机翼翼面进行相对运动时产生的空气动力。

(1) 升力公式。在空气动力学中,升力的公式是:

$$Y = \frac{1}{2}C_y S \rho v^2 \qquad (2-5)$$

式中,Y 为升力(N),C_y 为升力系数,ρ 为空气密度(kg/m^3),v 为相对气流速度(m/s),S 为机翼面积(m^2)。

(2) 升力的影响因素。由升力公式可知,影响升力的因素有机翼面积、相对气流速度、空气密度及升力系数。

1) 机翼面积对升力的影响。从升力公式中可以得出:机翼面积越大,机翼产生的升力越大;机翼面积越小,机翼产生的升力越小。

2) 相对气流速度对飞行的影响。相对气流速度越大,机翼上产生的升力越大；相对气流速度越小，机翼上产生的升力越小。

3）空气密度对飞行的影响。空气密度越大，气流流过机翼时产生的升力越大；空气密度越小，气流流过机翼时产生的升力越小。

4）升力系数对飞行的影响。升力系数的大小与翼型和迎角有关。

①翼型。机翼横截面的轮廓叫翼型或翼剖面，是指沿平行于无人机对称平面的切平面切割机翼所得到的剖面，如图2-42所示。

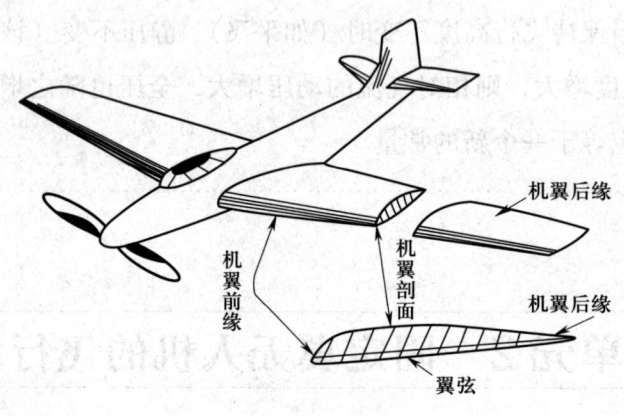

图2-42 翼型

②翼弦。翼弦是翼型前缘与翼型后缘的连线。

③迎角。翼弦与相对气流方向之间的夹角叫迎角，如图2-43所示。迎角不同，相对气流流过机翼时的情况就不同，产生的空气动力就不同，所以迎角是无人机飞行中产生空气动力的重要参数。迎角有正负之分，相对气流方向与翼弦平面下表面形成的夹角为正迎角，相对气流方向与翼弦平面上表面形成的夹角为负迎角。

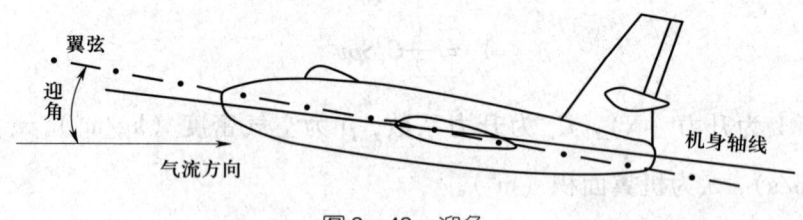

图2-43 迎角

（3）空气流过机翼时产生的空气动力分析。假设翼型有一个不大的迎角，当气流流到翼型的前缘时，气流分上下两股分别流经翼型的上下翼面。由于翼型的作用，当气流流过上翼面时流动通道变窄，气流速度增大，当气流流过下翼面时，由于翼型前端上仰，气流受到阻拦，且流动通道扩大，气流速度减小。根据连续性原理和伯努利定理可知，在翼型的上表面，因流管变细，即流管截面积减小，气流速度大，故压强减小。而翼型的下表面，因流管变化不大，故压强基本不变。这样，翼型上下表面产生了压强差，形成了总空气动力 R，R 的方向向后向上，总空气动力 R 与翼弦的交点叫作压力中心。根据它们实际所起的作用，可把总空气动力分成两个分力，一个与气流速度垂直，起支托无人机重量的作用，就是升力 Y；另一个与流速平行，起阻碍无人机前进的作用，就是阻力 D，如图 2-44 所示。

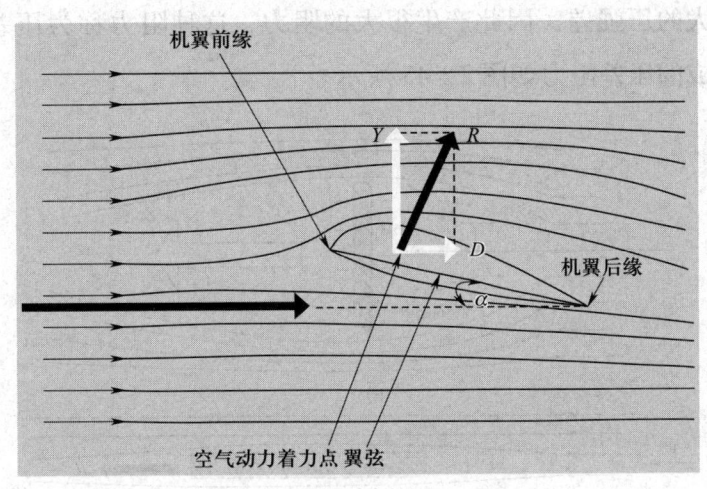

图 2-44 升力产生原理

2. 阻力

阻力是阻碍物体运动的力。空气阻力是阻碍无人机运动的空气动力，只要物体同空气有相对运动，必然有空气阻力作用在物体上。无人机飞行时，不但机翼上会产生阻力，无人机的其他部件如机身、尾翼、起落架等都会产生阻力，机翼阻力只是无人机总阻力的一部分。

（1）阻力分类。低速飞行时，阻力按其产生的原因不同，可分为摩擦阻力、压差阻力、诱导阻力和干扰阻力。

1）摩擦阻力是由于大气的黏性而产生的。当气流以一定速度 v 流过无人机表面时，由于空气的黏性作用，空气微团与无人机表面发生摩擦，阻滞了气流的流动，因此产生了摩擦阻力。

摩擦阻力的大小取决于空气的黏性、无人机表面的状况、附面层中气流的流动情况和同气流接触的无人机表面积的大小。空气的黏性越大，无人机表面越粗糙，无人机的表面积越大，则摩擦阻力越大。为了减少摩擦阻力，可以减少无人机同空气的接触面积，也可以把表面做光滑些，以减少摩擦阻力，也可选择升阻比大的翼型，以及减小气流相对速度。

2）压差阻力是由运动着的物体前后所形成的压强差产生的。垂直竖立在气流中的平板，气流流到平板的前面，受到阻拦，速度降低，压强增加，形成高压区（用"+"表示）；气流流过平板后，压强降低，形成低压区（用"-"表示）并形成许多涡旋，这就是气流分离。由于板的前面压强大大增加，后面压强减小，前后形成了很大的压强差，因此产生很大的阻力，这种阻力称为压差阻力。气流流过平板时形成的压差阻力如图 2-45 所示。

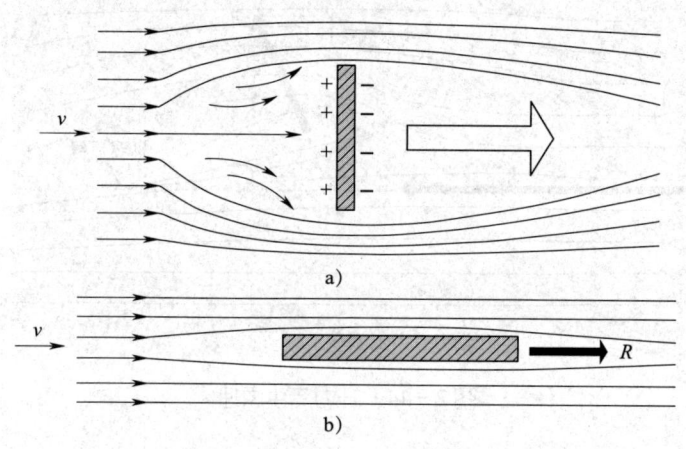

图 2-45 气流流过平板时形成的压差阻力
a）平板与相对气流方向垂直 b）平板与相对气流方向平行

压差阻力的大小同物体的迎风面积、形状以及在气流中的位置有关。

物体的迎风面积越大，压差阻力也就越大。因此，在保证装载所需容积的情况下，为了减小机身的迎风面积，机身横截面的形状应采取圆形或近似圆形，因为相同体积下圆形的迎风面积较小。

把一块平板垂直地放在气流中，平板前面气流被阻滞，压力升高，平板后面会产生大量的涡流，造成气流分离而形成低压区，这样它的前后会形成很大的压差阻力。如果在圆形平板的前面加上一个圆锥体，它的迎风面积并没有改变，但形状却变了，这时平板前面的高压区被圆锥体填满了，气流可以平滑地流过，压强不会急剧升高，显然这时平板后面仍有气流分离，低压区仍然存在，但是前后的压强差却大为减少，压差阻力降低到原来平板压差阻力的 1/5 左右。如果在平板后面再加上一个细长的圆锥体,把充满涡旋的低压区也填满,使得物体后面只出现很少的涡旋,那么试验证明压差阻力将会进一步降低到原来平板的1/25~1/20。像这样前端圆钝、后端尖细,像水滴或雨点似的物体,叫作流线型物体,简称"流线体"。在迎风面积相同的条件下,将物体做成前端圆钝、后端尖细的流线型可以大大减小物体的压差阻力,其压差阻力最小。物体形状对压差阻力的影响如图2-46所示。

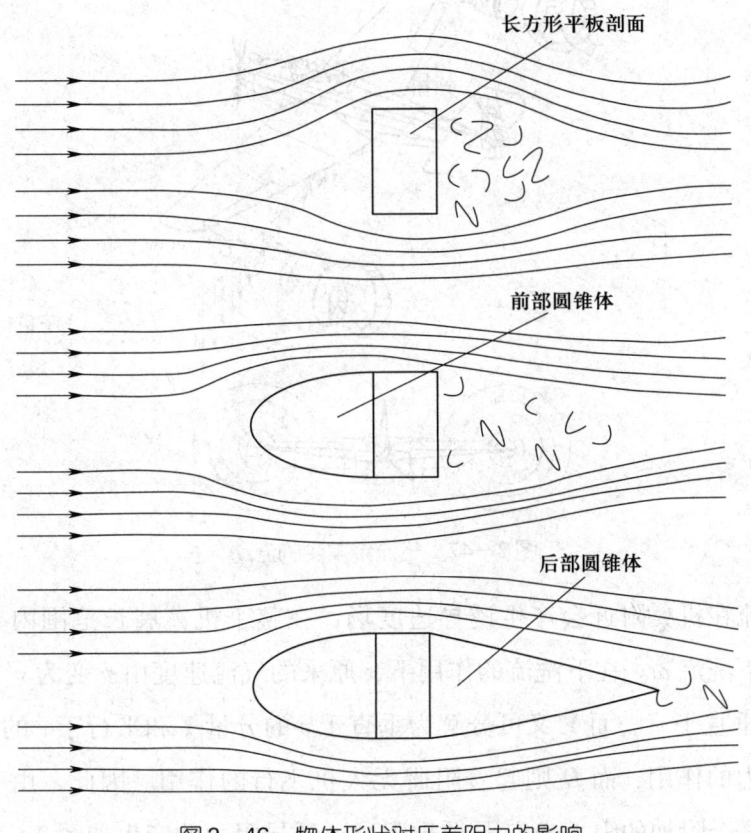

图2-46 物体形状对压差阻力的影响

除了物体的迎风面积和形状外,迎角也影响到压差阻力的大小。根据试验的结果,涡流区的压力与分离点处气流的压力,其大小相差不多。这就是说:分离点靠近机翼后缘,涡流区的压力比较大,压差阻力减小;分离点靠近机翼前缘,涡流区的压力就越小,压差阻力会增大。可见,分离点在机翼表面的前后位置,可以表明压差阻力的大小。而分离点的位置主要取决于迎角的大小,机翼迎角越大,分离点越靠近机翼前缘,涡流区压强越低,压差阻力越大。

3)诱导阻力。诱导阻力是由升力诱导而产生的阻力。由于诱导阻力是伴随着升力而产生的,如果没有升力,诱导阻力就为零。

诱导阻力主要来自翼面,当固定翼无人机飞行时,下表面压强大,上表面压强小,由于机翼翼展的长度有限,因此,下表面的气流力图绕过翼尖流向上表面。这样在翼尖处就不断形成涡旋,随着无人机向前飞行,涡旋从翼尖向后流去形成翼尖涡流。气流绕翼尖的流动如图2-47所示。

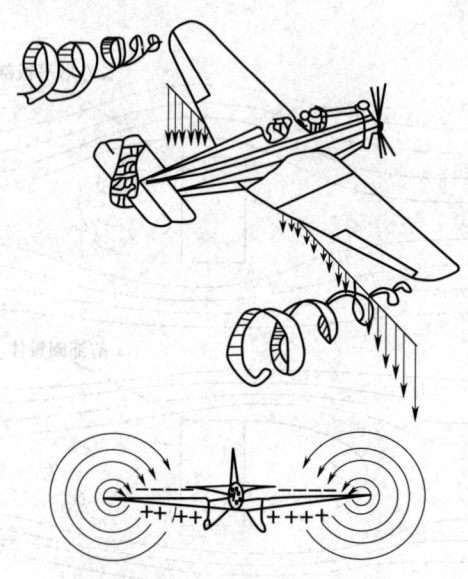

图2-47 气流绕翼尖的流动

翼尖涡流在机翼附近会产生诱导速度场,在整个机翼展长范围内方向都是向下的,称为下洗流ω。在下洗流的作用下,原来的气流速度由v变为v',由v'所产生的升力Y'垂直于v'。而Y'又可分解为垂直于v的分量Y和平行于v的分量D,其中Y起着升力的作用,而D则起着阻碍无人机飞行的作用。因此,由于下洗流的影响产生的这个附加的阻力D就是诱导阻力。诱导阻力的产生如图2-48所示。

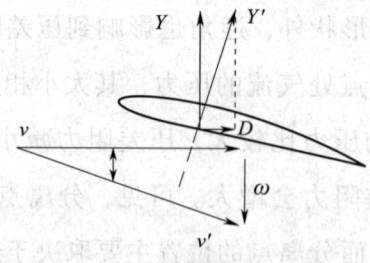

图2-48 诱导阻力的产生

诱导阻力与机翼的平面形状、翼型形状、展弦比等有关,可以通过增大展弦比，选择适当的平面形状，增加翼梢小翼等来减小诱导阻力。在相同条件下，椭圆形机翼的诱导阻力最小，矩形机翼的诱导阻力最大。

4）干扰阻力。干扰阻力是无人机各部分之间因气流相互干扰而产生的一种额外阻力。无人机的各个部件如机翼、机身、尾翼等，单独放在气流中所产生的阻力的总和并不等于把它们组成一架无人机放在气流中所产生的阻力，往往是前者小于后者，多出来的部分就是干扰阻力。

干扰阻力主要产生在机身和机翼、机身和尾翼、机翼和发动机短舱、机翼和副油箱之间。

气流流过机翼和机身的连接处，在机翼和机身结合的中部，由于机翼表面和机身表面都向外凸出，流管收缩。而在后部由于机翼表面和机身表面都向内弯曲，流管扩张，在这里形成了一个截面面积先收缩后扩张的气流通道。根据连续性原理和伯努利定理，气流在流动过程中，压强先变小后变大，导致后边的气流有往前回流的趋势，形成一股逆流，逆流与迎面气流相遇，互相干扰，因此叫干扰阻力。机翼和机身接合部气流互相干扰的涡流，产生干扰阻力。涡流区如图2－49所示。

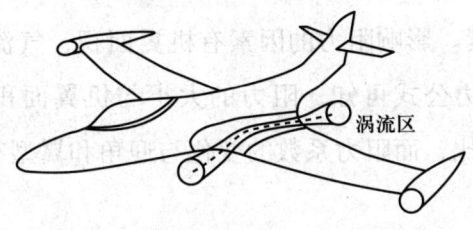

图2－49 涡流区

为了减少干扰阻力，在设计中，应妥善考虑和安排各部件的相对位置，同时加装整流片，连接过渡圆滑，减小涡旋的产生。

（2）总阻力。总阻力是诱导阻力和废阻力之和。低速无人机飞行过程中受到的四种阻力中，诱导阻力与升力有关，是产生升力时伴随产生的；摩擦阻力、压差阻力和干扰阻力则与升力无关，称为零升阻力或废阻力。四种阻力对飞行总阻力的影响随着飞行速度和迎角的不同而变化。某翼型的总阻力随速度变化曲线如图2－50所示。从图中可见，诱导阻力是随着速度的增大而降低的，而废阻力是随着速度的增大而增大的，当诱导阻力和废阻力相等时，总阻力最小。

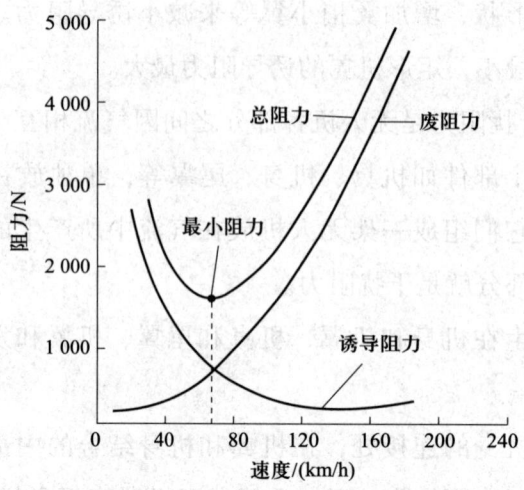

图2-50 某翼型的总阻力随速度变化曲线

1) 阻力公式。阻力公式如下:

$$X = \frac{1}{2}C_x \rho v^2 S \tag{2-6}$$

式中,X 为阻力(N),C_x 为阻力系数,ρ 为空气密度(kg/m³),v 为气流相对速度(m/s),S 为机翼面积(m²)。

2) 阻力的影响因素。影响阻力的因素有机翼面积、气流的相对速度、空气密度、翼型、迎角。由阻力公式可知,阻力的大小与机翼面积、气流相对速度、空气密度及阻力系数成正比,而阻力系数的变化与迎角和翼型有关。

二、稳定性

稳定性是指当无人机受到微小扰动而偏离原来纵向平衡状态,并在扰动消失以后,能自动恢复到原来平衡状态的特性。稳定性分为纵向静稳定性、横向静稳定性和航向静稳定性。

1. 纵向静稳定性

纵向静稳定性是指当无人机受到微小扰动而偏离原来纵向平衡状态,并在扰动消失以后,能自动恢复到原来纵向平衡状态的特性。

在飞行过程中,作用于无人机的俯仰力矩主要是机翼力矩和水平尾翼力矩。当纵向平衡受到破坏,导致无人机的俯仰姿态以及迎角变化,在机翼、机身、尾翼上的升力都会发生变化,虽然升力大小发生了变化,但是附加升力的作用点却保持不变，这些附加升力的合力作用点称为无人机的焦点，如图 2-51 所示。

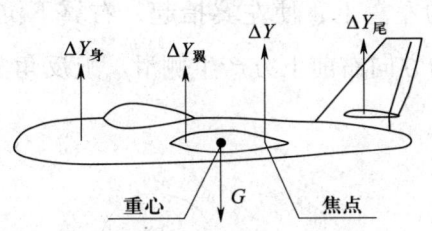

图 2-51 各部分的升力增量

当无人机重心位于焦点位置的前面，受到扰动而机头上仰时，机翼和水平尾翼的迎角增大，产生一个向上的附加升力，则此向上的附加升力 ΔY 会对无人机产生下俯的稳定力矩，使无人机趋向于恢复原来的状态。反之，当无人机受扰动而机头下俯时，机翼和水平尾翼的迎角减小，会产生向下的附加升力，此附加升力对重心形成一个上仰的稳定力矩，也使无人机趋向于恢复原来的稳定状态，如图 2-52a 所示。

然而，当无人机重心位于焦点位置的后面时，无论受到上仰还是下俯的干扰，附加升力都不能使无人机产生恢复到原来的运动状态的趋势，如图 2-52b 所示。

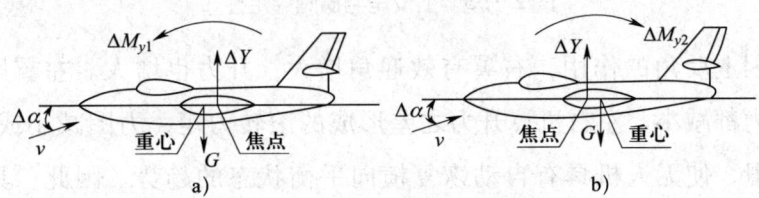

图 2-52 重心位置与纵向稳定性的关系
a）重心在焦点前 b）重心在焦点后

因此，无人机的纵向稳定性主要取决于无人机重心的位置，只有当重心位于焦点前面时，无人机才是纵向稳定的。如果重心位于焦点之后，无人机则是纵向不稳定的。重心前移可以增加无人机的纵向静稳定性，但并不是静稳定性越大越好。例如，由于重心前移使稳定性过大，升降舵的操纵力矩就难以使无人机抬头，进而导致无人机的操纵性变差。

2. 横向静稳定性

横向静稳定性是指无人机受扰动以致横向平衡状态遭到破坏，在扰动消失后，无人机自身能产生一个恢复力矩，使其趋向于恢复原来的平衡状态。反之，就没有横向静稳定性。

影响横向静稳定性的主要因素有机翼上反角、机翼后掠角和垂直尾翼。

（1）机翼上反角的作用。无人机在匀速直线飞行过程中，当有一个扰动从左前方吹来影响到无人机的左翼上，使左翼抬起，右翼下沉，无人机受扰动面产生向右的倾斜，沿着合力的方向右前下方产生侧滑。上反角与横向稳定性如图2-53所示。

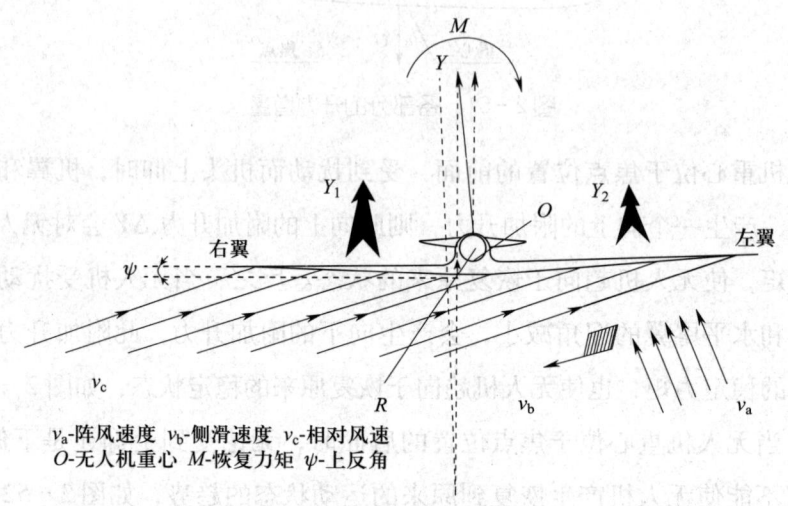

v_a-阵风速度 v_b-侧滑速度 v_c-相对风速
O-无人机重心 M-恢复力矩 ψ-上反角

图2-53　上反角与横向稳定性

此时，因上反角的作用，右翼有效迎角增大，升力也增大。左翼则相反，有效迎角和升力都减小。左右机翼升力之差形成的滚转力矩，力图减小或消除倾斜，进而消除侧滑，使无人机具有自动恢复横向平衡状态的趋势。因此，具有机翼上反角的无人机具有横侧向稳定性。

（2）机翼后掠角的作用。无人机在匀速直线飞行过程中，当有一个扰动从左前方吹来影响到无人机的左翼上，使左翼抬起，右翼下沉，无人机受扰动面产生向右的倾斜，升力也跟着倾斜，无人机将沿着合力R的方向产生侧滑，如图2-54a所示。由于后掠角的作用，右翼的有效速度大于左翼的有效速度，如图2-54b所示，在右边机翼上产生的升力将大于左边机翼上产生的升力，左右机翼升力之差形成的滚转力矩，力图减小或消除倾斜，使无人机具有横侧向稳定性。因此，具有机翼后掠角的无人机具有横侧向稳定性。

（3）垂直尾翼的作用。垂直尾翼也对横向稳定性有一定作用。当无人机出现侧滑角时，在垂直尾翼上会产生侧力，因为垂直尾翼一般在机身的上方，这个侧力能提供一个滚转力矩，即横向恢复力矩。因此，垂直尾翼也具有横向稳定性作用。

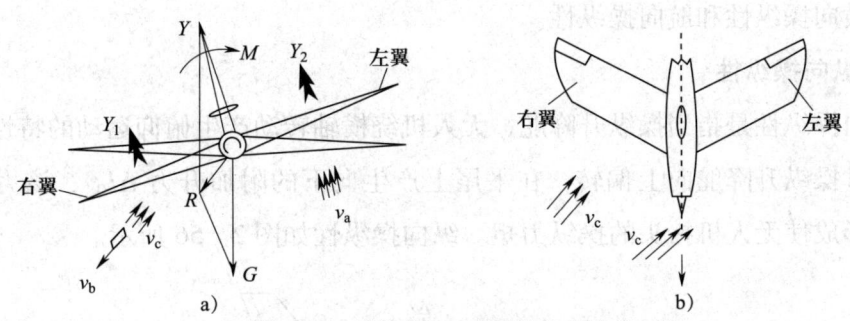

v_a-阵风速度 v_b-侧滑速度 v_c-相对速度 M-恢复力矩

图 2-54 后掠角与横向稳定性

a) 向右侧滑 b) 后掠角对有效速度的影响

3. 航向静稳定性

航向静稳定性是指无人机飞行受到扰动以致方向平衡状态遭到破坏,而在扰动消失后,无人机能趋向于恢复原来的平衡状态的特性。反之,就没有航向静稳定性。

固定翼无人机飞行主要靠垂直尾翼的作用来保证航向稳定性。假设当有外界扰动从左前方吹来,使无人机偏离了原来的航向,产生向右的侧滑,相对气流方向和固定翼无人机的对称面之间有一个侧滑角 β,此时,空气从无人机的左前方吹来作用在垂直尾翼上,产生向右的附加侧力 Z。航向静稳定性如图 2-55 所示。

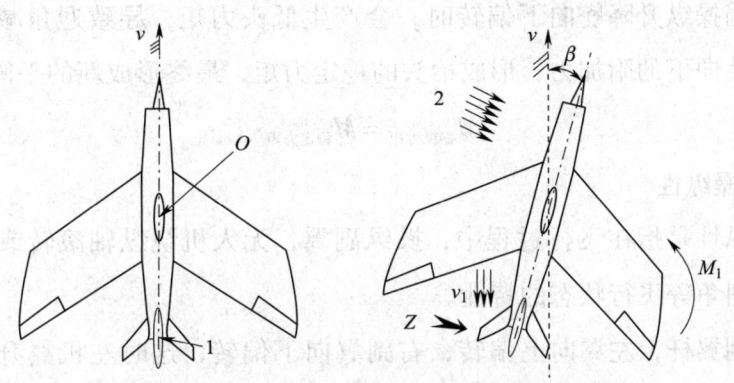

1-垂直尾翼 2-阵风 M_1-恢复力矩 O-重心 v_1-相对速度 v-飞行速度

图 2-55 航向稳定性

此力对无人机重心形成一个方向稳定力矩,力图使机头左偏,消除侧滑,使无人机趋向于恢复方向平衡状态,因此,垂直尾翼具有航向静稳定性的作用。

三、操纵性

操纵性是指当操纵杆舵时,无人机改变原来状态的能力。操纵性分为纵向操纵性、横向操纵性和航向操纵性。

1. 纵向操纵性

纵向操纵性是指当操纵升降舵，无人机绕横轴转动产生俯仰运动的特性。

通过操纵升降舵向上偏转，在平尾上产生向下的附加升力 $\Delta L_{尾}$，该力对无人机重心形成使无人机抬头的操纵力矩。纵向操纵性如图 2-56 所示。

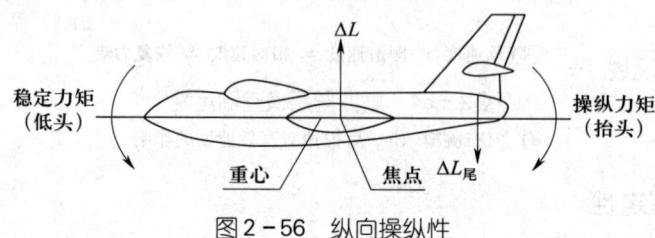

图 2-56 纵向操纵性

在该力矩作用下，原有的平衡状态即被破坏，无人机便绕横轴转动，使迎角增大，由于迎角增大，产生附加升力 ΔL，作用点是无人机焦点。对于静稳定的无人机，焦点位于重心之后，附加升力 ΔL 对重心形成俯仰稳定力矩，方向与操纵力矩相反，当迎角不断增大，最终使得稳定力矩与操纵力矩相等时，无人机的迎角将不再增大，无人机便在新的迎角下保持平衡飞行。

同理，当操纵升降舵向下偏转时，会产生低头力矩，导致迎角减小，在无人机焦点上产生向下的附加力，形成抬头的稳定力矩，最终形成新的平衡飞行。

$$M_{操纵力矩} = M_{稳定力矩} \tag{2-7}$$

2. 横向操纵性

横向操纵性是指在飞行过程中，操纵副翼，无人机绕纵轴滚转或改变其滚转角速度和倾斜角等飞行状态的特性。

向左压副翼杆，左翼向上偏转，右副翼向下偏转，这时左机翼升力减小，右机翼升力增大，则产生左滚的滚转力矩，使无人机向左倾斜。同理，向右压副翼杆，则右副翼向上偏转，左副翼向下转，产生右滚的滚转力矩，无人机便向右倾斜。副翼杆压杆量越大，副翼偏角越大，无人机的滚转角速度越大。压杆杆力的大小及其随速度的变化规律，是衡量和评定横向操纵性好坏的重要指标。横向操纵性如图 2-57 所示。

3. 航向操纵性

航向操纵性是指当操纵偏转方向舵后，无人机绕竖轴转动而改变其侧滑角等

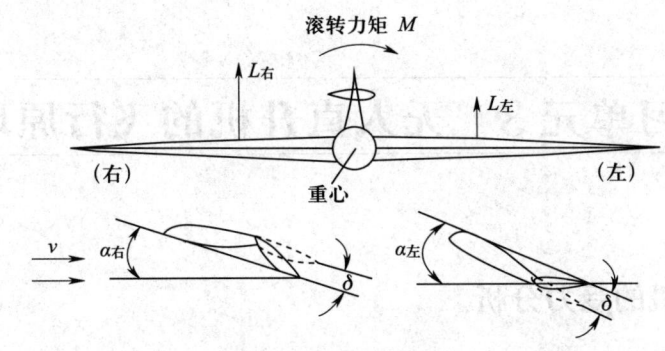

图2-57 横向操纵性

飞行状态的特性。

航向操纵主要通过方向舵实现,操纵方向杆向右,方向舵向右偏转,在垂直尾翼上产生向左的侧向力 Y,该力对重心形成使机头向右偏的航向操纵力矩,使无人机产生向右偏航及侧滑角 β。由于侧滑角的出现,在垂直尾翼、机翼、机身等部件上又会引起侧向力,其合力对无人机重心形成使机头向左偏转的航向静稳定力矩。当其与航向操纵力矩相等时,机头不再偏转,侧滑角也不再增大,无人机便在新的带一定侧滑角的航向平衡状态下继续飞行。航向操纵性如图2-58所示。

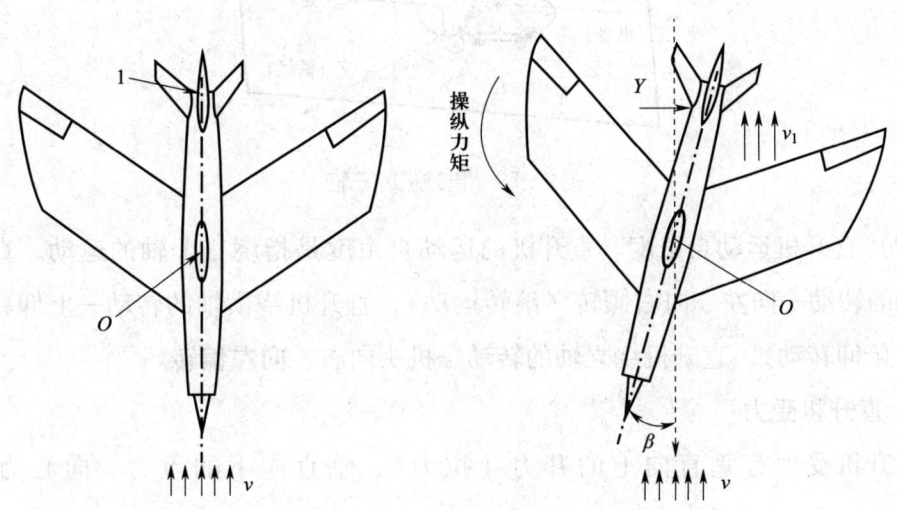

1-方向舵　O-重心　v-相对速度　v_1-相对风速

图2-58 航向操纵性

学习单元3 无人直升机的飞行原理

一、直升机的受力分析

1. 直升机的坐标系及运动自由度

(1) 直升机坐标系。为便于研究直升机本身的转动,一般通过直升机的重心,假设三条互相垂直的轴,并分别称之为纵轴(从后到前,穿过直升机重心,与货舱或客舱地板平行)、横轴(从右到左,并与纵轴垂直)和立轴(从下到上,并与纵轴和横轴都垂直)。以三轴为基准,建立直升机的坐标系,以此来说明直升机是怎样转动的。直升机的三轴如图2-59所示。

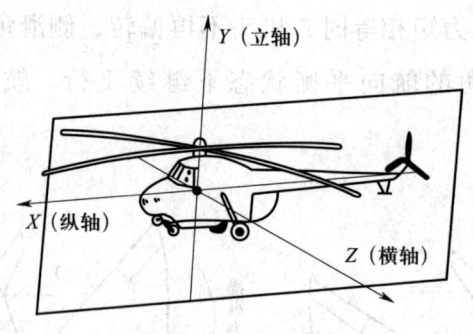

图2-59 直升机的三轴

(2) 直升机运动自由度。直升机的运动自由度是指绕三个轴的运动。直升机绕纵轴的转动—向左、向右倾转(滚转运动),直升机绕横轴的转动—上仰、下俯转动(俯仰转动),直升机绕立轴的转动—机头向右、向左偏转。

2. 直升机受力

直升机受力有垂直向上的升力(拉力)、垂直向下的重力、向心力和侧向力。

(1) 升力(P)。升力是旋翼旋转产生的向上的空气动力。

(2) 重力(G)。重力是由于地球吸引产生的,通过重心向下的力。

根据直升机飞行中的运动状态,其操纵有三种基本形式。

当升力与重力相等时，直升机稳定不动；等 P 大于 G 时，直升机上升；当 P 小于 G 时，直升机下降。即旋翼拉力等于直升机重力，就可保持直升机飞行高度不变；旋翼拉力增大，可使直升机上升，如图 2-60a 所示。反之，旋翼拉力减小，可使直升机下降，如图 2-60b 所示。

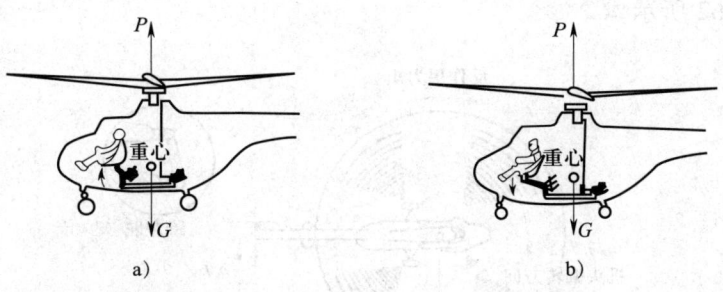

图 2-60 拉力与重力对飞行姿态的影响
a) $P>G$ b) $P<G$

（3）侧向力（P_2）。直升机向前飞行时，旋翼空气动力产生的，力图使机身产生旋转的力为侧向力，如图 2-61a 所示。

（4）向心力（P_3）。向心力是直升机做盘旋飞行时，产生向内侧的保持直升机平衡的力，是由旋翼拉力方向的改变产生的，如图 2-61b 所示。

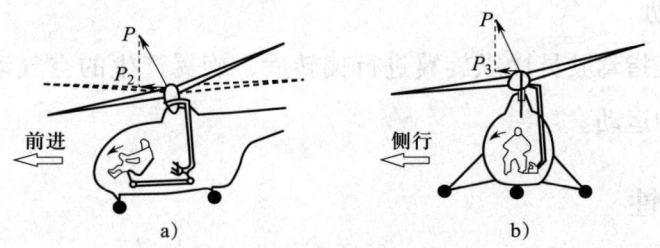

图 2-61 侧向力与向心力
a) 侧向力 b) 向心力

二、旋翼运动

1. 旋转运动

旋转运动是指直升机在旋翼和尾翼的共同作用下所进行的方向转动，是靠驾驶员操纵脚蹬改变尾桨的偏转力矩来完成的。

直升机处于方向平衡状态时，尾桨拉力产生的偏转力矩同旋翼的反作用力矩是相等的。这时，如果驾驶员操纵脚蹬改变尾桨的桨叶角，使尾桨拉力所形成的偏转力矩与旋翼的反作用力矩不相等，直升机就会改变方向。

当驾驶员蹬右舵时，尾桨的桨叶角（桨距）增大，尾桨的拉力增大，从而使机尾左移，机头右偏；当驾驶员蹬左舵时，尾桨的桨叶角减小，拉力减小（有时甚至产生反向拉力），旋翼反作用力矩使机尾右移，机头左偏。直升机方向转动的操纵如图 2-62 所示。

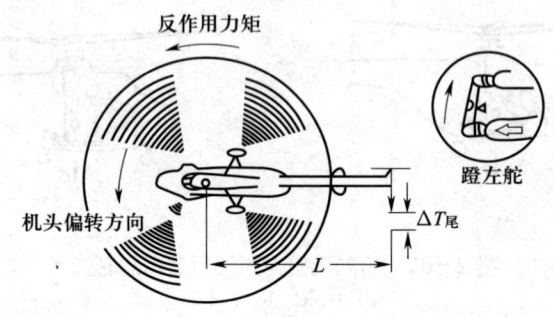

图 2-62 直升机方向转动的操纵

2. 前进运动

前进运动是指驾驶员操纵旋翼改变偏转角度后，旋翼产生的空气动力的分力使直升机向前所做的运动。

3. 后退运动

后退运动是指驾驶员操纵旋翼进行偏转后，旋翼产生的空气动力的分力使直升机向后所做的运动。

三、稳定性

稳定性是指直升机保持原平衡状态的能力。直升机的稳定性有悬停稳定性、俯仰稳定性、方向稳定性和横侧稳定性。

1. 悬停稳定性

直升机的悬停稳定性是指直升机上升到一定高度后，保持悬停的特性。此时直升机的升力等于直升机的重力，直升机的姿态保持不变。

2. 俯仰稳定性

直升机的俯仰稳定性（俯仰平衡），是指绕横轴的各力矩保持平衡的特性，即作用于直升机上的上仰力矩与下俯力矩互相平衡。直升机取得俯仰平衡时，不绕横轴转动或绕横轴做等角速度转动。

(1) 直升机的俯仰力矩是能够使直升机绕横轴产生上仰或下俯运动的力矩，作用于直升机上的俯仰力矩主要有旋翼俯仰力矩和水平安定面力矩。

1) 旋翼俯仰力矩。旋翼俯仰力矩是旋翼拉力对直升机重心形成的俯仰力矩。一般情况下，旋翼拉力的作用线通过直升机重心的后面，所以旋翼拉力对直升机的重心形成下俯力矩。旋翼拉力越大，或者旋翼拉力作用线至直升机重心的距离越远，所形成的下俯力矩越大。

2) 水平安定面力矩。水平安定面力矩是水平安定面升力（$Y_安$）对直升机重心所形成的力矩。由于受旋翼向下排压空气的影响，水平安定面的迎角通常是负的，产生向下的升力，该升力对重心所形成的力矩是上仰力矩。水平安定面向下的升力越大，形成的上仰力矩也就越大。直升机产生的俯仰力矩如图2-63所示。

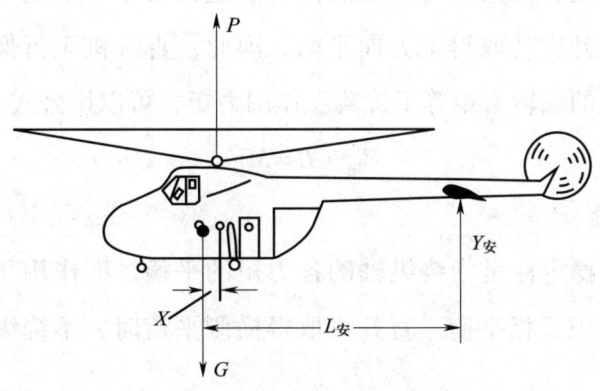

图2-63 直升机产生的俯仰力矩

(2) 直升机保持俯仰平衡的条件。从图2-63中已知旋翼拉力对重心形成下俯力矩，水平安定面升力对重心形成上仰力矩。飞行中直升机能否保持俯仰平衡，就取决于这两个矛盾着的力矩的相互关系。当上仰力矩大于下俯力矩时，直升机做加速上仰转动，反之则做加速下俯转动。当这两个力矩相等时，直升机将保持俯仰平衡状态。所以直升机取得俯仰平衡的条件是下俯力矩等于上仰力矩，用公式表示为：

$$P \cdot X = Y_安 \cdot L_安 \qquad (2-8)$$

3. 方向稳定性

直升机的方向稳定性是指绕立轴的各力矩的平衡，即作用于直升机的左偏转力矩和右偏转力矩互相平衡。直升机取得方向平衡时，不绕立轴转动或绕立轴做等角速度转动。

直升机的方向偏转力矩主要有旋翼反作用力矩和尾桨拉力形成的偏转力矩两

种。直升机的方向偏转力矩如图2-64所示。

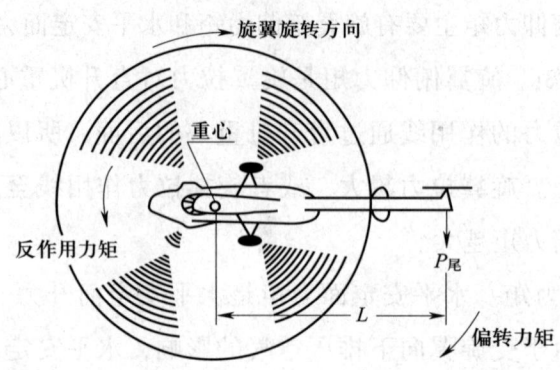

图2-64 直升机的方向偏转力矩

旋翼反作用力矩和尾桨拉力形成的偏转力矩构成了矛盾的两个方面，当这两个力矩相等时，直升机就取得了方向平衡。因此，直升机飞行保持方向平衡的条件是尾桨拉力形成的偏转力矩等于旋翼反作用力矩，可以用公式表示为：

$$P_{尾} \cdot L = M_{反} \quad (2-9)$$

4. 横侧稳定性

直升机的横侧稳定性是指绕纵轴的各力矩的平衡，即作用于直升机上的左滚转力矩和右滚转力矩互相平衡。直升机取得横侧平衡时，不绕纵轴转动或绕纵轴做等角速度转动。

（1）直升机的滚转力矩。作用于直升机上的滚转力矩主要有尾桨拉力形成的滚转力矩和旋翼锥体向横侧倾斜时旋翼拉力形成的滚转力矩。直升机的滚转力矩如图2-65所示。

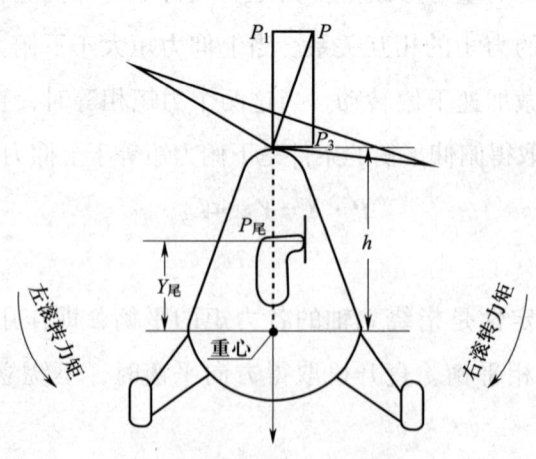

图2-65 直升机的滚转力矩

1)尾桨拉力形成的滚转力矩。尾桨拉力形成的偏转力矩平衡了旋翼的反作用力矩,但是由于尾桨的位置通常高于直升机重心,同时还会对重心形成滚转力矩。

2)旋翼拉力形成的滚转力矩。驾驶员操纵旋翼锥体向左或向右倾斜时,旋翼拉力也随之倾斜,并分出一个侧向分力 T_3,这个侧向分力高于直升机重心,所以会形成一个滚转力矩。例如,锥体向右倾斜,旋翼拉力的侧向分力会对纵轴形成使直升机向右滚转的力矩;反之,锥体向左倾斜,便形成一个使直升机向左滚转的力矩。

(2)直升机保持横侧平衡的条件是左滚转力矩等于右滚转力矩,可以用公式表示为:

$$P_{尾} \cdot Y_{尾} = P_3 \cdot h \tag{2-10}$$

四、操纵性

操纵性是指驾驶员通过操控发动机、旋翼、尾桨、舵面时,直升机改变原平衡状态的特性。

直升机在改变飞行状态时,操纵桨距油门杆、驾驶杆和脚蹬等部件的其中一项,必须同时相应地操纵其他两项。这是直升机操纵的一个主要特点,叫作操纵动作的协调性。

例如,上提桨距油门杆,旋翼拉力增大,与此同时,反作用力矩也增大,对顺时针旋转(俯视)的旋翼来说,其反作用力矩会使机头左偏。为保持直升机方向,必须相应地蹬右脚蹬。但在蹬右脚蹬后,尾桨拉力所形成的左滚转力矩又会加大,为保持横侧力矩平衡,还须向右压驾驶杆。再如,向前推驾驶杆时,旋翼拉力向前倾斜,为使拉力的垂直分力不小于直升机重力,引起高度下掉,还须向上提桨距油门杆。但上提桨距油门杆后,旋翼的反作用力矩增大,会使机头左偏,故又须蹬右脚蹬以保持方向。所以,操纵直升机时,各操纵动作要密切配合,协调一致,才能保持直升机稳定的飞行状态。

1. 方向操纵性

直升机的方向操纵性是指驾驶员操纵旋翼和尾桨,使直升机绕立轴转动的特性,即使作用于直升机的左偏转力矩和右偏转力矩产生力矩差,直升机原有的方向平衡被破坏,使直升机绕立轴转动或绕立轴做等角速度转动的操作过程。

直升机的方向偏转力矩主要有旋翼反作用力矩和尾桨拉力形成的偏转力矩两种。直升机的方向偏转力矩如图 2-64 所示。

驾驶员操控旋翼产生的反作用力矩与尾桨产生的偏转力矩不相等时,直升机就取得了方向操纵性。因此,直升机产生方向操纵性的条件是尾桨拉力形成的偏转力矩大于或小于旋翼反作用力矩。

2. 俯仰操纵性

直升机的俯仰操纵性是指驾驶员操控直升机绕横轴转动的特性,即驾驶员操控直升机使直升机绕横轴产生上仰或下俯运动力矩的操纵。作用于直升机上的俯仰力矩主要有旋翼俯仰力矩和水平安定面力矩。当驾驶员操控产生的旋翼俯仰力矩大于水平安定面力矩时,直升机做俯仰运动。

3. 横侧操纵性

直升机的横侧操纵性是指驾驶员操控直升机使直升机产生绕纵轴转动的特性,即驾驶员操控旋翼使作用于直升机上的左滚转力矩和右滚转力矩的平衡遭到破坏,使直升机产生绕纵轴转动或绕纵轴做等角速度转动的特性。作用于直升机上的滚转力矩如图 2-65 所示。

学习单元 4 多旋翼无人机的飞行原理

一、多旋翼无人机受力分析

多旋翼无人机的升力产生同旋翼直升机的升力产生原理相似。多旋翼无人机受力主要有旋翼转动产生的空气动力和多旋翼无人机本身的重力。旋翼转动产生的空气动力又可分解为升力和阻力。

1. 升力

升力是旋翼与空气相互作用后产生的使多旋翼无人机向上运动的力,又称为拉力。各旋翼旋转所产生的升力可以用下面的公式来表示:

$$F_i = C_t \rho n_i^2 D^4 \qquad (2-11)$$

式中，C_t 为旋翼的拉力系数，ρ 为空气密度，n_i 为旋翼转速，$n_i = \omega_i/2\pi$，D 为旋翼直径。

设 $k = C_t\rho D^4/4\pi^2$，即 $F_i = k\omega_i^2$，k 为常数。

设 T 为四个螺旋桨的升力总和，则总升力可以用下面的公式表示：

$$T = \sum_{i=1}^{4} F_i = \sum_{i=1}^{4} k\omega_i^2 \tag{2-12}$$

2. 阻力

阻力是阻碍无人机运动和旋翼旋转的力。无人机运动时受到的阻力可以忽略不计，因此多旋翼无人机的主要阻力就是旋翼旋转时受到的空气阻力。

计算空气阻力的公式：

$$F_d = \frac{1}{2}C\rho S v^2 \tag{2-13}$$

式中，C 为空气阻力系数，ρ 为空气密度，S 为螺旋桨迎风面积，v 为螺旋桨与空气的相对运动速度。

3. 重力

重力是无人机本身重量。无人机的重量主要有机架、电动机、螺旋桨、电池、飞控电路板以及 GPS、超声波等传感器的重量。通常假设多旋翼无人机在飞行过程中其重力不会改变。

二、操纵性

多旋翼无人机的操纵性是指操控遥控器的杆、舵、油门、按钮，使多旋翼无人机改变运动状态的特性。多旋翼无人机的运动状态有垂直运动、俯仰运动、滚转运动、偏航运动、前后运动。

1. 垂直操纵性

垂直操纵性是指操控旋翼机，使之垂直上升和垂直下降快慢的特性。

下面以四旋翼无人机进行说明。在四旋翼无人机完成 4 轴平衡的条件下，同时增加 4 个电动机的输出功率，旋翼转速增加使得总的拉力增大，当总拉力足以克服四旋翼无人机受到的重力时，四旋翼无人机便离地垂直上升。反之，同时减小 4 个电动机的输出功率，四旋翼无人机则垂直下降，直至平衡落地，实现了沿 Z 轴的垂直运动。当外界扰动量为零时，在旋翼产生的升力等于四旋翼无人机自身的重力时，无人机便保持悬停状态。垂直运动受力如图 2-66 所示。

2. 俯仰操纵性

俯仰操纵性是指驾驶员操控各个旋翼，使旋翼机绕 Roll 轴作偏转运动快慢的特性。俯仰操纵受力情况如图 2-67 所示。在四旋翼无人机完成 4 轴平衡的条件下，电动机 1 和电动机 4 的转速上升，电动机 2 和电动机 3 的转速下降（改变量大小应相等，在 PID 程序的实现中也有体现）。由于旋翼 1 和旋翼 4 的转速，即升力上升，旋翼 2 和旋翼 3 的转速，即升力下降，产生的不平衡力矩使机身绕 Roll 轴旋转。同理，当电动机 1 和电动机 4 的转速下降，电动机 2 和电动机 3 的转速上升，机身便绕 Roll 轴向另一个方向运动，实现无人机的俯仰运动。

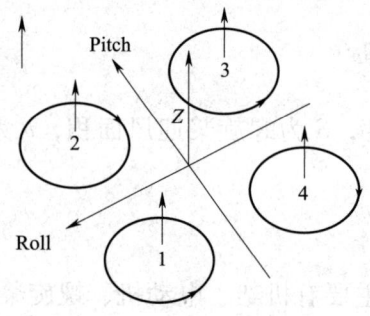
图 2-66 垂直运动受力

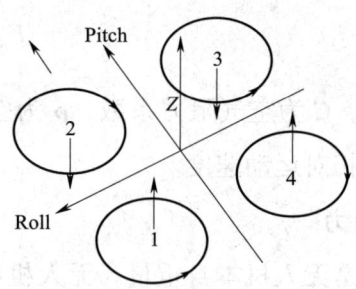
图 2-67 俯仰操纵受力情况

3. 滚转操纵性

滚转操纵性是指驾驶员操控各个旋翼的转速，使多旋翼无人机绕 Pitch 轴运动快慢的特性。滚转操纵受力情况如图 2-68 所示。例如，在四旋翼无人机完成 4 轴平衡的条件下，提高电动机 3 和电动机 4 的转速，减小电动机 1 和电动机 2 的转速，则可使机身绕 Pitch 轴的正向或者反向进行运动，实现无人机的翻滚运动。

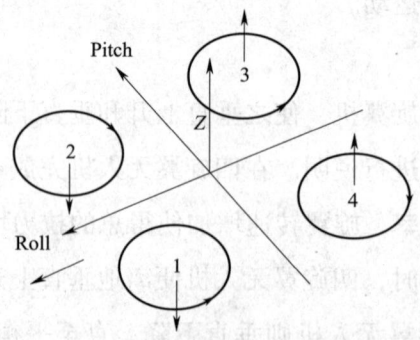
图 2-68 滚转操纵受力情况

4. 偏航操纵性

偏航操纵性是指驾驶员操控无人机绕着立轴 Z 的自旋运动特性。偏航操作受力情况如图 2-69 所示。当电动机 1 和电动机 3 的转速上升，电动机 2 和电动机 4 的转速下降时，旋翼 1 和旋翼 3 对机身的反扭矩大于旋翼 2 和旋翼 4 对机身的反扭矩，机身便在富余反扭矩的作用下绕 Z 轴转动，实现无人机的偏航运动，转向与电动机 1、电动机 3 的转向相反。

5. 前后操纵性

前后操纵性是指驾驶员操控无人机沿着 Pitch 坐标轴所做的前进、后退运动的特性。如果想要实现四旋翼无人机在水平面内前后的运动，必须在水平面内对无人机施加一定的力。前后操纵受力情况如图 2-70 所示。增加电动机 1 和电动机 4 的转速，使拉力增大，相应减小电动机 2 和电动机 3 的转速，使拉力减小，同时反扭力矩仍然要保持平衡。使无人机首先发生一定程度的倾斜，从而使旋翼拉力产生水平分量，实现无人机的前飞运动。向后飞行与向前飞行正好相反。

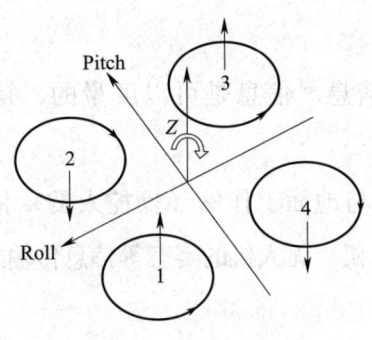
图 2-69 偏航操作受力情况

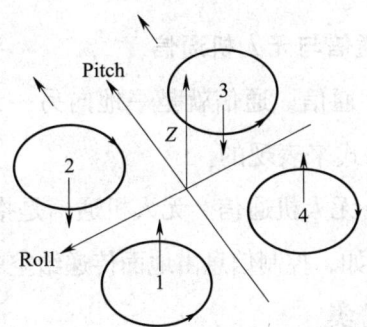
图 2-70 前后操纵受力情况

培训课程 5

通信基础知识

学习单元　无人机通信系统认知

一、无人机通信

1. 通信与无人机通信

（1）通信。通信就是一地向另一地传递信息。信息是可以度量的，是可以通过某种形式来表现的。

（2）无人机通信。无人机通信是指无人机与地面工作站（操控人员）相互传递信息。例如，控制信息由地面传递给空中的无人机，无人机的姿态等信息传输给地面。

2. 分类

无人机通信根据通信技术可以进行如下分类。

（1）按照传输信号形式，可分为模拟通信和数字通信。

（2）按照传输媒介，可分为有线电通信、无线电通信、光通信和水声通信。

（3）按照通信业务类型，可分为话音通信、数据通信和图像通信等。

（4）按照通信对象，可分为人—人通信、人—机通信和机—机通信。

（5）按照通信距离，可分为视距通信和超视距通信。

（6）按照通信系统的工作波段，可分为长波通信、中波通信、短波通信、超短波通信和微波通信等。

3. 通信技术

目前使用的通信技术有短波通信、地面数字微波接力通信、卫星通信、光纤通信、数据通信、移动通信、多媒体通信、空中平台中继通信等。

二、无人机通信系统

1. 通信系统和无人机通信系统

通信系统是指为传输信息所必需的一切技术设备以及传输媒介的总体。

无人机通信系统是指无人机系统中的分系统，主要实现地面站和无人机之间各种指令、飞行状况、数据、图像等信息的传输功能。

2. 无人机通信系统的组成

无人机通信终端由机载和地面两部分组成，包含信号源、发送设备、传输信道、接收设备、终端设备。通信系统方块图如图2-71所示。

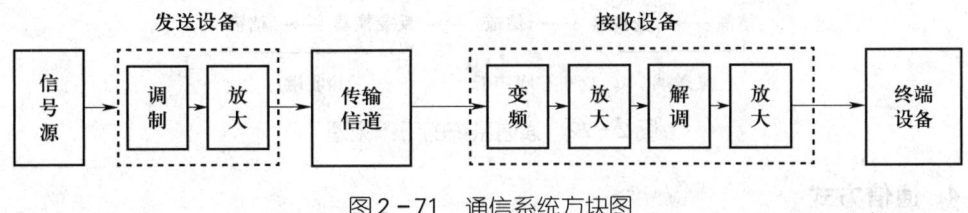

图2-71 通信系统方块图

（1）信号源。信号源的作用是把各种消息转换成原始电信号。根据消息的种类不同，信号源可分为模拟信源和数字信源。模拟信源输出连续的模拟信号，如声音—音频信号、摄像机—视频信号。数字信源则输出离散的数字信号，如键盘字符等。

（2）发送设备。发送设备的作用是产生适合于在信道中传输的信号，即使发送信号的特性和信道特性相匹配，具有抗信道干扰的能力，并且具有足够的功率以满足远距离传输的需要。因此，发送设备涵盖的内容很多，可能包含变换、放大、滤波、编码、调制等过程。对于多路传输系统，发送设备还包括多路复用器。

（3）传输信道。信道是一种物理介质，用来将来自发送设备的信号传送到接收端。在无线信道中，信道可以是自由空间。在有线信道中，信道可以是明线、电缆和光纤。有线信道和无线信道均有多种物理介质。信道既给信号以通路，也会对信号产生各种干扰和噪声。信道的固有特性及引入的干扰和噪声直接关系到通信的质量。

（4）接收设备。接收设备的功能是将信号放大和反变换（如译码、解调等），其目的是从收到减损的接收信号中正确恢复出原始电信号。对于多路复用信号，接收设备中还包括解除多路复用,实现正确分路。此外,它还要尽可能减小在传输过程中干扰与噪声所带来的影响。

(5)终端设备。终端设备是传送消息的目的地,其功能与信号源相反,即把原始电信号还原成相应的消息,如声音、文字、图像等,供用户使用。常见终端设备有扬声器和显示屏等。

3. 通信系统工作原理

通信系统的工作原理可以描述为信息发送—传输—接收。控制信息经过加工发送出去,即发送端。发送的信息经过路线进行传输,即信道或频段。控制信息经过传输路线,传送到需要控制的目标,目标体对传输过来的信息进行接收、处理、执行,即接收端。通信系统的工作原理如图2-72所示。

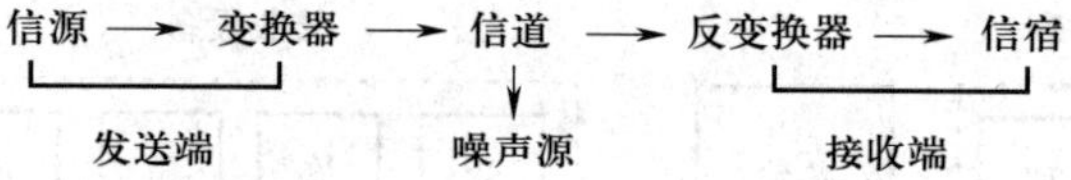

信源 → 变换器 → 信道 → 反变换器 → 信宿
发送端　　　　噪声源　　　　接收端

图2-72 通信系统的工作原理

4. 通信方式

无人机的通信方式主要以无线电通信为主,无线电波的频段划分见表2-7。

表2-7 无线电波的频段划分

频段名称		波长范围/m	频段名称	频率范围
超长波		100 000~10 000	甚低频(VLF)	3~30 kHz
长波		10 000~1 000	低频(LF)	30~300 kHz
中波		1 000~100	中频(MF)	300~3 000 kHz
短波		100~10	高频(HF)	3~30 MHz
超短波		10~1	甚高频(VHF)	30~300 MHz
微波	分米波	1~0.1	特高频(UHF)	300~3 000 MHz
	厘米波	0.1~0.01	超高频(SHF)	3~30 GHz
	毫米波	0.01~0.001	极高频(EHF)	30~300 GHz

5. 通信系统参数

(1)无人机通信系统参数要求

1)工作频点。无人机通信工作频点需要遵循国家无线电频谱资源管理要求。因空间聚集有多种无线电波传输,各种频段之间会存在信号干扰的现象,所以需要使用扩频跳频技术，需要根据不同的应用场景选取不同通信频段。

2）发射功率。发射端经天线端面辐射出来的功率 P_t，经过空间衰减后传输到接收端，使其接收到的信号能量大于接收灵敏度，才能使通信链路正常接收和解算信息。

3）视距传播距离。无人机的通信传播特点是直线传播，因地球是椭圆形，受地表曲率的影响致使无线电波最大直线距离（R_{max}）与发射天线高度（H_t）和接收天线高度（H_r）相关，其计算公式如下：

$$R_{max} = 4.12 \times (\sqrt{H_t} + \sqrt{H_r}) \qquad (2-14)$$

4）空间传输损耗。电磁波在自由空间中传输，在穿透介质时会有损耗，若电磁波工作频率为 f，发射天线和接收天线之间的距离为 R，则电磁波的传输损耗 L_0 为：

$$L_0 = 32.45 + 20\log_{10}f + 20\log_{10}R \qquad (2-15)$$

5）接收端能量。接收机灵敏度是指接收微弱信号的能力。当接收机的输出功率达到规定的标准功率时，为输入端所需要的最小信号强度。此数字越小，表明接收机的灵敏度越高。当接收到的功率值大于或等于接收机灵敏度，则接收机能正常工作。

根据发射机的发射功率、馈线损耗、天线增益、传播损耗等因素，分析计算到达接收机的功率是否满足接收机灵敏度要求，具体计算公式如下：

$$P_r = P_t + G_t - C_t - L_0 + G_r - C_r \qquad (2-16)$$

式中，P_r 为到达接收功率，P_t 为发送端功率，C_r 为接收端接头和电缆损耗，C_t 为发送端接头和电缆损耗，G_r 为接收端天线增益，G_t 为发送端天线增益，L_0 为自由空间损耗。若 P_r 值大于接收机灵敏度，则信号功率能够满足接收机解调要求。

（2）无人机通信系统参数设置。无人机的无线控制信号分为遥控器信号、数据传输信号和图像传输信号三类，为避免无人机与无人机之间通信的相互干扰，在使用前需要对相关参数进行设置。

1）传输速率设置。无人机通信系统的传输速率是衡量传输设备的重要指标，该指标反映了数据通信链路的传输能力。作业前，需要按照无人机数据通信传输要求和步骤程序进行传输速率参数设置，才能正确可靠地接收数据。

2)通信频段及频点。由于自由空间存在多种电磁波传输,为了使无人机通信功能正常,可依据实际应用场景进行通信工作频点的设定,确保发送端与接收端同频工作。

3)发射功率。根据无人机通信距离要求,为保证无人机正常的工作距离范围,需要对发送端的功率进行控制输出,调整发送端的功率输出范围。

4)数据输出要求是指无人机进行数据传输时,对链路中传输的数据信息的帧结构、数据内容、数据类型、数据接收/发送规则等方面的详细规定。制定标准的数据传输格式有利于处理器生成、解析及处理数据。

5)通信协议。通信协议就是数据链系统在通信过程中有关数据信息的传输时序、传输条件、传输流程及传输控制方式等方面的规定,主要解决各种应用系统的格式化消息如何通过信息网络可靠且有效地建立链路从而达成数据交换的目的。通信协议主要包括网络协议、频率协议、链路协议、接口标准和操作规程等内容。

培训课程 6

导航基础知识

学习单元 1　单一导航系统基础知识

单一导航系统是指利用一个系统进行独立导航的通信。目前能够完成独立导航的系统有全球卫星导航系统和惯性导航系统。

一、GPS 导航系统

GPS 导航系统是一款全球定位导航系统，为用户提供位置、时间、姿态等信息。

1. 组成

GPS 导航系统由空间部分、地面监控部分和用户部分三个独立部分组成。

（1）空间部分。空间部分的主要功能是持续向地球发射导航信号，包括信号发射时间、卫星轨道参数等来帮助接收机实现定位的数据信息，然后接收并存储由地面监控部分发来的导航信息，接收并执行从地面监控部分发射的控制指令，调整自身的运行姿态等。

（2）地面监控部分。地面监控部分负责整个系统的平稳运行，跟踪整个星座卫星，测量它们所发射的信号，包括：计算各颗卫星的时钟误差，以确保卫星时钟与系统时间同步；计算各颗卫星的轨道运行参数；计算大气层延时等导航电文中所包含的各项参数；更新卫星导航电文数据，并将其上传给卫星；监视卫星发生故障与否，发送调整卫星轨道的控制命令；启动备用卫星，安排发射新卫星等事宜。

（3）用户部分。用户部分通俗地讲就是指接收机，它的根本功能是接收、跟踪GPS卫星导航信号，通过对卫星导航信号进行频率变换、功率放大和数字化处理，以便从中测量出从卫星至接收机天线的信号传播时间，并解译出卫星所发送的导航电文，进而求解出接收机本身的位置、速度和时间。

2. 工作原理

（1）工作情形。卫星导航系统的工作一般可以简单地描述如下：首先空间各颗卫星向地面发射导航信号；然后地面监控部分通过接收、测量各个卫星信号，进而确定卫星的运行轨道，并将卫星的运行轨道信息上传给卫星，让卫星在其所发射的信号上转播这些卫星运行轨道信息；最后用户设备部分通过接收、测量各颗可见卫星的信号，进而确定用户接收机自身的空间位置。GPS导航系统的工作情形如图2-73所示。

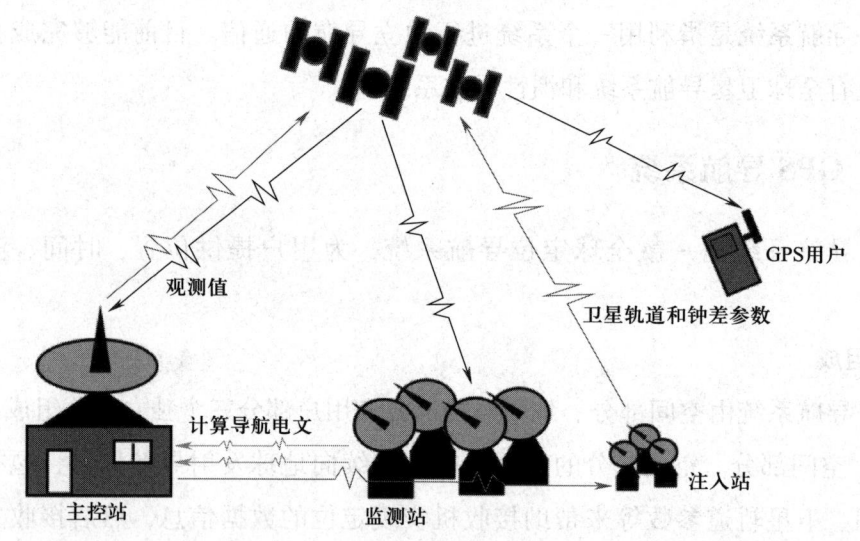

图2-73　GPS导航系统的工作情形

（2）卫星导航系统定位的原理。卫星导航系统定位是通过确定三个以上站星距离来实现的。站星距离的确定如下：

一个站星距离：测站位于以卫星为球心，站星距离为半径的球面上。

两个站星距离：作两个球面，两个球面相交为圆，测站位于圆圈上。

三个站星距离：作三个球面，三个球面两两相交于两点，测站位于其中一点。卫星导航系统定位原理如图2-74所示。

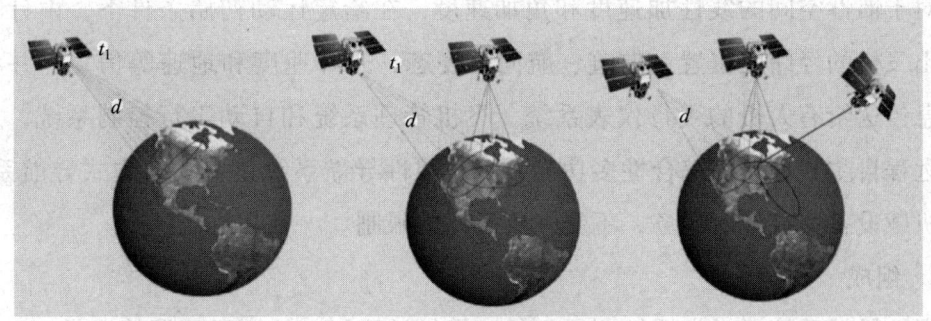

图2-74 卫星导航系统定位原理

GPS单点定位方法的实质是空间距离后方交会：

1）一个站星距离＝球面；

2）两个站星距离＝圆；

3）三个站星距离＝两点；

4）三个站星距离＋地球＝一点。

理论上以地面点的三维坐标 (x, y, z) 为待定参数，只需要测出3颗卫星到地面点的距离就可以确定该点的三维坐标。但是卫地距离是通过信号的传播时间差 Δt_u 乘以信号的传播速度而得到的。信号的传播速度接近于光速，要求对时间差 Δt_u 进行非常准确的测定，卫星上安置的原子钟，稳定度非常高，可认为卫星上原子钟的时间与GPS时间吻合。接收机处的时钟是石英钟，稳定度一般，可认为它的时钟时间与GPS时间存在时间同步误差，并将这种误差作为一个待定参数，对于每个地面点的解算就有4个待定参数：经度、纬度、高程、接收机钟差。

3. 优势与劣势

GPS导航系统具有观测站之间无须通视、定位精度高、操作简便、提供三维坐标、全天候作业的优势，已被广泛应用于军事、交通、测绘等行业。GPS导航系统能无缝提供无人机三维运动状态（位置和速度），为无人机的起飞、航行、着陆和机场滑行提供安全、高效的导航服务，已成为航空交通管理系统的支撑技术之一。

GPS导航系统确认的位置会因为气候、电离层、对流层、空气、电磁波等因素的影响出现误差。

二、惯性导航系统

惯性导航系统（INS）是利用惯性敏感元件（陀螺仪和加速度计）通过测量飞

机相对于惯性空间的线性加速度和角加速度，在给定运动初始条件下，由计算机计算出飞机的经纬度位置、航迹、航向、姿态、升降速度和地速等信息，并将这些信息传送给有人机的飞行仪表系统、飞机管理系统和自动飞行控制系统，从而形成远程自主式导航的综合性多功能系统。惯性导航系统是一种自主式导航系统，依靠机载设备完成导航任务，不受气象条件的限制。

1. 组成

惯性导航系统通常由惯性测量组件、导航计算机、控制显示器等组成。

惯性测量组件包括加速度计和陀螺仪。三个陀螺仪用来测量飞机沿三轴的转动角运动。三个加速度计用来测量飞机质心运动的加速度。

导航计算机根据加速度信号进行积分计算，计算出飞行器的速度和位置数据，并进行系统标定和对准，以及进行机内的检测与管理。

控制显示器显示各种导航参数。

2. 工作原理

惯性导航系统根据牛顿定律，利用一组加速度计连续地进行测量，而后从中提取运动载体相对某一选定的导航坐标系的加速度信息；由计算机对加速度通过一次积分运算（载体初始速度已知），便得到载体相对导航坐标系的即时速度信息；再通过一次积分运算得到载体的位移信息，在载体初始位置已知的情况下，便又得到载体相对导航坐标系的即时位置信息。

由于无人机的速度和位置是由测得的加速度经过积分而得到的，因此必须知道初始条件，如初始速度和位置。在静基座（地面）情况下，初始速度为零，初始位置为当地的经度、纬度。

三、导航系统对比

无线电导航系统是一种利用无线电技术对运动中的飞机、船舶等交通工具进行导航和定位的系统。

天文定姿导航系统是利用自然星体（太阳、月球、地球等）的信息进行载体位置计算的一种定位导航方法，是借助被动光电探测设备，通过解算确定载体航向、姿态和位置的导航设备。

天文定姿导航系统属于自主导航技术，不依赖地面设备的定位，不仅可以提供位置信息，还可以提供高精度的姿态信息。其定位精度不很高，但误差不积累，其精度取决于光学敏感器的精度。

常见导航系统获取信息、优点、缺点对比见表2-8。

表2-8 常见导航系统对比

导航方式	获取信息	优点	缺点
惯性导航	位置、速度、姿态	完全自主、运动参数完备、短时精度高、广泛应用于武器装备	误差积累、成本较高
卫星导航	位置、速度	全天候、高精度、误差不积累	缺姿态信息、易被干扰
无线电导航	位置、速度、方向	全天候、高精度、距离远、定位时间短、简单可靠	易被干扰、被发现，需要导航台支持，易发生故障
天文定姿导航	姿态	自主、高精度、误差不积累	无位置、速度信息，气候受限

每种单一导航系统都有各自的独特性能和局限性，可把几种不同的单一系统组合在一起，利用多种信息源互相补充，构成一种有多余度和导航准确度更高的多功能系统。

学习单元2 组合导航系统基础知识

一、组合导航

组合导航是指两种或两种以上导航技术结合在一起，共同组成综合导航系统，解决单一导航产生的误差，使导航定位更加准确。

根据不同的需求，组合导航有多种组成形式，但多以惯性导航系统（INS）作为核心导航子系统。

二、INS/GPS 组合导航系统

INS/GPS 组合导航系统由 INS + GPS + 信息处理中心（计算机）形成综合导航系统。

INS/GPS 组合导航系统是利用 GPS 的长期稳定性与适中精度，来弥补 INS 误差随时间传播或增大的缺点；利用 INS 的短期高精度来弥补 GPS 接收机在受干扰

时误差增大或遮挡时丢失信号等缺点；突出 INS 结构简单、可靠性高、体积小、重量轻、造价低的优势，并借助 INS 的姿态信息和角速度信息，提高 GPS 接收机天线的定向操纵性能，使之快速捕获或重新捕获全球定位卫星信号；借助 GPS 连续提供的高精度位置信息和速度信息，估计并校正 INS 的位置误差、速度误差和系统其他误差参数，实现对其空中传递对准和标定，从而使得整个组合导航系统达到最优化，具有很高的费效比。

INS/GPS 组合导航系统是以计算机为中心，将各个导航传感器送来的信息加以综合（信息融合）和最优化算法处理（卡尔曼滤波），然后对导航参数进行综合显示或输出。

1. 信息融合

信息融合是利用多传感器系统的优势，推导出更多的信息，提高多传感器系统的功效，充分有效地利用多传感器的资源，更大程度上获得被测目标和环境的信息量。

信息融合的方法有加权平均信息融合方法、贝叶斯估计信息融合方法、Dempster-Shafer 证据理论、模糊逻辑法、神经网络方法、卡尔曼滤波信息融合方法、专家系统方法。

2. 卡尔曼滤波

卡尔曼滤波是一种线性、无偏、最小方差估计的递推算法，采用了状态空间的模型结构，能对非平稳过程信息进行最小方差估计，并具有数据存储最小、易于计算机实现的特点。

卡尔曼滤波是从与被提取的信号有关的、含有噪声的观测量中，通过某算法（卡尔曼滤波方程）估计出所需信号的一种滤波算法。

学习单元3 导航系统在无人机上的应用

一、超视距遥控

超视距遥控是指利用组合导航系统和地面控制站，对视距外无人机实施的姿态、方位、距离、速度和经纬度参数的监测与控制。

1. 遥控技术

超视距遥控过程中使用的关键技术是 INS/GPS 组合导航系统技术。

2. 遥控原理

INS/GPS 组合导航系统是通过卫星接收机和惯性传感器，经组合导航算法，实时输出无人机的姿态、方位、距离、速度和经纬度等信息；地面人员通过数据链可对无人机进行跟踪、定位和控制，当发现无人机出现偏离预定航线，姿态出现偏差等飞行状况，可以及时调整飞行状态。

二、程控自主飞行

程控自主飞行是指无人机按照预先上载任务程序、沿预定规划航线，依靠机载飞行控制系统和组合导航系统实现的自动飞行控制。

程控自主飞行控制是在飞行过程中，无人机利用 INS/GPS 组合导航系统、磁力计、气压计、超声波等，实时获取无人机的姿态、方位、距离、速度和经纬度等信息，经飞行控制计算机对参数计算推演后，通过自动驾驶仪控制调整油门和舵机（舵面），适时修正无人机的姿态、航迹，使无人机按照预先设置好的任务规划进行飞行。

三、飞行控制

飞行控制是指利用地面控制设备对无人机飞行所进行的人工与自动控制。

1. 人工飞行控制

人工飞行控制是指驾驶员通过操控遥控器直接对无人机飞行进行的控制。

2. 自动飞行控制

自动飞行控制是指无人机利用上载的路径规划和任务规划，利用组合导航系统技术所进行的飞行控制。

3. 飞行控制系统的组成

无人机的飞行控制系统由导航及任务控制计算机和飞行控制计算机组成。导航及任务控制计算机主要用于输出导航参数、接收地面指令。飞行控制计算机主要是根据导航及任务控制计算机传来的指令，通过内置控制算法输出控制指令，控制电动机转速或舵机偏转来控制无人机的飞行，使其能够保持稳定的速度、高度和航向或者改变飞行状态。

培训课程 7

无人机测试飞行安全防护基础知识

学习单元　无人机测试飞行安全防护措施

在无人机的装调、飞行过程中，安全防护工作始终贯穿整个工作过程。地上多检查一分，天上的事故就少一分。测试飞行前的安全防护则是无人机安全防护的第一步。测试飞行前的安全防护措施包括无人机安装过程中的安全防护措施、无人机调试过程中的安全防护措施和无人机飞行过程中的安全防护措施。

一、无人机安装过程中的安全防护措施

无人机安装过程中的安全防护是保证无人机安全飞行的前提条件，而无人机调试的目的就是检查是否存在安装错误，确认各个部件以及系统是否达到飞行条件，排查安装过程中不容易发现的安全隐患。本文以多旋翼 F450 为例，介绍无人机安装过程中的安全防护措施。

1. 工具使用安全

无人机组装工具主要分为焊接工具、敲击工具、夹持工具、紧固工具、冲击工具、穿孔工具等。

在使用工具过程中，应做到三清点、三不放、三不用。

（1）工具的三清点。工作前清点、工作中清点、工作后清点。

1）工作前清点。工作开始前，清点工具的数量，检查工具的表面质量。

2）工作中清点。工作中休息时，清点工具的数量。

3）工作后清点。工作结束后，清点工具的数量，并对工具进行清洁。

（2）工具使用三不放。不放在口袋里，不放在部件、附件上，不放在无人机上。

（3）工具使用的三不用。有缺陷的工具不用，绝缘保护层损坏的工具不用，有油污未清洁的工具不用。

2. 量具使用安全

无人机相关测量工具有万用表、水平仪、转速表、示波器、螺距尺、游标卡尺等。

应当按照使用说明书使用量具，选择合理的量程，轻拿轻放。除了保证自身安全之外，也要避免不当操作导致仪器损坏、失灵。量具使用应遵循如下规定。

（1）外观损坏的量具不用。使用前要检查量具的外观，应完好、无损伤。

（2）没有调试的量具不用。使用前应对量具进行归零调试、量程调试，没有调试的量具不能使用。

3. 材料使用安全

无人机装调检修使用到的相关材料主要有螺钉、扎带类、胶带类、胶水类、热缩管、导线、焊锡丝等。在使用材料时，应注意以下安全要求。

（1）在使用时按类摆放，按需取用。

（2）使用过程中，防止掉落、遗落。

（3）使用过程中注意劳动防护，避免人员伤害、设备损伤。

4. 安全防护装备

无人机在装调检修过程中涉及的安全防护用品主要有防护服、护目镜、手套、绝缘胶鞋、防砸鞋、静电防护环等。

（1）操作员需依据工作环境和操作管理办法，正确穿戴安全防护用品。

（2）使用前，检查防护用品，外观应完好无损。

（3）使用前，检查防护用品应在安全使用期限内。

二、无人机调试过程中的安全防护措施

无人机调试过程中的安全防护措施包括调试人员安全防护措施、场所安全防护措施、无人机安全防护措施。

1. 调试人员安全防护措施

（1）调试人员应正确穿戴防护设备，遵守安全操作规程。

(2) 调试过程中，应在安全距离内进行调试。

(3) 安全用电防护。正确用电，防止触电事故发生。

2. 场所安全防护措施

(1) 调试时，应在有安全防护网的空间内进行调试。

(2) 调试时，应远离人群。

(3) 调试时，应远离高压线等电磁干扰源。

3. 无人机安全防护措施

(1) 调试前用电防护。

(2) 调试前电机检查

1) 对称电动机轴距应一致。

2) 用手转动电动机应无卡涩现象。

3) 电动机线圈内应无异物。

4) 电动机轴无明显弯曲。

(3) 调试前进行重心检查

1) 重心位置应正确。

2) 螺旋桨、电动机、中间连接件必须同心、垂直。

3) 螺旋桨要与机架以及机架的重量匹配。

4) 正旋和反旋螺旋桨需要刚度一致。

(4) 调试前线路检查。线路走线平整，不会妨碍螺旋桨的旋转，同时要远离电源、电调、电动机、其他电子部件和含铁的金属物。

(5) 无桨调试安全防护。无桨调试通电前必须卸下桨叶，再进行调试。

(6) 有桨调式安全防护。有桨调试安全防护主要是飞行范围限制防护，飞行范围限制防护有安全防护网限制和系留式捆绑方式限制两种措施。

三、无人机飞行过程中的安全防护措施

1. 禁飞限制安全防护

(1) 合法飞行防护。飞行前，进行空域使用申报和飞行计划申报。

(2) 按照规定进行飞行器登记注册。

(3) 禁飞区确认防护。

(4) 限飞区、敏感区确认防护。

（5）人口稠密区避让防护。

2. 气象条件确认防护

（1）风向确认避让防护。无人机尽量迎风飞行，遇到风时，第一件要做的事就是迅速调整无人机方向，将机头位置迎向风。这样就能尽量抵消风力的影响，避免无人机侧翻，造成炸机。

（2）根据机型确定抗风等级。当风力超过无人机抗风等级时，不能进行飞行。

3. 飞行环境安全防护

（1）避开强电池干扰源。飞行前，要观察无人机飞行区域周边电磁干扰源的情况。如果无人机飞行区域的电磁辐射太强，会干扰无人机遥控器的遥控操控，从而导致无人机失控，造成炸机。

（2）在开阔地飞行。无人机飞行时应尽量避免在公园、树林、狭小空间，以及人群稠密区或闹市区飞行，避免因不确定因素发生炸机时发生误伤。

（3）关注飞行环境变化。应注意地面相对飞行环境的变化，在无人机起飞和降落时，尽量远离小孩或宠物所在的位置。

（4）避开高大建筑物。高大建筑物会影响指南针的工作，会遮挡 GPS 信号，导致无人机定位效果变差甚至无法定位。

（5）观察避让飞禽。无人机室外飞行，应远离飞禽，避免相撞导致炸机。

4. 飞行过程中的安全防护

（1）视距内飞行安全防护。飞行过程中始终保持无人机在视线之内，保持有效操控。

（2）返航点与返航高度设置防护。每次飞行前设置好返航的高度，避免其在自动返航时撞到障碍物，同时飞行应尽可能在距离目的地近的位置起飞。

（3）返航电压设置防护。根据飞行距离设置返航电压，保证无人机能够安全返航。防止因返航电压不够使无人机降落在水中或人群聚集处，造成炸机和人员、财产损伤。

（4）测试飞行过程中的操控顺序防护。开机顺序：先开启遥控器电源，后开启无人机电源。关机顺序：先关闭无人机电源，后关闭遥控器电源。

培训课程 8 无人机故障检测基础知识

学习单元1 无人机常见故障

一、无人机主桨松动故障

1. 故障现象

主桨转动时,飞机抖动,有异响。

2. 故障原因

桨叶固定螺栓松动,间隙过大。

3. 故障分析

(1)安装时紧固力度不均,一侧过紧造成偏心,引起剧烈振动。

(2)非折叠螺旋桨的上下桨叶和桨夹之间间隙过大,引起晃动。

二、数据通信异常故障

1. 故障现象

(1)信号不稳,丢失信号。

(2)GPS数据异常。

(3)数传、图传卡顿,画面丢失。

2. 故障原因

信号遮挡与信号受到干扰。

3. 故障分析

（1）信号受到地形遮挡或高大建筑物遮挡。

（2）电磁干扰。无人机进入了高铁、高压线、高速公路、通信发射塔等具有强磁场干扰源的范围。

（3）信号功率不够，接收信号偏弱。

（4）通信频率设置有偏差，不畅。

三、自动飞行偏离航线

1. 故障现象

无人机在自动飞行时偏离航线严重。

2. 故障原因

飞行时产生了偏航力矩。

3. 故障分析

（1）飞行前未进行飞机调配。

（2）无人机电动机的安装角度不一致。

（3）方向舵机故障，锁不住。

（4）飞行环境风向发生变化或风速过大。

四、室外 GPS 定点悬停飘定不住故障

1. 故障现象

（1）无人机悬停飘定不住。

（2）GPS 定点画圈飞行半径越来越大。

2. 故障原因

GPS 故障。

3. 故障分析

（1）GPS 信号弱，能定点但是保持得不好。

（2）GPS 接收机本身的故障：产品未更新换代、GPS 定点算法未优化等。

五、GPS 定点时不受控制故障

1. 故障现象

GPS 定点飞行时，飞机不受控制，自由飞行。

2. 故障原因

有强磁场干扰,导致指南针失灵。

3. 故障分析

(1) 飞行场地附近有强磁场干扰源(通信发射塔、高压线等)。磁场干扰使得指南针受到严重干扰,导致无人机无法辨别自己的方位。

(2) 外部其他强磁场干扰。干扰导致无人机在定点悬停状态下感受不到自己的位置变化。

(3) 切换到姿态定高模式大多情况下可以抢回控制权,手动将无人机飞回来。

六、空中自由落体故障

1. 故障现象

无人机在飞行过程中,在空中以自由落体方式下落。

2. 故障原因

无人机在飞行过程中失去动力。

3. 故障分析

(1) 电源故障导致动力丢失,发生无人机自由落体故障,导致炸机。

(2) 动力电动机故障。发生故障的电动机,失去动力,使无人机无法保持平衡导致发生自由落体故障,导致炸机。

(3) 气象原因。气象突变,产生风切变,使无人机失去动力,发生自由落体故障,导致炸机。

七、飞行或者悬停时机体晃动、抖动故障

1. 故障现象

飞行或者悬停时机体晃动、抖动。

2. 故障原因

PID 参数调整不准确。

3. 故障分析

这种故障大多数出现在 DIY 的无人机上面,常与 PID 参数超调有关。

八、起飞倾斜故障

1. 故障现象

无人机起飞时发生倾斜,造成炸机。

2. 故障原因

无人机各轴螺旋桨旋转,产生的升力不一致。

3. 故障分析

(1) 电调未校准造成电动机转速控制不一致,使无人机起飞后侧倾。

(2) 电动机安装角度不一致,造成无人机起飞后侧倾。

(3) 螺旋桨桨叶质量不一致(磨损、修理造成)。

九、无法起飞故障

1. 故障现象

推油门,无人机不能起飞。

2. 故障原因

螺旋桨产生的升力不足以使无人机起飞。

3. 故障分析

(1) 螺旋桨装反。推油门时螺旋桨产生负升力。

(2) 电源电压过低,电动机的转速未达到起飞条件。遥控器电池电量低。

十、无法自动返航故障

1. 故障现象

无人机触发自动返航后无法自动返航。

2. 故障原因

返航需要的条件不足或返航动作中断。

3. 故障分析

(1) GPS 信号弱。GPS 接收机的搜星数量低于 8 颗,使得卫星数据质量变差。

(2) 受到电磁干扰,使得指南针(磁罗盘)工作不正常。

(3) 返航高度设定不足,使得气压高度计工作异常。

(4) 无人机返航电量不足,使得无人机中断返航进行迫降。

(5）触发返航后又操作了油门杆，使返航功能中断。

(6）返航路径遭遇大逆风，耗尽电量，导致迫降。

学习单元 2　无人机故障检测技术

一、故障判断与分析技术

1. 故障判断

（1）故障。故障指系统的特性或参数发生超出可接受范围的较大偏差，进而使系统的性能下降或者超出限度导致系统无法正常工作。

（2）故障判断。故障判断就是在检测出故障之后，通过分析原因，判断出系统故障的类型。

无人机及其相关设备在使用过程中难免会发生故障。分析故障产生的原因，判断出系统故障的类型，有利于及时发现故障，作出准确的故障判断，有助于降低事故风险与代价，及时完成故障处理工作。

2. 故障分析

故障分析包括判断对象的故障机理，故障模式及影响，故障发生概率和故障发展变化规律等。故障分析技术是指利用相关的系统和技术对故障进行诊断的技术。故障分析技术有基于专家系统、人工神经网络、模糊数学和故障树等技术的故障分析技术。

（1）基于专家系统的故障分析技术含基于浅知识的智能型专家判断方法系统、基于深知识的智能型专家判断方法。

1）基于浅知识的智能型专家判断方法是通过演绎推理或产生式推理来获取诊断结果，寻找一个故障集合使之能对一个给定的征兆（包括存在的和缺席的）集合产生的原因作出最佳解释。

浅知识是指领域专家的经验知识。基于浅知识的智能型专家判断方法优点是知识直接表达、形式统一、高模组性、推理速度快等；缺点是知识集不完备，对没有考虑到的问题系统容易陷入困境,对诊断结果的解释能力弱等。

2)基于深知识的智能型专家判断方法。基于深知识的故障判断系统,要求判断对象的每一个环境具有明显的输入输出表达关系。判断时首先通过判断对象实际输出与期望输出之间的不一致,生成引起这种不一致的原因集合,然后根据判断对象及其具有明确科学依据的约束联系,采用一定的算法,找出可能的故障源。

深知识是指有关判断对象的结构、功能和原理的知识。基于深知识的智能型专家判断方法具有知识获取方便、维护简单、完备性强等优点;缺点是搜索空间大,推理速度慢。

3)基于浅知识和深知识的智能型专家混合诊断技术。就复杂设备系统而言,无论单独使用浅知识或深知识,都难以妥善完成判断任务,只有将两者结合起来,才能使判断系统的性能得到优化。为了使故障智能型判断系统具备与人类专家能力相近的知识,研发智能型判断系统时,将领域专家的经验知识与判断对象的结构、功能、原理等结合在一起,完成判断任务。

(2)基于人工神经网络故障分析技术。基于人工神经网络故障分析技术是指在知识获取上,只需要用领域专家解决问题的实例或范例来训练神经网络。在知识表示方面,神经网络采取隐式表示,并将某一问题的若干知识表示在同一网络中,便于实现知识的获取和并行联想推理。在知识推理方面,神经网络通过神经元之间的相互作用来实现推理。

(3)基于模糊数学故障分析技术。基于模糊数学故障分析技术是指基于模糊数学的判断方法,不需要建立精确的数学模型,适当运用局部函数和模糊规则,进行模糊推理就可以实现模糊判断的智能化技术。

(4)基于故障树故障分析技术。基于故障树故障分析技术是指由计算机依据故障与原因的先验知识和故障率知识自动辅助生成故障树,并自动实现故障树搜索。判断过程从系统的某一故障"为什么出现这种现象"开始,沿着故障树不断提问,逐级构成一个梯阶故障树,通过对此故障树的启发式搜索,最终查出故障的根本原因。在提问过程中,有效合理使用系统的及时动态数据,将有助于判断过程的进行。基于故障树的判断方法类似于人类的思维方式,易于理解,在实际中应用较多,但大多与其他方法结合使用。

二、故障检测技术

无人机故障检测技术是指在故障判断与定位的基础上，利用仪器、仪表设备，对诊断后的故障部位、故障件进行检测确认的技术。故障检测技术可分为传统故障检测技术和无损故障检测技术。

1. 无人机故障分类

无人机常见的故障分为元器件故障、机械故障、电子故障、软件故障以及其他故障。

2. 传统故障检测技术

传统故障检测技术有定时检测、视情检测和常规检测。

（1）定时检测。定时检测是以时间作为进行判断的控制参数的检测。例如，若大型无人机滚轮的判断时限为7天，机场的机务人员将会每隔7天对滚轮进行一次故障分析和判断，然后采取相应的维护措施。定时检测可以较好地监控无人机各单元结构的运行状况，进而对及时发现无人机潜在的机械故障具有一定的提示作用。

（2）视情检测。视情检测是指无人机在运行过程中出现了某种情况或发出了某种信号，对相关部位、部件进行检测判断。例如，无人机潜在机械故障采用状态检测技术来进行监测，根据所检测的信号来推断可发生的故障并及时采取措施，防止故障发生。视情检测由于其判断根据来自故障发出的直接信号，其判断结果具有客观性和准确性。视情检测虽然具有准确性和客观性，但是由于其发生的时间和空间的特殊性，对故障维护效用不大，所以其在实际的操作中具有危险性和紧急性。

（3）常规检测。常规检测是一种传统的故障检测方式，它主要根据无人机运行航次来进行。一般情况下，无人机在着陆后和起飞前，维护人员都会对无人机进行整体的常规检查和故障判断，特别是一些会出现问题的部位，若发现异常情况将采取相应措施以防后果产生。常规检测具有省时省力的特性，简便、易操作，但是由于常规检测并没有深入无人机的机械内部，很难发现发动机、航电设备等故障。

如果无人机在起飞后出现姿态高频抖动或低频晃动，一般是由于飞控感度调节不对导致的。低频晃动时可将飞控的姿态感度和稳定感度同时加大；高频抖动时可将飞控的姿态感度和稳定感度同时减小。

如果无人机起飞后晃动很厉害，幅度很大，无法自稳，调感度也没有用。这种情况通常都跟机身异常振动有关。一种原因是飞机本身振动比较大，超出了IMU测量的范围从而导致整个机体晃动非常大，无法自稳。机身出现异常振动，需要检查无人机连接部位与螺钉部位是否有松动，机臂是否牢固，桨叶是否有损坏，机体是否有变形等。一种原因是飞控下面安装了多余的减振板。部分厂家的飞控内置了减振，所以不需要二次减振。如果二次减振，会导致IMU测量值有延缓，导致无人机过调或者调控量不足，反映在飞机上就是晃动非常大，最终导致无人机不稳定，或者是炸机。

3. 无损故障检测技术

无损故障检测技术是指在不损害或不影响被检测对象使用性能的前提下，利用物体的声、光、电磁等原理技术对材料、零件进行缺陷和化学、物理参数检测的技术。

无损故障检测技术贯穿于航空产品全过程、全寿命周期的各个阶段和工序，航空产品的设计、材料研究与制备、工艺研究与优化、结构件制造装配、整机服役和结构修理等都离不开无损故障检测技术的支持。无损故障检测技术基于信息化、图像化、数字化的绿色无损检测技术的发展，在无人机检测领域中使用的有红外线、X射线、超声波、磁粉、渗透和涡流等，其中使用最广泛的是超声无损检测。

培训课程 9

无人机维修基础知识

学习单元1 无人机维修概述

一、维修与无人机维修

1. 维修

维修是指通过维护以保持设备功能、性能,或通过修理和更换配件以恢复设备功能、性能的活动。

2. 无人机维修

无人机维修是无人机维护修理的简称,指为使无人机保持和恢复到规定状态所进行的维护、修理和管理工作的统称,包括养护、修理、改装、大修、检查以及状态确定。

(1)维护。保持无人机处于规定状态的活动,通常称之为维护,有时也称之为保养,如润滑、检查、清洁、添加油料等。

(2)修理。使处于故障、损坏或失调状态的无人机恢复到规定状态所采取的措施称之为修理(修复),如调整、更换、原件修复等。

大部分情况下,维护和修理不能硬性分开,维护过程往往伴随必要的修理,修理过程必然伴随着维护,所以统称为维修。

二、维修理论

维修理论是指对维修的目的、对象、方式及其方针政策总的认识,也是对整个维修工作的基本看法。具体地说，就是从实践中总结出来的，指导人们制定维修规程（大纲）的一套理论。其核心是指导维修人员该做什么工作和如何做这些工作。

维修理论主要有以预防为主的预防性维修理论和以可靠性为中心的维修理论两种。

1. 预防性维修理论

预防性维修理论是指以预防为主指导维修的理论，体现在维修工作中就是定期维护与修理。

预防性维修理论是基于人们对机械故障的一种认识——机件或装备只要工作，就会出现磨损，磨损就会导致故障，出了故障就会危及安全。具体到航空装备上，认为航空装备的安全与可靠性密切相关。每一个装备在使用和保存过程中，可靠性总是随时间的增加而降低。因此，必须对装备进行检查并定期修理，才能使装备保持和恢复可靠性。而检查、修理间隔时间的长短和修理深度是控制装备可靠性的重要因素。所以检查和修理间隔时间越短、次数越多，修理的深度越深，则装备就越可靠。

这种维修理论，在修理时机的控制上采用定时方式，在修理的具体工作上实行全面翻新修理。预防为主的维修理论是一种积极主动的维修指导理论，力图把故障消灭在萌芽状态，防患于未然。但这种传统的维修理论存在较大的缺陷，即它只注重航空装备的共性，而忽略了它们的差异。因为航空装备是多样的，它们各自的结构、使用环境条件、使用频度都不一样。所以在维修中不问具体情况而一律对待，就带有较大的盲目性，势必造成时间和材料浪费、修理周期长、修理费用大等不良后果。特别是对于一些复杂设备，不适当的拆卸反而会带来一些人为差错，造成早期故障多。有些零件不是用坏的，而是拆坏的，相当多的故障是由于装配、拆卸和周转运输造成的。

2. 以可靠性为中心的维修理论

可靠性是指航空装备在规定的条件下、规定的时间内，完成规定的功能的能力。

（1）规定的条件是指航空装备使用的环境条件、维修方法、储存条件以及对操作人员的技术要求等。

（2）规定的时间是指产品有效使用期限，通常用使用时间、动作次数等参数来表示。

（3）规定的功能是指航空装备的质量特性应具备的全部技术标准。

以可靠性为中心的维修理论，是以充分利用装备的固有可靠性来确定的指导理论。

随着维修工作的不断发展，人们认识到有些类型的故障，不论做多少工作，仍然是不能预防的。某些装备过分强调定时修理，大拆大卸，反而可能诱发许多人为故障，降低装备的效能。因此，要以可靠性为基础，通过对影响可靠性因素的分析和试验，应用逻辑分析决断法，科学地制定维修内容，优选维修方案，确定合理的使用期限，以确保装备的使用可靠。

以可靠性为中心的维修理论和以预防为主的维修理论，都体现了积极主动的理论，都要求积极预防，掌握由量变到质变的规律，把故障消灭在萌芽状态，防患于未然。但以可靠性为中心的维修理论，是在以预防为主的维修理论的基础上发展而来的，它充分考虑到装备的可靠性、修理性和经济性，采用科学统计分析的方法来认识维修规律，因而能更好地反映维修的客观规律，指导维修实践。按照以可靠性为中心的维修理论，在航空装备预防性维修工作中，要树立适度维修的观念，合理控制定时拆修项目的修理期、间隔期，防止过度修理或修理不足。

三、维修的类型

维修类型主要有修复性维修、预防性维修、改进性维修和保养四种类型。

1. 修复性维修

修复性维修是指无人机发生故障后，使其恢复到规定状态所进行的全部活动。它可以包括下述一个或全部步骤：故障定位、故障隔离、分解、更换、再装、调准及检测等维修工作。修复性维修是在操作人员和（或）维修人员发现异常或故障后，或产品的状态监控表明其技术已不能或接近不能正常工作时进行的维修，其维修内容和时机不能事先作出确切安排，因而称非计划维修。

2. 预防性维修

预防性维修是指凡用到大修时限的装备，不管是否发生故障，都要进行的一种维修。这时维修的主要目的是检查、维修，又称预防性大修。

预防性维修是通过对无人机系统性检查、设备测试和更换以防止功能故障发生，使其保持在规定状态所进行的全部活动。它可以包括调整、润滑、定期检查等，主要用于其故障后果会危及安全和影响任务完成，或导致较大经济损失的产品。预防性维修的目的是降低产品失效的概率或防止功能退化。它按预定的时间间隔或按规定的准则实施维修，通常包括保养、操作人员监控、使用检查、功能检测、定时拆修和定时报废等维修工作类型。新设备研制初期，就应考虑预防性维修问题，提出减少和便于预防性维修的设计要求。应进行可靠的维修分析，应用逻辑判断的方法确定设备的预防性维修要求，制定设备预防性维修大纲，规定设备需要进行预防性维修的产品、工作类型、间隔期和进行维修工作的维修级别，确保以最少的维修资源消耗保持设备固有可靠性和安全性水平。无人机预防性维修主要分为定期维修、状态维修和主动维修三大类。

（1）定期维修。定期维修是在对无人机系统设备的故障规律有充分了解的前提下，根据规定的维修间隔或者无人机系统设备的工作时间，按照已经安排好的时间来进行计划内的维修工作，而不去考虑系统设备当时所处的运行状态。定期维修是一种以时间为基准的维修方式，其适用于停机影响较大而劣化规律随时间变化较为明显的设备。定期维修需根据设备磨损规律提前确定维修时机，时机一到，不管设备运行状况如何，都需进行相应维护。这种方式使得维修工作能够有计划地被安排，适时组织设备停机，合理分配备件和人员，从而保证较高的维修质量，减少故障对生产活动的不良影响。然而，其劣势在于可能导致设备并没有发生故障就进行了修复，而产生维修过剩、失修等问题。

（2）状态维修。状态维修是对无人机系统设备采取一些状态检测技术。例如，振动监测技术、滑油技术和孔探技术等，将系统设备可能发生功能故障的各种物理信息进行周期性检测、分析、诊断，根据对物理信息的分析推断出系统设备当前所处的运行状态，以系统设备的运行状态的发展情况为依据，安排必要的预防性维修计划。

由上可知，状态维修是一种利用传感器、监测技术和故障诊断技术以分析、评估设备运行情况，并判断设备维修需求的维修方式。状态维修有两种方式：点检状态维修和远程监测状态维修。前者由检测人员利用简易检测设备定期检查，后者依靠设备中嵌入监测系统自动采集设备运行数据并对故障趋势进行分析。状态维修的要点在于状态监测和故障识别，因此，其对设备的监测和诊断技术有较高要求。

（3）主动维修。主动维修是寻求无人机系统设备故障产生的根源，例如，对润滑介质理化性能的降低、油液污染度变大及环境温度的变化等进行识别，主动采取一些事前的维修工作，将这些导致故障的因素控制在一个合理的水平或者强度内，来预防系统设备进一步发生故障或者失效。

3. 改进性维修

改进性维修是指为了实现装备的性能要求，而对装备在排除故障、定期维护的同时，对装备进行的改装、加装，以改善装备的性能和可靠性。

4. 保养

保养是指为保持无人机固有设计性能而进行的表面清洗、擦拭、通风、添加油液或润滑剂、充气、电池保养等工作。

四、维修方法

维修常用的方法有原件修理、换件修理、拆拼修理等。

1. 原件修理

原件修理是利用在现场上有效的措施恢复损伤单元的功能或部分功能，以保证无人机完成当前作业任务。

原件修理的方法有清洗、清理、调校、矫正、冷热校正、焊接、焊补、铆接、栓接、刷镀、喷涂、粘接、涂敷和等离子焊接等。具体维修时可以采用其中一种或多种方法进行修复。

（1）机体结构裂纹。在裂纹较短情况下，可对裂纹进行锉修；裂纹较长时，在其两端或一端钻止裂孔后采用铆接贴补修理的方法。

（2）机载仪表设备指示不准确。对产生故障的仪表在机上或拆下进行调校修理。

（3）管路堵塞。对油路、管路的堵塞，可采用清洗、清理方法进行修理。

（4）零件脱落与裂纹。对于无人机零件的脱落与裂纹，首先应找到脱落部件或裂纹部位，进行表面打磨，清洗干净，然后采用焊接或粘接方法修复。

2. 换件修理

换件修理是利用性能上具有互换性的单元或原材料、油液、仪器仪表、部件、附件更换受损伤的物件，以恢复装备的基本功能或自救。换件修理是应急抢修中经常采用的一种方法，它具有以下优点。

（1）节约修理时间、工具设备和人力。

(2) 故障判断的步骤较简要明确，困难较少。

(3) 对修理环境、人员的熟练程度要求较低，可在野战条件下快速修复。

首先，换件修理首先要考虑部件之间是否具有互换性；其次，要考虑器材的供应情况；最后，要考虑修理费用和器材采购、运输方面的问题。

3. 拆拼修理

拆拼修理是指拆卸同型或不同型装备上接口、支座相同的类似部件或单元，替换损坏的部件或单元，即同型拆换与异型拆换。类似部件或单元可来自本无人机的非基本功能部分、同类型飞机相同部件、其他型号飞机或装备。

学习单元 2　无人机维修技术

无人机维修技术一般包括故障定位，故障隔离，分离、更换、再装操作技术的一个或全部。

一、故障定位技术

1. 故障定位概念

故障定位就是寻找故障设备的故障部件。为确定故障根源，常常需要将诊断、测试及性能监测获得的数据结合起来进行分析。故障定位的手段主要有诊断、试运行和软件检查。

（1）诊断。故障诊断一般利用专门的诊断程序进行。诊断常常是打扰性的，即在诊断进行期间，被诊断的设备不能运行正常的用户业务。

（2）试运行。试运行是将一部分网络设备隔离，利用设备正常的输入输出端口和测试器，系统地测试被隔离网络设备的所有服务特性。

（3）软件检查。软件检查是利用软件进行的检查，有核查、校验和运行测试、程序跟踪等。

2. 故障定位原理

故障定位是无人机系统维护和管理的一个重要职能，它与故障排除和应急故障排除有着密切的联系。当无人机或无人机系统发生故障时，可以采用故障定位的方法，从技术方面分析故障的原因，缩小故障原因范围，并在有限范围内进行系统检查，最终找出故障原因。

故障定位是一项复杂的技术工作，需要专业技术知识、分析能力、体力劳动和严谨的工作态度。为了成功完成故障定位，还需要科学的方法和步骤。

（1）分析定位技术。通过收集已发生的故障信息，进行归纳总结，对照总结的故障现象、原因，对现有故障进行快速诊断。

1）收集了解故障本身的基本情况：故障发生的场景、发生的频率、可能的原因、应对的措施等。

2）收集故障的具体信息。收集发生故障的具体信息，包括但不限于有关硬件、硬件设置参数以及操作软件、日志文件等。

3）归类故障信息。分析已收集的故障信息，对故障进行分类。

4）确定故障根源。观察故障发生的边界条件，缩小可能的故障范围，根据故障信息和故障历史，以及系统工作状态和故障发生场景，确定故障根源。

5）确定故障原因。根据故障根源并定位故障位置，然后判断是测试参数脉动、信号中断、电路断路、乱码失序还是硬件和软件发生故障。

（2）测量定位技术。使用测量工具对确定故障根源和故障位置的故障进行检测定位，以确定具体故障部件。

（3）试验定位技术。利用试验的方法确定产生具体故障的部件。

二、故障隔离技术

1. 故障隔离技术概念

故障隔离技术是指当系统中某些模块或者组件出现故障时，把这些故障通过某种方式隔离起来，让其不和其他的系统产生联系，即使这个被隔离的应用或者系统出现了问题，也不会波及其他应用的技术。

故障隔离方案是一个应用系统实现高可用的重要组成部分。

故障隔离是将系统从大到小逐步排除，例如，当无人机数据通信异常时，首先检查无人机动力系统，排除因动力或电池电量不足而导致通信设备无法正常工作；其次排查无人机结构系统，避免因安装或走线问题引起的线路连接松动而导致通信设备无法正常工作。

总体上说，无人机故障隔离要全面排查，精准测试，避免通过自身主观经验进行判断。

2. 故障隔离技术分类

（1）系统隔离。系统隔离是以系统功能模块为粒度进行隔离。例如，将无人机飞行平台细分为动力系统模块、起落架系统模块、任务载荷模块和通信导航模块等，不同功能模块之间进行解耦，使得模块之间运行互相不影响。

（2）资源隔离。资源隔离是以资源隔离来实现的。例如，系统中各个模块拥有自己独立的资源，不会发生资源争抢，从而大大提升系统性能。

3. 故障隔离技术原理

故障隔离技术的基本原理是当故障发生时能够及时切断故障源。

从系统的角度来看，故障隔离技术是指在系统设计时要尽可能考虑出现故障的情况。当存在依赖关系的系统、系统内部组件或系统依赖的底层资源发生故障后，采取故障隔离措施可以将故障范围控制在局部，防止故障范围扩大，减少对上层系统可用性带来影响。

从业务角度来看，故障隔离是为了保障重点业务和重点客户，本质上是"弃卒保车"的做法。

三、分离、更换、再装操作技术

维修时进行部件分离、更换、再装操作，可以依据对应厂家的操作与维修手册执行。维修手册用于指导整个系统各个模块的检查和部件定期更换。维修手册将提供特定部件技术状态检查、清洁、润滑和调校等方法。

1. 分离之前的准备工作

（1）仔细研究待修设备的技术资料，认真分析设备的结构特点，零部件的结构特点，配合性质和相互位置关系等。

（2）明确用途，在熟悉以上各项内容的基础上，确定拆卸方法，选用合适工具。

2. 分离顺序

（1）对不易拆卸或拆卸后会降低连接质量或损坏的连接件，应尽量不拆卸，如密封连接、过盈连接、铆接及焊接等连接件。

（2）遵循先外后内，先上后下的顺序进行分离。

（3）先进行软件系统的分离，再进行硬件系统的分离。

3. 注意事项

（1）拆卸时用力应适当，特别要注意对主要部件的拆卸，不能使其发生任何程度的损坏。

（2）用锤击法（击卸法）冲击零件时，必须加垫较软的衬垫，或用较软材料的锤子（如铜锤）或冲棒，以防损坏零件表面。

（3）对于长径比较大的零件，如较精密的细长轴、丝杠等零件，拆下后应竖直悬挂。

（4）拆卸下的零件应尽快清洗和检查。

（5）对于拆卸下来的那些较小的或容易丢失的零件，如紧定螺钉、螺母、垫圈、销等，清洗后能装上的尽量装上，防止丢失。

（6）在拆卸旋转部件时，应注意尽量不破坏原来的平衡状态。对于容易产生位移而又无定位装置或有方向性的连接件，在拆卸后应做好标记，以便装配时容易辨认。

职业模块 ③
机械装配基础知识

培训课程 1

机械识图知识

学习单元1　机械识图基础知识

机械零件是组成机器或设备的基本单元。机械图样是工程界交流的语言和工具，是不可替代的技术文件。学会阅读和绘制机械图样是每名从事机械行业的技术人员必备的技能。

一、图样、比例和图线

图样是用标明尺寸的图形和文字来说明零部件的结构、形状、尺寸及其他要求的一种技术文件。

1. 图样组成

图样由图框、图、标题栏、技术说明、零件明细和版本号等组成。

（1）图框。图框是装订和画图的参考，是画图的界限。

（2）图。图表达的是零件或组件或产品的形状、尺寸、几何公差、基准面、基准线等，是图样最核心的部分。

（3）标题栏。标题栏是填写零部件名称、所用材料、图形比例、图号、单位名称及设计、审核、批准等有关人员签字的指定位置。

（4）技术说明。技术说明指需要对工件的其他无法用线条表示的特性进行文字说明。

（5）零件明细。在装配图里，必须有的一个项目是列出组件、零件的数量和图号，这就是零件明细。

(6) 版本号。在图样管理体系里，图样要有版本号，这样在图样更改和升级的时候，可以快速鉴别某张图样是否过期。

2. 比例

国家标准对图样中的图样幅画、比例、字体、图线、尺寸标注等作出了规定。

(1) 比例。图中图形与其实物相应要素的线性尺寸之比称为比例。比例分为原值比例、放大比例和缩小比例三种，绘图时根据需要选取适当的比例。绘图比例见表3-1。

表3-1 绘图比例

原值比例	1:1				
放大比例	2:1 (2.5:1)	5:1 (4:1)	$1\times10^n:1$ $(2.5\times10^n:1)$	$2\times10^n:1$ $(4\times10^n:1)$	$5\times10^n:1$
缩小比例	1:2 (1:1.5) $(1:1.5\times10^n)$	1:5 (1:2.5) $(1:2.5\times10^n)$	1:10	$1:1\times10^n$ (1:3) $(1:3\times10^n)$	$1:2\times10^n$ (1:4) $(1:4\times10^n)$	$1:5\times10^n$ (1:6) $(1:6\times10^n)$

注：n 为正整数，优先选用不带括号的比例。

(2) 图线。图线按宽度通常分为粗、细两种。常用图线的名称、形式以及在图上的一般应用见表3-2。

表3-2 线型名称及画法

图线名称	图线形式	图线宽度	应用举例
粗实线	———————	粗	可见轮廓线
细实线	———————	细	尺寸线，尺寸界线，剖面线，重合断面的轮廓线，引出线，可见过渡线
波浪线	～～～～～	细	断裂处的边界线，视图和剖视的分界线
双折线	—⌇—⌇—	细	断裂处的边界线
细虚线	2~6 =1	细	不可见轮廓线，不可见过渡线
细点画线	15~20 =3	细	轴线，对称中心线
粗点画线	=15 =3	粗	有特殊要求的线或表面的表示线
细双点画线	=20 =5	细	相邻辅助零件的轮廓线，极限位置的轮廓线，假象投影轮廓线，中心线

二、正投影与三视图

1. 投影

投影是投射线通过物体向投影面投射,在该投影面上得到的图形。投影的形成如图3-1所示。

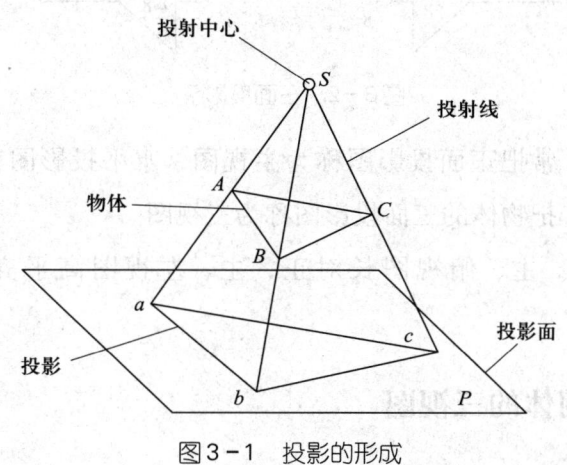

图3-1 投影的形成

2. 平行投影

投射中心移至无限远时,投射线相互平行的投影方法称为平行投影。平行投影又分为正投影和斜投影。

(1) 正投影。正投影是投射线垂直于投影面的投影。正投影具有如下特性:

1) 实形性。直线或平面与投影面平行时,投影为实长或实形。

2) 积聚性。直线与投影面垂直时,投影积聚为一点;平面与投影面垂直时,投影积聚为直线。

3) 类似性。倾斜于投影面的直线或平面,其投影仍为直线或平面。

(2) 斜投影。当投影线与投影面不垂直,即投影线与投影面相倾斜时,所得到的物体的投影叫作斜投影。斜投影不能反映物体的真实尺寸。

3. 三视图

三视图是用三个互相垂直的平面作为投影面,观测者从上面、左面、正面三个不同角度观察同一个空间几何体而画出的图形。

(1) 三面投影系。三个投影面分别为正立面（V面）、水平面（H面）和侧立面（W面）,三个投影面的交线为X轴、Y轴、Z轴,三个轴的交点为原点O,形成三面投影系。三面投影系如图 3-2 所示。

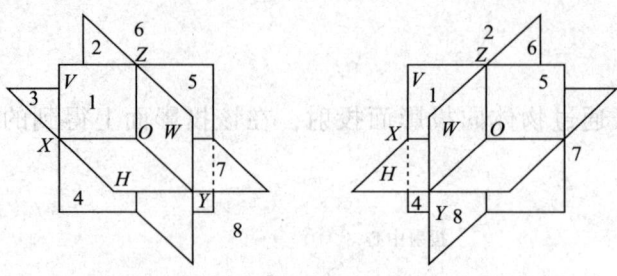

图 3-2　三面投影系

在机械制图中，常把正面投影图称为主视图，水平投影图称为俯视图，侧面投影图称为左视图，把物体的三面投影图称为三视图。

（2）视图关系。主、俯视图长对正，主、左视图高平齐，俯、左视图宽相等。

三、常见几何体的三视图

1. 正方体与三视图

正方体是四棱柱体的一种，下面以四棱柱体为例展现四棱柱体及其三视图，如图 3-3 所示。

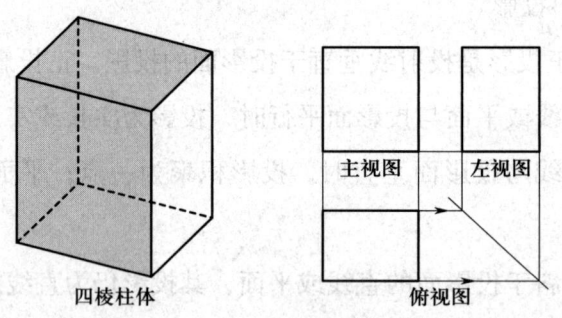

图 3-3　四棱柱体及其三视图

2. 圆锥体与三视图

（1）俯视图。当圆锥体的轴线是铅垂线时，圆锥的俯视图为一个圆。这个圆反映了底面的实形，也是锥面的投影。

（2）主视图和左视图。圆锥体主视图和左视图分别为一个等腰三角形，其底边是底面圆的积聚投影，两个腰分别是圆锥面对 V 面与 W 面的转向轮廓线的投影。圆锥体与三视图如图 3-4 所示。

3. 圆柱体与三视图

当圆柱体的轴线是铅垂线时，圆柱面上的所有竖线都是铅垂线。因此，圆柱面的俯视图积聚成一个圆，这个圆也是圆柱底面和顶面的水平投影；主视图和左视图为相同的两个矩形。圆柱体与三视图如图 3 - 5 所示。

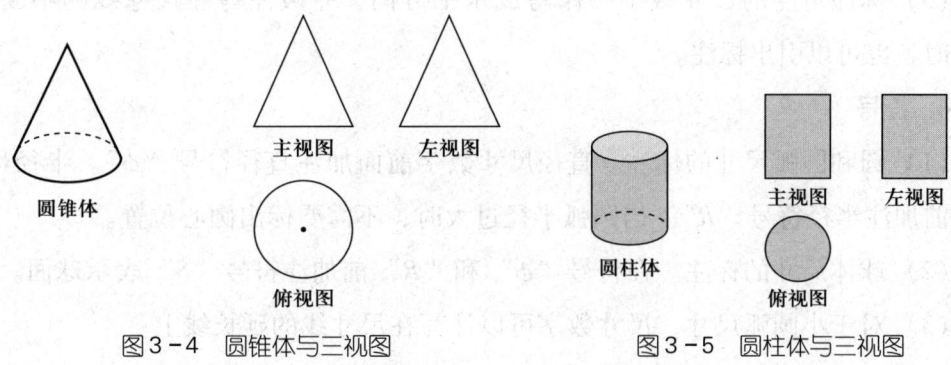

图 3 - 4 　圆锥体与三视图　　　　　图 3 - 5 　圆柱体与三视图

四、尺寸标注基础

1. 基本规定

图样中的标注尺寸由尺寸界线、尺寸线和尺寸数字组成。尺寸标注如图 3 - 6 所示。

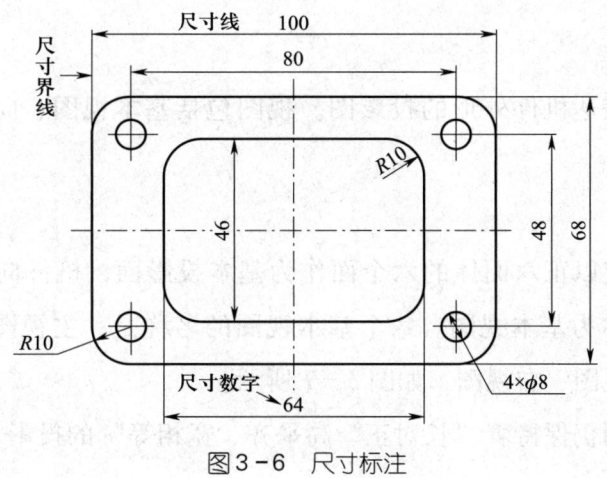

图 3 - 6 　尺寸标注

2. 线条

（1）尺寸界线。尺寸界线表示所注尺寸的起始和终止位置，用细实线绘制。

（2）尺寸线及箭头。尺寸线用细实线绘制，箭头画在尺寸线的两端并顶到尺寸界线上。当没有足够的位置画箭头时,可用小圆点或斜线代替。

3. 数字

(1) 尺寸数字表示所注尺寸的数值。

(2) 线性尺寸的数字一般写在尺寸线的上方。

(3) 标注角度的尺寸数字一律写成水平方向,一般注写在尺寸线的中断处。必要时,也可以引出标注。

4. 符号

(1) 圆和圆弧尺寸的标注。直径尺寸数字前面加注直径符号"ϕ"。半径尺寸数字前加注半径符号"R"。当圆弧半径过大时,不需要标出圆心位置。

(2) 球体尺寸的标注。在符号"ϕ"和"R"前加注符号"S"表示球面。

(3) 对于小圆弧尺寸,尺寸数字可以注写在尺寸线的延长线上。

学习单元 2　机件图的基本表示方法

一、视图

视图主要是表达机件外形的投影图。视图包括基本视图、向视图、局部视图和斜视图。

1. 基本视图

国家标准规定以正六面体的六个面作为基本投影面,机件向各基本投影面投射所得到的视图称为基本视图。六个基本视图的名称是:主视图、俯视图、左视图、后视图、仰视图、右视图,如图 3-7 所示。

六个基本视图仍保持着"长对正、高平齐、宽相等"的投影规律。

2. 向视图

为了便于合理地布置基本视图,可以采用向视图,其标注方法为:在向视图的上方注写"×"(×为大写的英文字母,如"A""B""C"等),在相应视图的附近用箭头指明投影方向,并注写相同的字母。向视图如图 3-8 所示。

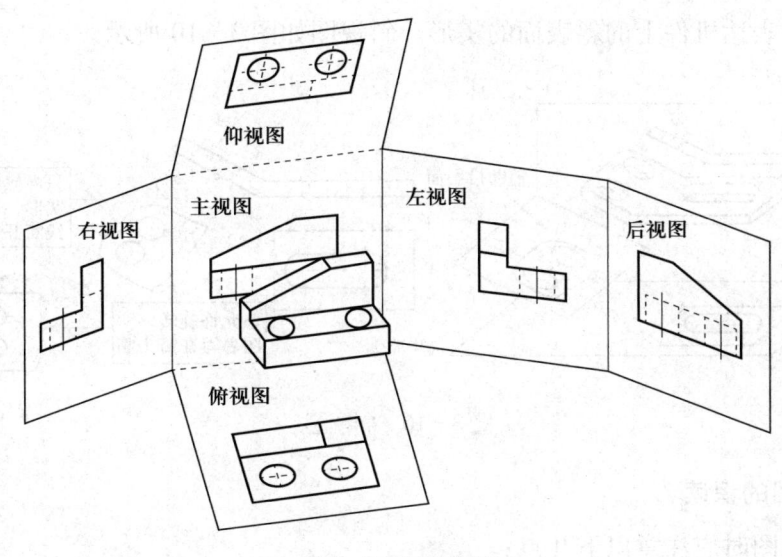

图 3-7 基本视图

3. 局部视图

将机件的某一部分向基本投影投射所得到的视图称为局部视图。当采用一定数量的基本视图后,机件上仍有部分结构形状尚未表达清楚,而又没有必要再画出完整的其他的基本视图时,可采用局部视图来表达。由

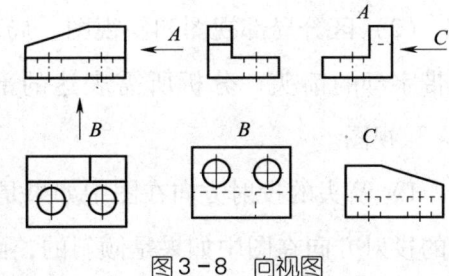

图 3-8 向视图

主、俯两个视图已将机件的主要结构形状表达出来,为表达左、右两侧凸台的形状及左侧肋的厚度,只画出了表达这些部分的局部视图,如图 3-9 所示。

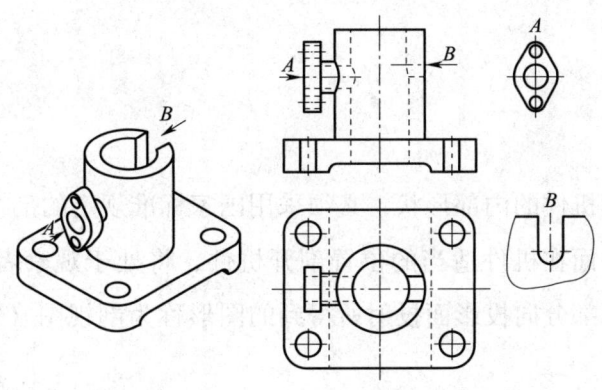

图 3-9 局部视图

4. 斜视图

将机件向不平行于任何基本投影面的平面投射所得到的视图称为斜视图。斜

视图适合于表达机件上的斜表面的实形。斜视图如图 3-10 所示。

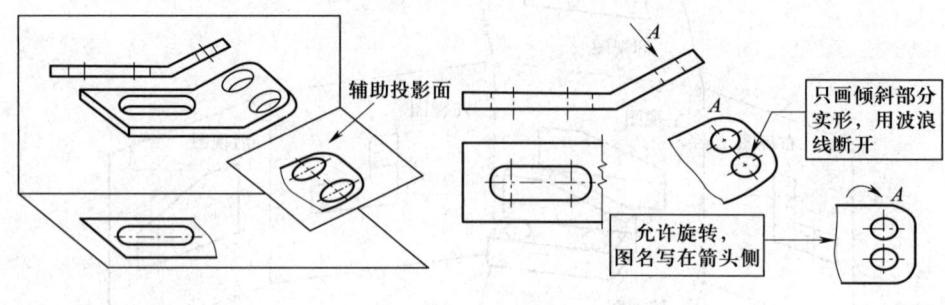

图 3-10 斜视图

5. 视图的识读

识读视图时应注意以下几点：

（1）区分基本视图和向视图。基本视图不加任何标注，向视图必须标注。

（2）区分局部视图和斜视图。局部视图和斜视图都有标注，在看图时应先寻找带字母的箭头，分析所需表达的部分及投射方向，然后找出标有相同方向的"×"视图。

1）箭头的投射方向在图中如果是水平或垂直方向的，画出的是局部视图。箭头的投射方向在图中如果是倾斜的，画出的就是斜视图。

2）斜视图通常放在按箭头所指的方向。有时为便于作图和布图，允许将斜视图转正画出，但必须加注旋转符号。

3）局部视图有时可省略标注。

二、剖视图

1. 剖视图

为了清晰表达机件的内部形状，必须采用国家标准规定的剖视图。

假想用剖切平面在机件适当的位置剖开机件，将处于观察者和剖切平面之间的部分移去，余下部分向投影面投射所得到的图形称为剖视图（简称剖视）。剖视图如图 3-11 所示。

2. 剖视图的符号

在剖视图中，凡是被剖切的部分均要画上表示剖面的符号。国家标准规定了各种材料的剖面符号，见表 3-3。

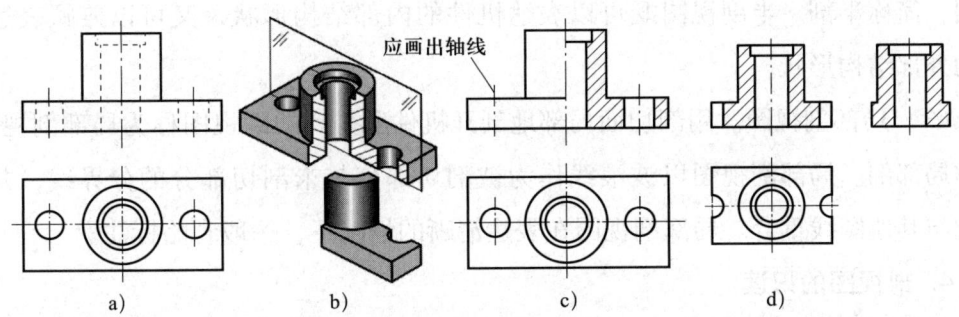

图 3-11 剖视图
a) 正投影图 b) 立体图 c) 半剖视图 d) 全剖视图

表 3-3 剖面符号

材料名称	剖面符号	材料名称	剖面符号
金属材料（已有规定剖面符号者除外）		木质胶合板（不分层数）	
线圈绕组元件		基础周围的混土	
转子、电枢、变压器和电抗器等叠钢片		混凝土	
非金属材料（已有规定剖面符号者除外）		钢筋混凝土	
型砂、填砂、粉末冶金、砂轮、陶瓷刀片、硬质合金刀片等		砖	
玻璃及供观察用的其他透明材料		格网（筛网、过滤网等）	

3. 剖视图的种类

按剖切面不同程度地剖开机件的情况，剖视图分为全剖视图、半剖视图、局部剖视图。

（1）全剖视图。用剖切面完整地剖开机件所得到的剖视图称为全剖视图，简称全剖。全剖视图一般用于表达外部形状简单、内部形状复杂的机件。

（2）半剖视图。当机件具有对称平面时，以对称中心线为界，在垂直于对称平面的投影面上投影得到的，由半个剖视图和半个视图合并组成的图形称为半剖视图，简称半剖。半剖视图既可以表达机件的内部结构形状，又可以兼顾表达机件的外部结构形状。

（3）局部剖视图。用剖切面局部地剖开机件所得到的剖视图称为局部剖视图，简称局部剖。局部剖视图以波浪线作为被剖切部分与未剖切部分的分界线，并且不能与其他图线重合。局部剖视图在表达清晰的情况下，一般省略标注。

4. 剖视图的识读

识读剖视图应分为以下五步：

（1）按视图位置关系找到基本视图（包括剖视图）。

（2）根据视图的剖面线确定剖视图。

（3）通过标注找到剖切位置。

（4）剖视图中画剖面线的线框是机件实体部分，不画剖面线的部分是内部的空腔部分。

（5）全剖视图通常外形简单，主要表达内部形状。半剖视图通常形体对称，内外都需要表达。局部剖视图通常形体不对称，内外都需要表达。

三、断面图

假想用剖切平面将机件在某处切断，只画出切断面形状的投影并画上规定的剖面符号的图形，称为断面图，简称断面。断面图如图 3-12 所示。

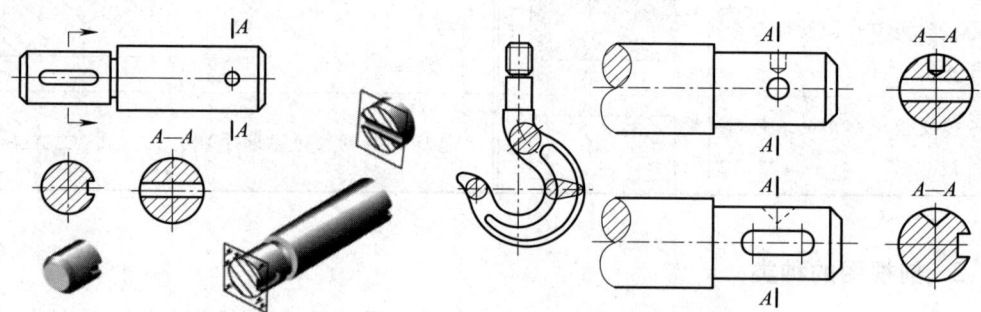

图 3-12　断面图

断面图按其放置位置的不同可分为移出断面图和重合断面图。

识读断面图时，按照剖切位置及字母找到对应的断面图，并要注意以下两点：

（1）当剖切平面通过非圆孔会导致出现完全分离的两个断面图时，这些结构按剖视图绘制。

（2）当剖切平面通过回转面形成的孔或凹坑的轴线时，这些结构按剖视图绘制。

四、局部放大图

当机件上某些细小结构在视图中表达得不够清楚，或不便于标注尺寸时，用大于原图形的比例画出图形，称为局部放大图。

画局部放大图时，一般用细实线圈出被放大部位。当只有一处放大图时，只需标注比例。当有多处被放大时，需用罗马数字依次标明，并在局部放大图的上方标注出相应的罗马数字及所用比例。局部放大图的标注如图 3 - 13 所示。

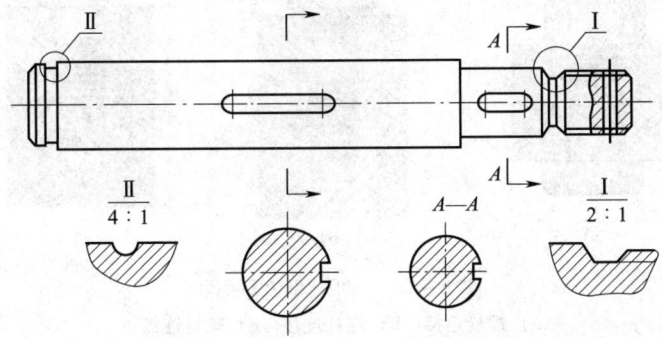

图 3 - 13　局部放大图的标注

局部放大图可画成视图、剖视图或断面图，它与被放大部位的表达方法无关。局部放大图应尽量配置在被放大部位的附近。

学习单元 3　零件图和装配图的识读

一、标准结构、标准件和常用件

1. 标准结构和标准件

标准结构是指按照标准制作的机构件。

标准件是指结构、尺寸、画法、标记等各个方面已经完全标准化，并由专业厂生产的常用的零（部）件，如螺纹紧固件、键、销、滚动轴承等。

2. 常用件

常用件泛指按照标准化生产的紧固件、连接件、传动件、密封件、液压元件、气动元件、轴承、弹簧等机械零件。

（1）螺纹及螺纹紧固件。螺纹是零件上常见的一种结构，不论是生产上还是日常生活中，螺纹的使用非常普遍。螺纹有内螺纹和外螺纹之分：在零件外表面加工的螺纹称为外螺纹；在零件内表面加工的螺纹称为内螺纹。常见螺纹紧固件如图3-14所示。

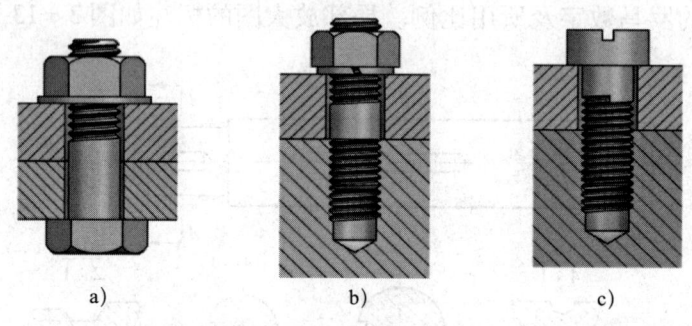

图3-14 常见螺纹紧固件
a）螺栓连接 b）螺柱连接 c）螺钉连接

对于螺纹紧固件的连接画法有如下基本规定：

1) 当剖切平面通过螺杆的轴线时，螺杆、螺栓、螺母、垫圈等均按未剖切绘制。

2) 剖视图上，相邻两零件的接触表面只画一条线。

3) 相接触两零件的剖面线方向应相反。

（2）连接件——键和销。键、销都是标准件。键和销不画零件图，只在装配图中表达。

1) 键。键主要是用于轴和轴上零件（如齿轮、带轮）的轴向连接，以传递扭矩和运动。常用的键有普通平键、半圆键和钩头楔键。

①普通平键。普通平键分为三种形式：圆头普通平键、平头普通平键、单圆头普通平键，其中以圆头普通平键应用最为广泛。

②半圆键。半圆键安装在轴上的半圆形键槽内，具有自动调位的优点，常用于载荷不大的传动轴上。

③钩头楔键。钩头楔键的上顶面是1:100的斜面，装配时将键沿轴向嵌入键槽内，钩头楔键靠上、下面接触的摩擦力将轴和轮连接。

2) 销。销主要用来固定零件之间的相对位置，起定位作用，也可用于轴与轮毂的连接，传递不大的载荷，还可作为安全装置中的过载剪断元件。常用的销有圆柱销、圆锥销和开口销。

二、识读零件图

1. 识读零件图的基本方法

识读零件图的一般方法和步骤如下：

(1) 首先看标题栏，概括了解零件。看标题栏，了解零件名称、材料和比例等内容，从而大体了解零件的功用；从名称判断该零件属于哪一类；从材料判断该零件大致的加工方法；从比例判断该零件的实际大小，对零件有初步的了解。

(2) 分析研究视图，想象结构形状。看视图，分析零件各视图的配置及视图之间的关系，采用的表达方法和表达的内容，运用组合体的读图方法、形体分析法和线面分析法来读懂零件各部分的结构，想象出零件各部分的形状、相对位置及其作用。

(3) 分析所有尺寸，弄清尺寸要求。综合分析视图和形体，分析零件的长、宽、高三个方向的尺寸基准，然后从基准出发，以结构形状分析为线索，再了解各形体的定形尺寸和定位尺寸，弄清各个尺寸的作用。图形和尺寸表达的是零件的形状和大小，读图时应把视图、尺寸和形状结构三者结合起来分析。

(4) 分析技术要求，综合看懂全图。读图时应弄清表面粗糙度、尺寸公差、几何公差等技术要求，必要时还要结合与该零件有关的零件一起分析。

2. 轴套类零件的识读

轴一般用来支承传动零件和传递动力。套一般安装在轴上，起轴向定位、传动或连接等作用。轴类零件通常指回转的实心结构，并且轴向长度大于直径3倍以上的零件。套类零件通常是指带孔的回转结构并且轴向长度小于直径3倍的零件。齿轮轴零件图如图3-15所示。

(1) 看标题栏。从标题栏可以知道这个零件是部件中的齿轮轴，材料是45钢，件数1，说明每个部件上只有一件这样的轴。图样的比例是1:1，说明实物与图样一样大。

(2) 看图形。该零件采用了一个主视图、两个局部放大图和三个断面图来表达，该齿轮轴结构比较复杂。主视图水平放置，由七段同轴但直径不同的圆柱体从左至右叠加而成。根据主视图上标注的 $A—A$、$B—B$、$C—C$ 断面的剖切位置，

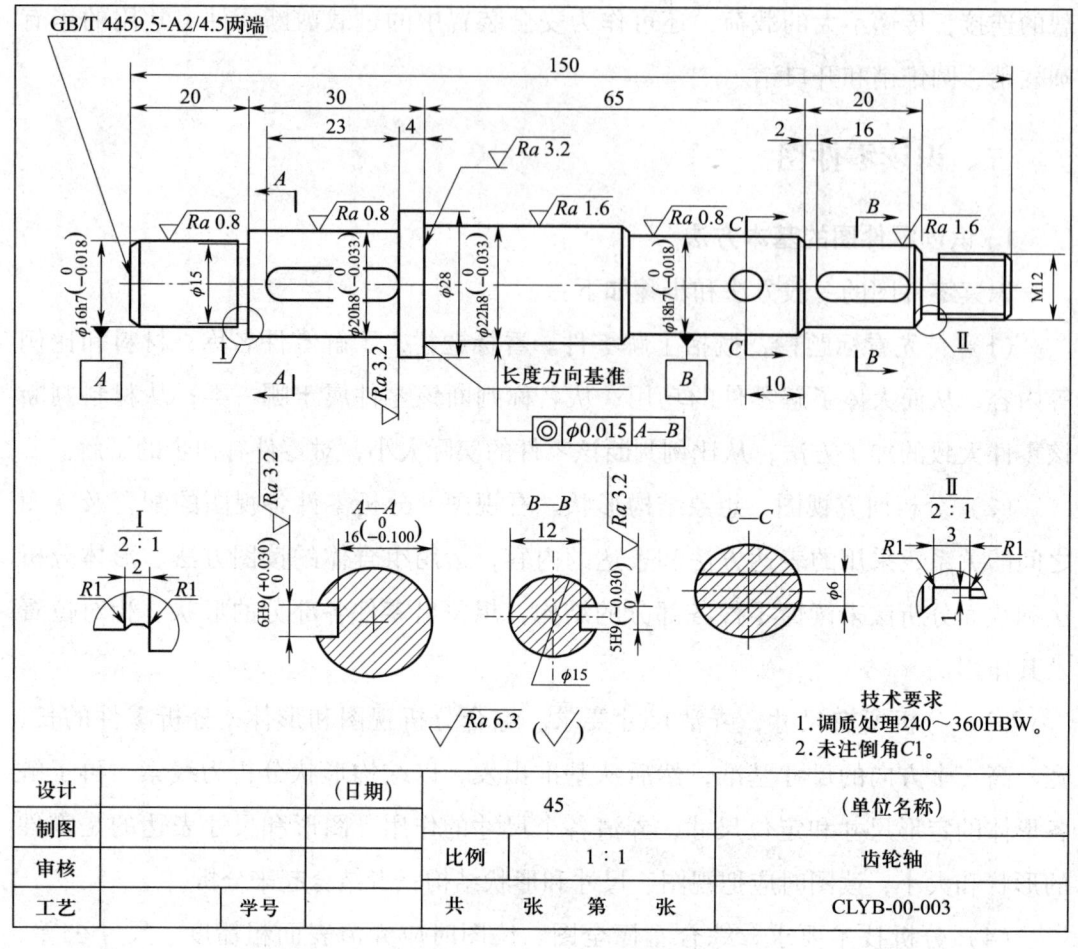

图3-15 齿轮轴零件图

在图的下方就可以找到相应名称的断面图,由此判断有两个安装键的键槽和一个圆孔。Ⅰ局部放大图是砂轮越程槽,Ⅱ局部放大图是螺纹退刀槽,两端各有一个中心孔。除此之外,有多处便于装配的倒角。

(3) 看尺寸。轴的最大直径是 $\phi28$,长150,是个不太大的轴。轴的径向基准的是 $\phi16h7$ 和 $\phi18h7$ 的轴线。长度方向的尺寸基准是 $\phi28$ 的右端面,在加工和检验时,要以其作为测量尺寸的起点,才能保证零件的质量要求。零件上的未注倒角,用文字在技术要求中说明。

(4) 看技术要求

1) 看表面结构要求。由表面结构标注可知,该轴只对表面粗糙度有要求,通过表面结构代号,就可以知道这个零件要经过哪些加工方法才能够完成。一般有配合要求的表面,其表面粗糙度参数值较小,如齿轮轴 $\phi16h7$、$\phi18h7$ 和 $\phi20h8$ 的

表面粗糙度为 $Ra\,0.8\,\mu m$。$\phi 28$ 两端面的表面粗糙度为 $Ra\,3.2\,\mu m$，其余表面均为 $Ra\,6.3\,\mu m$。

2）看尺寸公差。$\phi 16h7$ 和 $\phi 18h7$ 尺寸公差都是 7 级，$\phi 22h8$ 尺寸公差是 8 级。

3）看几何公差。齿轮轴 $\phi 22h8$ 的轴线相对于 $\phi 16h7$ 和 $\phi 18h7$ 轴线有同轴度要求，允许误差在 $\phi 0.015$ 的范围内。

4）看其他技术要求。这主要指用文字形式给出的技术要求，本图文字说明表示零件要经过调质处理得到布氏硬度为 240~260HBW。

三、识读装配图

1. 识读装配图的方法和步骤

（1）概括了解。从标题栏和有关说明入手，了解机器或部件的名称、用途和绘图比例。

（2）了解工作原理和装配关系。

（3）深入分析机器或部件的工作原理和装配关系，将装配体分成几条装配干线，弄清零件之间的互相位置。

（4）分析零件。根据零件的编号、投影的轮廓、剖面线的方向、间隔（如同一零件在不同视图中剖面线方向与间隔必须一致）以及某些规定画法（如实心零件不剖）等，来分析零件的投影。在以上分析的基础上，对装配体的运动情况、工作原理、装配关系、拆装顺序等进一步研究，加深理解，达到全面分析装配体的整体结构形状、技术要求及维护使用要领的目的。

2. 装配图的识读

以球阀的装配图为例进行说明。球阀装配图如图 3-16 所示。

（1）概括了解。从标题栏和有关说明入手，了解机器或部件的名称、用途和绘图比例。球阀是开启或关闭气（水）路的一个阀门，比例为 1∶1，图示大小即为实物大小。

（2）了解工作原理。如图 3-16 所示为开启位置，当转动手柄时，手柄带动阀杆、阀杆带动阀芯一起转动 90°，这时球阀是关闭状态。俯视图中的双点画线表示球阀的另一工作位置——关闭。

（3）读懂部件中的各个尺寸。这个球阀的通径是 $\phi 32$，球阀的外形尺寸是长 120、宽 175、高 121（中心到阀杆顶部的距离）。阀杆与阀体孔的配合是 $\phi 23$，为

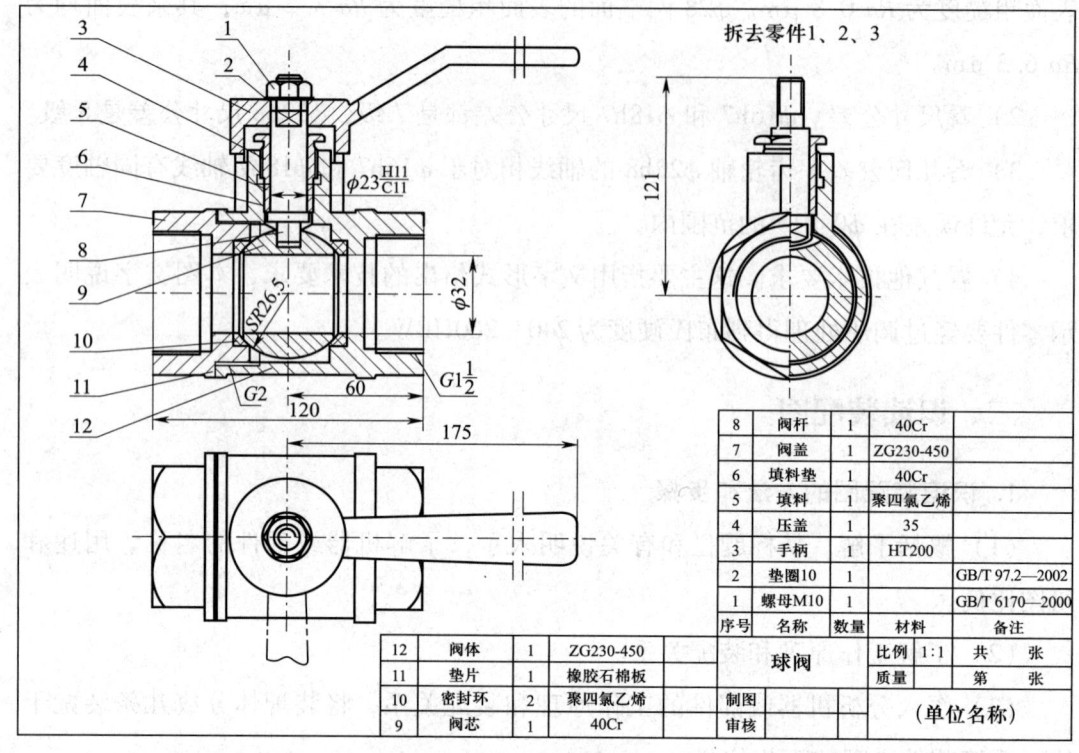

图3-16 球阀装配图

间隙配合，阀体的孔与密封圈 SR26.5 是过渡配合。密封圈是标准件。

（4）了解装配关系。球阀有两条互相垂直的装配线，其装配顺序如下。

水平轴线装配：阀体→密封圈→阀芯→密封圈→阀盖密封圈→阀盖→螺栓→螺母。

垂直轴线装配：阀杆（安装在阀芯的槽中）→密封圈→压盖→内六角螺钉→限位板→弹性挡圈→手柄→开口销。

（5）读懂部件中的各个零件。从明细栏了解到部件由12种零件组成，其中标准件2种，非标准件10件，是一个中等复杂的装配体。

标准件有螺母（M10）1件、垫圈（10）1条，在明细表中已经注明标准件的国家标准编号、规定标记。

非标准件10件，是为装配体专门设计和制造的零件。从明细表可知，阀体、阀盖、压盖、阀芯和手柄是铸件，需要做木模铸造成形，其中阀体和阀盖较为复杂。密封圈是聚四氯乙烯材料，需压注成形或车削成形。阀杆是ZG230-450钢，车削成形。阀盖密封圈是青壳纸，冲压成形。另一种零件是压盖，可用石棉绳或其他材料密封。

培训课程 2

机械技术基础知识

学习单元 1　平面机构的运动简图及自由度

一、平面机构及其运动简图

1. 平面机构

平面机构是指所有机构都在同一平面或在相互平行的平面内运动的机构。一般来说，机构一般由构件、运动副和机构三部分组成。

（1）构件。构件由机架、原动件和从动件三部分组成。

1）机架。机构中相对固定不动的构件称为机架，它是用来支承其他活动的构件。在绘制机构运动简图时，在构件边上用斜线来标记机架，即构件上用剖面线标记。

2）原动件。机构中接受外界给定运动规律的活动构件称为原动件，它一般与机架相连。在绘制机构运动简图时，原动件上必须用带箭头的圆弧或直线标注其运动形式。

3）从动件。机构中随原动件运动的其他活动构件称为从动件。

任何机构中，必有一个构件作为机架，另有一个或几个构件作为原动件，其余的构件都是从动件。

（2）运动副。运动副是在机构中，两个构件之间直接接触又能产生一定相对运动的连接。根据构件之间的接触特性，可将运动副分为低副和高副两类。

1）低副。两构件之间通过面接触组成的运动副称为低副。根据两构件之间的相对运动是移动还是转动关系，可将低副分为移动副和转动副（回转副）。

2）高副。两构件之间通过点或线接触组成的运动副称为高副。凸轮副和齿轮副是最为常见的高副。

（3）机构。机构是指两个以上构件用运动副连接而成的有确定运动的系统。

2. 机构运动简图

机构运动简图是用简单的线条和符号来表示构件和运动副，并按比例作出各运动副的位置，从而说明机构各构件间相对运动关系的简单图形。

表达机构运动简图的构件时，只需将构件上的所有运动副按照它们在构件上的位置用符号表示出来，再用简单的线条把它们连成一体即可。机构运动简图如图3-17所示。

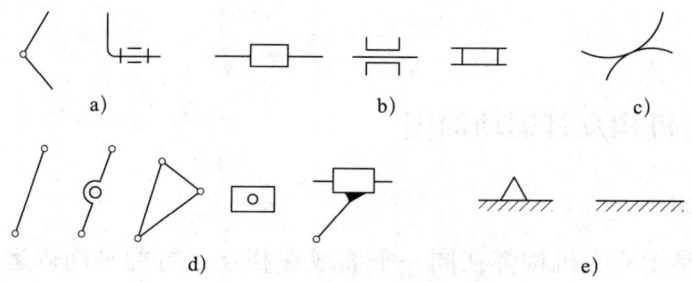

图3-17 机构运动简图
a）转动副 b）移动副 c）柱面高副 d）有运动副元素的活动构件 e）机架

二、平面机构的自由度

1. 自由度

自由度是指机构所具有的独立运动的数目。由力学可知，一个做平面运动的自由构件具有3个独立运动，在直角坐标系中，构件可沿 x 轴、y 轴方向移动和绕一点转动。这种相对于参考系，构件所具有的独立运动数目称为该构件的自由度。所以，一个做平面运动的构件有3个自由度。平面运动机构的自由度如图3-18所示。

2. 约束

约束是对构件的独立运动所加的限制。当一个构件以一定的方式与其他构件组成连接后，其相对运动就会受到限制，一旦构件受到约束，其自由度便随之减少。

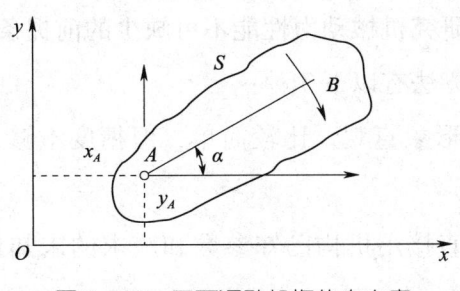

图3-18 平面运动机构的自由度

三、平面机构的结构分析

平面机构的结构分析就是将已知机构分解为机架、原动件和若干基本杆组，并确定机构的级别。

对机构进行结构分析应遵循以下原则：

（1）如果机构中含有局部自由度和虚约束，应先将其除去，再拆分杆组。

（2）如果机构中含有平面高副，在进行高副低代后，再拆分杆组。

（3）计算机构的自由度时，先确定原动件，然后从远离原动件的构件开始拆分杆组。

（4）拆下机架、原动件和杆组以后，不能有剩余的构件或运动副。

四、平面机构的运动分析

平面机构的运动分析是在已知机构尺寸及原动件运动规律后，确定机构中其他构件上某些点的运动轨迹、位移、速度及加速度（或角位移、角速度及角加速度）等。

1. 运动轨迹分析

（1）可以确定某些构件运动所需的空间或判断它们运动时是否发生相互干涉。

（2）可以确定从动件的行程。

（3）考查构件或构件上某点能否实现约定位置变化的要求。

2. 速度分析

确定机构中从动件的速度变化是否满足工作要求。速度分析是机构加速度分析和受力分析的基础。

3. 加速度分析

可以确定构件及构件上某些点的加速度，了解机构加速度的变化规律。加速度分析是计算惯性力和研究机械动力性能不可缺少的前提条件。

平面机构运动分析方法有以下3种：

（1）图解法。该法形象直观，比较简单，但精度不够，可用于构件较少的平面机构。

（2）解析法。该法直接用机构已知参数和应求的未知量建立数学模型进行求解，获得精确的计算结构。

（3）实验法。该法用于解决实现预定轨迹问题。

学习单元2 平面连杆机构基础知识

一、平面连杆机构及其传动特点

1. 平面连杆结构

平面连杆机构是由若干个构件通过低副连接而成，且所有构件均在同一平面或互相平行平面内运动的机构。平面连杆机构的形式有很多，其中最简单、应用最广泛的是由四个构件组成的平面四杆机构。

2. 平面连杆机构传动特点

（1）平面连杆机构中各构件之间通过低副连接，即面接触方式，故传动时压强小，便于润滑，磨损较小，可承受较大载荷。

（2）构件多为杆状，加工方便，易获得较高的精度。

（3）在主动件等角速度连续运动的条件下，当各构件的相对长度不同时，从动件可实现多种形式的运动，满足多种运动规律的要求。

二、平面四杆机构的基本形式和应用

1. 平面四杆机构的基本形式

若平面四杆机构中的低副都是转动副，则称为铰链四杆机构。它是平面四杆机构的基本形式，由机架、两个连架杆和连杆组成。根据两个连架杆运动形式的

不同，铰链四杆机构分为三种基本形式：曲柄摇杆机构、双曲柄机构和双摇杆机构。铰链四杆机构如图3-19所示。

（1）曲柄摇杆机构。两个连架杆中，一个为曲柄，另一个为摇杆的铰链四杆机构称为曲柄摇杆机构。

（2）双曲柄机构。两个连架杆均为曲柄的铰链四杆机构称为双曲柄机构。在双曲柄机构中，通常主动曲柄做匀速转动，从动曲柄做变速转动。

在双曲柄机构中，若其相对两杆平行且相等，则称为平行四边形机构。这种机构的运动特点：当两曲柄以相同的角速度同向转动时，连杆做平动。

（3）双摇杆机构。两个连架杆均为摇杆的铰链四杆机构称为双摇杆机构。

2. 平面四杆机构的应用

由于平面四杆机构具有诸多优点，因而广泛应用于机械、仪表和机电产品中，如活塞式发动机和空气压缩机中的曲柄滑块机构，雷达天线俯仰角调整机构（见图3-20）、摄影车的升降结构等。

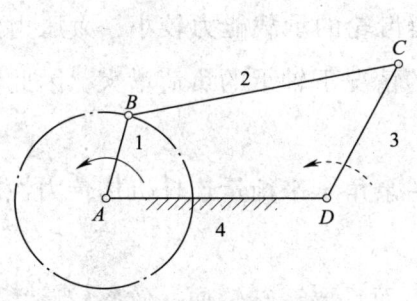
图3-19 铰链四杆机构

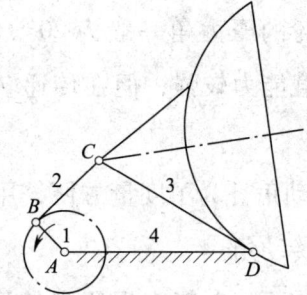
图3-20 雷达天线俯仰角调整机构

三、平面连杆机构的基本特性

1. 急回特性

某些连杆机构，如插床、刨床等单向工作的机械，当主动件（一般为曲柄）匀速转动时，为了缩短机器的非生产时间、提高生产率，要求从动件快速返回。这种当主动件匀速转动时，做往复运动的从动件在返回行程中的平均速度大于工作行程的平均速度的特性，称为急回特性。

2. 传力特性

平面连杆机构在运动过程中由于压力角、传动角、死点的不同，使得传动机构的受力不同的特性,称为传力特性。压力角和传动角如图 3-21 所示。

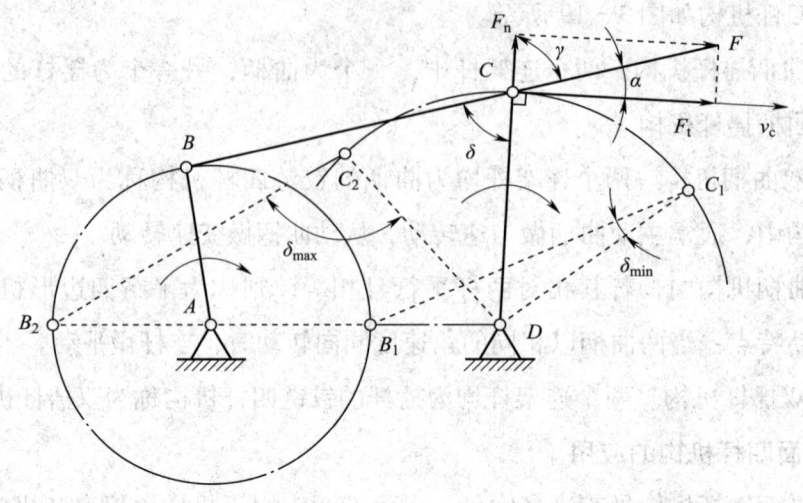

图 3-21 压力角和传动角

(1) 压力角 α。压力角 α 是作用于 C 点的力 F 与 C 点速度方向之间的夹角,即 F 与 F_t 之间的夹角。压力角 α 越小,说明有效分力 F_t 越大,传动性能越好。

标准齿轮的压力角一般为 20°。小压力角齿轮的承载能力较小;大压力角齿轮,虽然承载能力较强,但在传递转矩相同的情况下轴承的负荷增大,因此仅用于特殊情况。

(2) 传动角。为了度量方便,用压力角的余角 γ 来衡量连杆机构传力性能的好坏,称为传动角。

机械机构不仅应能实现给定的运动规律,而且要运转轻便、效率较高,即要具有良好的传力性能。而传动角则是判断一个机械机构传力是否高效的一个重要标准。传动角越大,压力角越小,机械机构的传力性能就越好;反之,就越差。当传动角为零时,机构将不可能有任何运动而发生自锁。在机构运动过程中,压力角和传动角的大小是变化的,为保证机构传力性能良好,应使传动角至少达到 40°~50°,具体数值应根据传递功率的大小而定,传动角随着功率的增大而适当增大。

(3) 死点。在曲柄摇杆机构中,如果摇杆 CD 为主动件,曲柄 AB 为从动件,当连杆 BC 与曲柄 AB 处于共线位置时,压力角 $\alpha = 90°$,其有效分力 F_t 为零,这时无论连杆 BC 给从动件曲柄 AB 多大的力,都不能使曲柄 AB 转动,机构所处的这种位置称为死点。死点如图 3-22 所示。

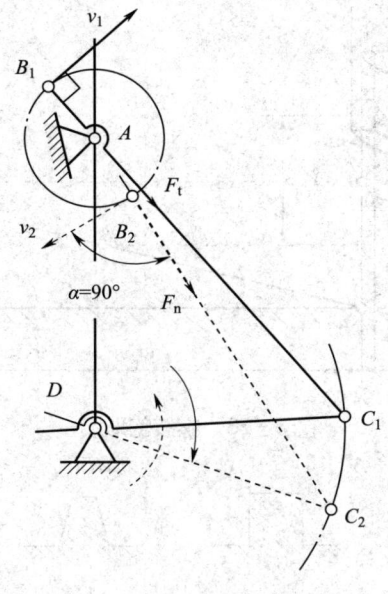

图3-22 死点

学习单元3　连接及传动基础知识

一、螺纹连接与螺旋传动

1. 螺纹

（1）螺纹的形成。将一底边长为 πd_2 的直角三角形 abc 绕在直径为 d_2 的圆柱体表面上，则三角形的斜边 amc 在圆柱体表面上形成一条螺旋线 am_1c_1。若取一平面图形，使其平面始终通过圆柱体的轴线并沿着螺旋线运动，则这个平面图形在空间形成一个螺旋形体，称为螺纹。螺纹的形成如图3-23所示。

（2）螺纹的分类

1）按螺纹在轴向剖面内的形状，可分为三角形螺纹、矩形螺纹、梯形螺纹和锯齿形螺纹。三角形螺纹主要用于连接，矩形、梯形和锯齿形螺纹主要用于传动。螺纹的分类如图3-24所示。

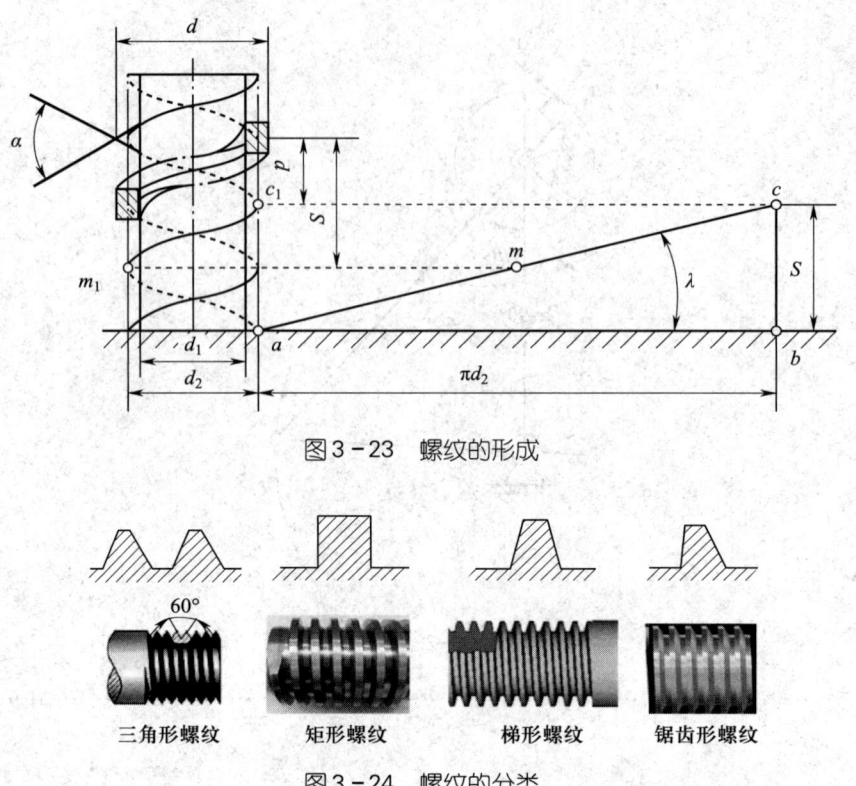

图3-23 螺纹的形成

图3-24 螺纹的分类

2) 按螺纹在圆柱体的位置,可分为内螺纹和外螺纹,如螺栓的螺纹和螺母的螺纹。

3) 按螺旋线绕行的方向,可分为左旋螺纹和右旋螺纹,通常采用右旋螺纹。

4) 按螺纹的线数,可分为单线螺纹、双线螺纹和多线螺纹。常用的连接螺纹要求具有自锁性,故多用单线螺纹。传动螺纹要求传动效率高,故多用双线或三线螺纹。

(3) 螺纹的主要参数。螺纹的主要参数包括大径 $d(D)$、小径 $d_1(D_1)$、中径 $d_2(D_2)$、螺距 P、线数 n、导程 S、牙型角 α、牙型斜角 β 等。

2. 螺纹连接的基本类型

常用螺纹连接的基本类型有螺栓连接、双头螺柱连接、螺钉连接、紧定螺钉连接。

(1) 螺栓连接。螺栓连接又分为普通螺栓连接和铰制孔螺栓连接两种。普通螺栓连接的结构特点是被连接件上的通孔和螺栓杆间留有间隙,故孔的加工精度要求低,结构简单,装拆方便,适用于被连接件不太厚和两边都有足够的装配空间的场合。

（2）双头螺柱连接。双头螺柱连接是将螺柱一端螺纹完全旋入被连接件螺孔内，直至旋紧为止，另一端穿过另一被连接件的孔，并用螺母拧紧。

（3）螺钉连接。当被连接件之一较厚或不宜制成通孔时，也可采用螺钉连接。这种连接不用螺母，是将螺钉直接拧入较厚的被连接件的螺纹孔中。

（4）紧定螺钉连接。将紧定螺钉旋入被连接件的螺纹孔中，并以其末端顶紧另一零件表面或嵌入相应的凹坑中，以固定两零件相对位置，并可传递不大的载荷。

3. 螺旋传动

螺旋传动是利用螺旋副传递运动和动力的一种传动形式，用于把回转运动变为直线运动，同时传递运动和动力。

螺旋机构由螺杆和螺母组成，其中，螺纹分布在圆柱体外表面的构件称为螺杆，分布在圆柱体内表面的构件称为螺母。螺旋传动可按照使用要求和螺旋副的摩擦性质进行分类。

（1）按使用要求分类。螺旋传动按使用要求可分为传力螺旋、传导螺旋和调整螺旋三种类型。

1）传力螺旋。传力螺旋以传递动力为主，要求用较小的转矩产生较大的轴向推力，多作为增力机构使用，如起重螺旋、压力机螺旋等。

2）传导螺旋。传导螺旋以传递运动为主，常要求有很高的运动精度，常作为机床刀架或工作台的进给机构，一般工作时间较长，工作速度也较快。

3）调整螺旋。调整螺旋用以调整或固定两零件之间的相对位置，如仪器和测量装置中的微调螺旋机构等。这类螺旋一般受力较小，要求微量或快速调整固定零件间的相对位置。

（2）按螺旋副的摩擦性质分类。螺旋传动按螺旋副的摩擦性质可分为滑动螺旋传动和滚动螺旋传动。

1）滑动螺旋传动。滑动螺旋传动常采用矩形螺纹、梯形螺纹和锯齿形螺纹，传动结构简单、加工方便、易于自锁，但摩擦阻力大、效率低、磨损快、传动精度低，常用于螺旋千斤顶、螺旋压力机、金属切削机床的进给螺旋、分度机构和螺旋测微仪等。

2）滚动螺旋传动。滚动螺旋传动是在滚动螺旋螺杆和旋合螺母的滚道之间置有可滚动的钢球,将螺旋副的滑动摩擦变为滚动摩擦,其阻力小、传动效率高、运转灵活,但结构复杂、成本高,常用于加工中心、数控机床、起重机构、汽车转向机构的传力螺旋,飞机、导弹、船舶等自控系统的传导螺旋等。

二、键连接与销连接

轮毂与轴之间的连接称为轴毂连接,轴毂连接常用的有键连接和销连接。

1. 键连接

键连接在机械中主要用于轴和轴上零件的周向固定并传递运动和转矩,有的键也可同时用来实现轴上零件的轴向固定和轴上零件移动的导向装置。

(1) 平键连接。平键连接的两侧面为工作面,上表面和轮毂键槽底面之间留有间隙,工作时依靠两侧面的挤压传递转矩。平键连接具有结构简单、装拆方便、对中性好等优点,因而应用最广,但它不能实现轴上零件的轴向固定。

(2) 半圆键连接。半圆键连接的工作情况和平键相同,不同的是半圆键可在轴的键槽内摆动,来适应轮毂槽底面的斜度。由于轴上键槽过深,对轴的强度削弱较大,半圆键连接适用于传递载荷较小的场合,多用于锥形轴端的连接。半圆键连接如图3-25所示。

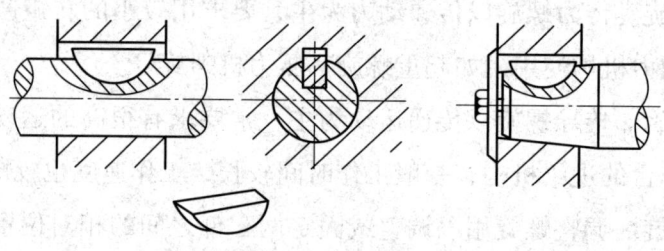

图3-25 半圆键连接

2. 销连接

销主要用来固定零件间的相互位置,称为定位销,它是组合加工和装配时的重要辅助零件。销也可用于轴与轴上零件的连接,但只可传递不大的载荷。另外,销还可作为安全装置中的过载切断元件,称为安全销。

三、铆接、焊接、胶接和过盈配合连接

1. 铆接

铆钉是两端有头的圆杆,一端称为预制头,是事先用镦粗的方法制成的;另

一端称为铆成头，是在铆接时形成的。

铆接是将铆钉穿过被连接件的预制孔，用某些方法（如螺栓定位）把被连接件一起夹住，使钉孔的位置对准，然后铆出铆成头并同时将铆钉杆镦粗，从而形成的一种不可拆连接。

2. 焊接

焊接是通过局部加热的方法将被连接件连成一体的不可拆连接。焊接广泛应用于制造金属构架、容器壳体、机架等结构。焊接的方法有电焊、气焊等，以电焊应用最广。电焊又可以分为电阻焊与电弧焊两种。电弧焊操作简便，连接质量好，使用范围广。

3. 胶接

胶接是利用胶粘剂在连接面上产生的机械结合力、物理吸附力和化学键合力而使两个胶接件连接起来的工艺方法。

胶接不仅适用于同种材料，也适用于异种材料。

4. 过盈配合连接

过盈配合连接是利用两个被连接件本身的过盈配合来实现的连接。根据过盈量的大小可做成可拆连接，也可做成不可拆连接。

学习单元4 轴系零件基础知识

一、轴

轴主要用于传递载荷，可以按照承载情况和轴的轴线几何形状进行分类。

1. 按承载情况分类

按承载情况不同，轴可分为芯轴、传动轴和转轴三种类型。

（1）芯轴。芯轴是只承受弯矩而不传递转矩的轴，如自行车前轴为不转动的芯轴，称为固定芯轴。

（2）传动轴。传动轴是只传递转矩而不承受弯矩或承受很小弯矩的轴。

（3）转轴。转轴是既传递转矩又承受弯矩的轴。

2. 按轴的轴线几何形状分类

按轴的轴线几何形状不同，通常把轴分成直轴、曲轴和挠性轴三种。

（1）直轴。轴线为直线的轴称为直轴，直轴按其外形结构不同又可分为光轴和阶梯轴。

1）光轴。光轴结构简单，易加工，但轴上零件不易定位。光轴如图3-26所示。

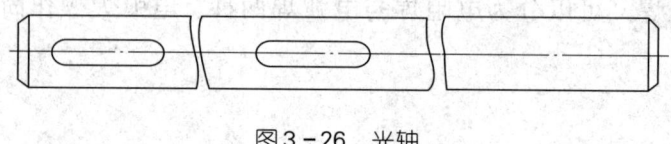

图3-26　光轴

2）阶梯轴。阶梯轴各轴段的截面尺寸不同。这种结构可使各轴段的强度接近，轴上零件拆装和固定容易，故应用极为广泛。阶梯轴如图3-27所示。

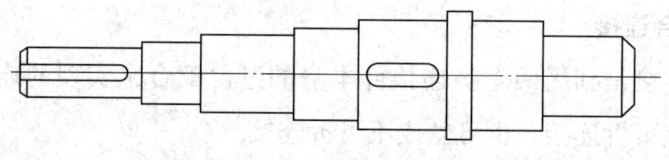

图3-27　阶梯轴

直轴多为实心轴，但为减轻重量或满足结构上的特殊要求，有时做成空心轴，如车床主轴。

（2）曲轴。轴线为曲线的轴称为曲轴，如图3-28所示，常用于往复式机器（如空气压缩机、内燃机等）和行星轮系中。

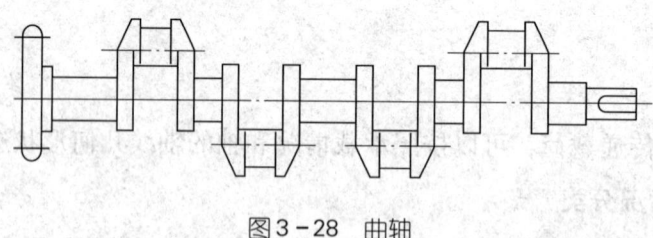

图3-28　曲轴

（3）挠性轴。轴线可按使用要求变化的轴称为挠性轴，如图3-29所示，工作时轴线为曲线，可绕过障碍A、B将转矩和旋转运动传递到所需的位置，常用于医疗机械、仪表中。

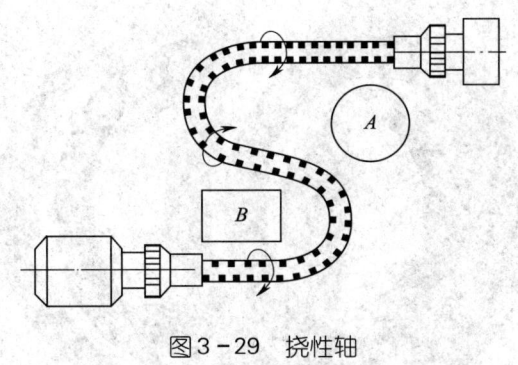

图 3-29 挠性轴

二、滑动轴承

1. 滑动轴承分类

（1）按照受载荷方向分类。滑动轴承按其所受载荷的方向，可分为径向滑动轴承（主要承受径向载荷）和推力滑动轴承（主要承受轴向载荷）。

（2）按照摩擦状态分类。滑动轴承按相对于运动表面间的摩擦状态，可分为非液体摩擦滑动轴承和液体摩擦滑动轴承两类。

前者两相对运动表面不能被润滑油完全隔开，后者则被完全隔开。液体摩擦滑动轴承根据相对运动表面间承载流体膜形成的原理不同，又分为液体动压滑动轴承和液体静压滑动轴承。

2. 径向滑动轴承

工作时只承受径向载荷的滑动轴承，称为径向滑动轴承。径向滑动轴承的主要结构有整体式、剖分式和自动调心式3种。

3. 推力滑动轴承

工作时承受轴向载荷的滑动轴承，称为推力滑动轴承。推力滑动轴承一般仅能承受单向轴向载荷，有实心式、单环式、空心式和多环式。推力滑动轴承轴颈与轴瓦端面为平行平面相对滑动，难以形成完全流体润滑状态，只能在不完全流体润滑状态下工作，主要用于低速、轻载的场合。推力滑动轴承如图3-30所示。

三、滚动轴承

滚动摩擦下运转的轴承称为滚动轴承。滚动轴承的摩擦阻力较小，机械效率较高，润滑和维护方便，并且已经标准化，在实际中应用广泛。

图3-30 推力滑动轴承

1. 滚动轴承的类型

按滚动体的形状不同,分为球轴承和滚子轴承两大类。

按滚动体的列数不同,分为单列、双列和多列轴承。

按所能承受载荷的方向或公称接触角 α 的不同,分为向心轴承和推力轴承两大类。α 越大,滚动轴承承受轴向载荷的能力也越强。

2. 滚动轴承的代号

滚动轴承的代号是表示其结构、尺寸、公差等级和技术性能等特征的产品符号。滚动轴承的代号由轴承名称、轴承代号和标准编号三部分构成,详见国家标准 GB/T 297—2015。

培训课程 3

无人机机体常用材料基础知识

学习单元　无人机机体常用材料

无人机机体常用材料有木质材料、碳纤维材料、塑料材料。

一、木质材料性能、特点及应用

木质材料是利用木材加工生产的用于无人机机体结构的材料。

1. 性能

木质材料与其他材料相比，具有多孔性、各向异性、湿胀干缩性、燃烧性和生物可降解性等独特性质。木质材料主要分为木质板材、木质型材、木质线材、木质片材、竹制品等。

2. 特点

木质材料具有重量轻、强重比高、弹性好、耐冲击、纹理色调丰富美观、加工容易等优点，同时，也具有强度小、刚度低、易燃、易腐蚀、吸湿性强的缺点。

3. 应用

无人机上常用的木质材料是木质板材，其主要用于小型固定翼无人机机身、机翼的制作。

二、碳纤维材料性能、特点及应用

碳纤维材料是由有机纤维经过一系列热处理转化而成的，碳质量分数高于90%的无机高性能纤维材料。

1. 性能

碳纤维的性能主要表现在重量轻、强度高、易加工、耐温变范围大、导电性好、抗腐蚀性强等。

2. 特点

（1）力学特点。碳纤维的力学特点主要表现在高强度、高模量、低密度，其比强度、模量远高于合金钢、铝合金和钛合金。碳纤维还具有抗疲劳性能好、耐磨耗和润滑性能优异、阻尼性能良好、吸能减振性良好等特点。碳纤维的脆性大、抗冲击性能差。碳纤维破坏方式与玻璃纤维一样，属于脆性破坏，在拉断之前应力－应变行为都是完全弹性的，没有明显的塑性变形，并且断裂伸长率也比较低。

（2）热性能特点。碳纤维的耐高温和耐低温性能较好，在2 000 ℃的高温下还能保持一定强度，液氮下也不脆断。碳纤维热膨胀系数小，尺寸稳定性好。

（3）电性能特点。碳纤维沿纤维轴向具有良好的导电性，其电阻率与纤维类型有关：碳纤维石墨化程度越高，导电性能越好，碳纤维模量越高，电阻率越小。此外，碳纤维能反射电磁波，具有良好的X射线透过率。

（4）耐环境性能特点。碳纤维不耐氧化，在氧化性气体中600 ℃以上发生分解。碳纤维在400 ℃以下比较稳定（在现有的无人机市场上极少出现需要在400 ℃高温环境下工作的产品，所以在现有市场上大多数产品仍以航天级3k小丝束碳纤维作为材料的机架），标准碳纤维在316 ℃以下可以长期使用；碳纤维稳定性随石墨化程度的提高而增加，高模量的碳纤维的使用温度可达到530 ℃。碳纤维的石墨化程度越高，抗氧化性能越好。高模型碳纤维的石墨化程度较高，因此高模型碳纤维的抗氧化性比高强型好。

碳纤维具有优良的耐化学腐蚀性，不被一般的酸、碱、溶剂所侵蚀，比玻璃纤维具有更好的耐腐蚀性。

3. 应用

碳纤维主要用于无人机机架、机臂、机体、桨叶等的制作。碳纤维机架的产品优势如下：

（1）续航时间长。碳纤维具有重量超轻的特点，用其制成的碳纤维无人机架重量非常轻，和其他材质无人机相比，续航时间更长。

（2）坚固性强。碳纤维的抗压强度在3 500 MP以上，制成的碳纤维无人机抗摔性强，抗压能力极强。

(3) 易组装,易拆卸。碳纤维多旋翼无人机架结构简单,采用航空铝柱和螺栓连接而成,使得在进行元器件安装过程中,编排极其方便;可以随时随地进行组装,易于携带,使用非常方便;采用航空铝柱和螺栓,牢固性强。

(4) 稳定性佳。碳纤维制成的多旋翼无人机架的云台具有减振增稳的效果,通过云台抵消机身晃动或者振动的影响。

(5) 安全性高。碳纤维多旋翼无人机机架由于动力分散到多个机臂,可以保证较高的安全系数,在飞行中可以做到力的平衡,易于操控,自动悬停,使其按照所想要的路径飞行,避免突然下降造成伤害。

三、塑料材料性能、特点及应用

塑料是以合成树脂为基本原料,加入各种添加剂后,在一定温度、压力下塑制成形的材料。大多数塑料以各种合成树脂为基础,再加入一些用来改善使用性能和工艺性能的添加剂制成。

1. 塑料的性能、特点

(1) 密度小、比强度高。塑料的相对密度一般在 0.83~2.20,仅为钢铁材料的 1/8~1/4,铝的 1/2,在保证结构强度不变的情况下,可以减轻无人机机体结构重量。

(2) 化学稳定性高。塑料对酸、碱和有机溶剂均有良好的耐蚀性。

(3) 绝缘性能好。塑料是不良导体,因此,塑料广泛用作绝缘材料。

2. 应用

塑料材料用于机体结构、机臂、螺旋桨、电路板等的制作。

培训课程 4 无人机机械结构基础知识

学习单元1 无人机的基本结构

一、多旋翼无人机结构

多旋翼无人机（又称多轴无人机）是一种具有三个及以上螺旋桨轴的无人机，其每个轴上的电动机转动，带动螺旋桨产生升推力。这种飞行器多为中心对称或轴对称结构，多个螺旋桨沿机架的周向分布于边缘，常见的有四旋翼、六旋翼和八旋翼无人机。

无人机机体结构由机架、机臂、脚架等组成。多旋翼无人机机体结构如图3-31所示。

图3-31 多旋翼无人机机体结构

1. 机架

（1）功用。机架（又称机身）是多旋翼无人机的主体，是其他结构的安装基础，主要用于安装和固定电动机、电子调速器、飞控板，为整体提供稳定和坚固的平台。

（2）分类。机架按材质的不同，一般可以分为塑胶机架、玻璃纤维机架、碳纤维机架等。

2. 机臂

机臂是机架结构的延伸，用以扩充轴距，安装电动机，有些多旋翼无人机的脚架也安装在机臂上。

3. 脚架

脚架用于支撑、保护无人机。停放时，支撑无人机；起飞和着陆时，支撑无人机，吸收撞击和跳动能量；保护安装在机体内的各种设备。

二、固定翼无人机结构

固定翼无人机主要由机身、机翼、尾翼、起落架和发动机组成。固定翼无人机的结构组成如图 3-32 所示。

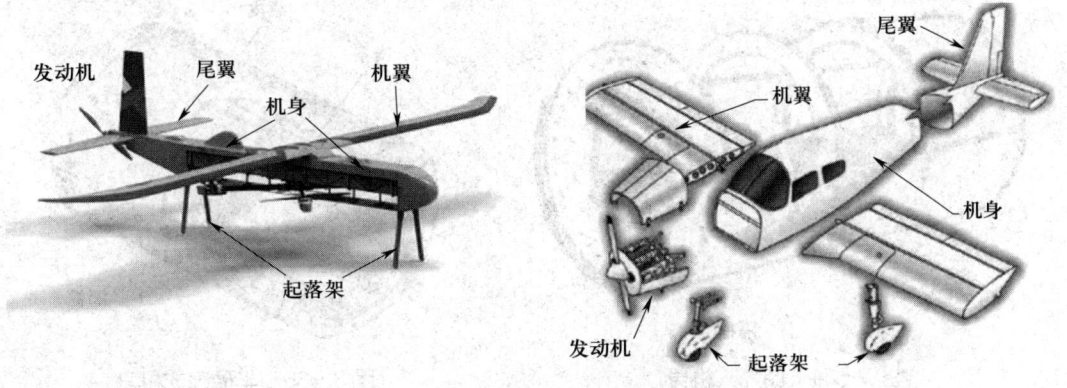

图 3-32　固定翼无人机的结构组成

1. 机身

机身主要用于安装各设备、发动机和盛放货物，把起落架、机翼、尾翼连接成一个整体。根据机身的结构形式可将机身分为构架式、硬壳式和半硬壳式三类。

（1）构架式机身。构架式机身由缘条、支柱、隔框、桁条、布质蒙皮、斜支柱、构架等组成，维持机身外形。目前，只有小型低速飞机和某些直升机采用这种机身。构架式机身如图 3-33 所示。

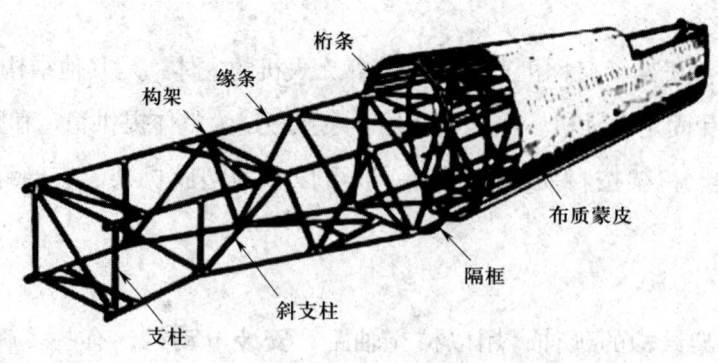

图3-33 构架式机身

（2）硬壳式机身。硬壳式机身又称蒙皮式机身，主要由蒙皮与少数隔框组成。这种机身的蒙皮很厚，稳定性很好，不仅能承受切变力和扭矩，而且能承受弯矩引起的全部轴向力。由于必须满足气动载荷和可变的载重要求，硬壳式机身中的蒙皮常过厚、过重，目前完全采用硬壳式机身的飞机很少。硬壳式机身如图3-34所示。

（3）半硬壳式机身。半硬壳式机身由大梁、桁条、隔框、蒙皮等组成。半硬壳式机身如图3-35所示。

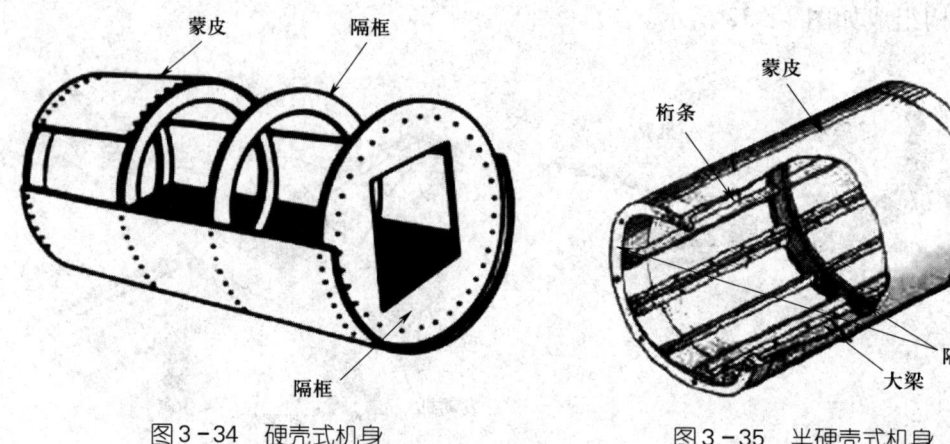

图3-34 硬壳式机身　　图3-35 半硬壳式机身

2. 机翼

（1）功用。机翼的功用是产生升力，安装活动舵面、发动机、起落架、油箱、操纵系统及其他设备。

（2）组成。机翼结构由蒙皮、桁条以及翼肋、翼梁、墙等组成。机翼组成如图3-36所示。

1）蒙皮。蒙皮是使飞机结构光滑而封闭的表面，承担和传递不均匀分布的空气动力。

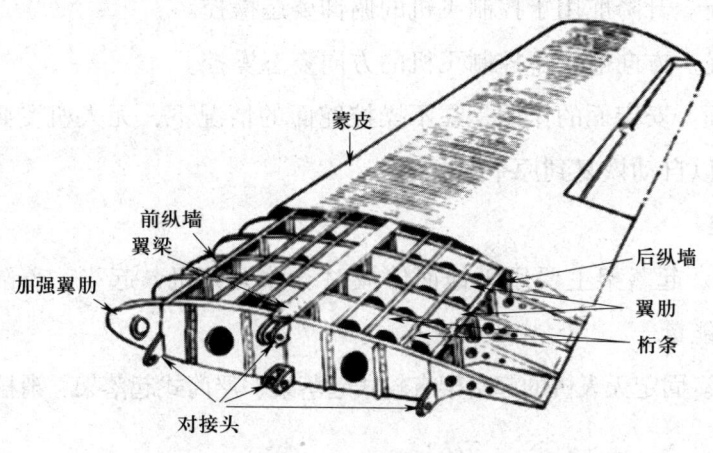

图 3-36　机翼组成

2）桁条。桁条的作用是支持蒙皮，并与蒙皮一起把气动载荷传到翼肋上。

3）翼肋。翼肋是保证气动力所要求的翼型的横向元件。翼肋有普通（腹板式）翼肋和加强翼肋。普通翼肋承受蒙皮传来的分布气动力和燃油质量力，加强翼肋还要承受起落架、发动机架等传来的集中力的作用。

4）翼梁。翼梁是机翼的主要承力构件，连接机身、蒙皮、翼肋。

3. 尾翼

（1）功用。尾翼主要用来提供稳定力矩和操控力矩，以保持或改变无人机的飞行姿态。

（2）组成。尾翼主要由升降舵、方向舵、安定面三部分组成。尾翼组成如图 3-37 所示。

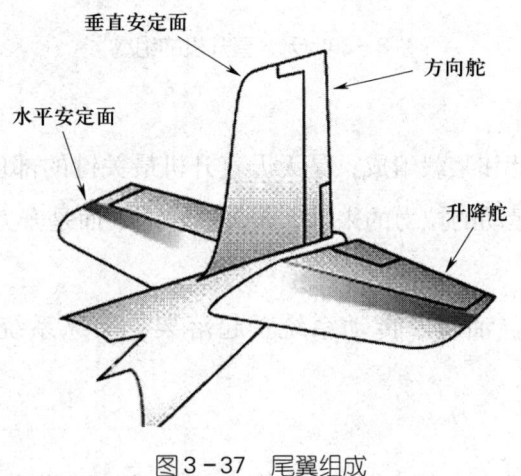

图 3-37　尾翼组成

1) 升降舵。升降舵用于控制飞机的俯仰姿态操控。

2) 方向舵。方向舵用于控制飞机的方向姿态操控。

3) 安定面。安定面的作用是在不操控舵面的情况下，无人机受到扰动，在扰动消失后，可以自动恢复到原平衡状态。

4. 起落架

（1）功用。起落架主要用于地面停放时支撑无人机，起飞、着陆滑跑时，吸收撞击和跳动能量。

（2）类型。固定无人机的起落架有轮式起落架、浮筒式起落架、滑橇式起落架等。

三、无人直升机结构

无人直升机主要由主旋翼、机身、尾桨、起落装置组成。无人直升机的组成如图3-38所示。

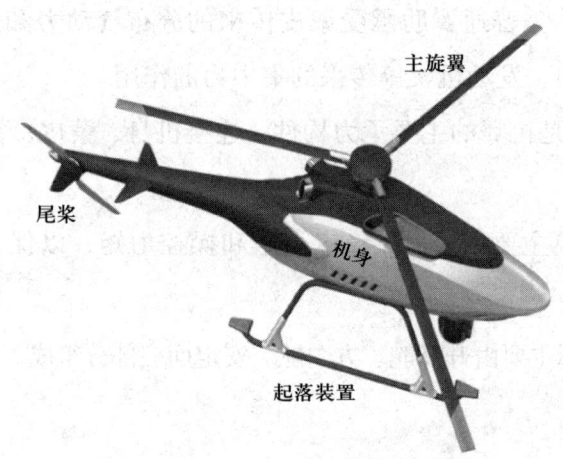

图3-38 无人直升机的组成

1. 主旋翼

主旋翼主要由桨叶和桨毂组成，是无人直升机最关键的部位，它既可产生升力，又是无人直升机水平运动的拉力的来源，旋翼旋转的平面是升力面也是操纵面。

2. 机身

机身安装发动机、油箱、传动系统、起落架、操纵系统、设备，装载货物，承载和传递各种载荷。

3. 尾桨

尾桨的主要作用是产生侧向的拉力/推力，通过力臂形成偏转力矩，平衡主旋翼的反扭矩并且控制航向,相当于无人直升机的垂直安定面,可以改善航向稳定性和提供一部分升力等。

4. 起落装置

起落装置指用于地面停放时支撑机体和着陆时吸收撞击能量的部件。

学习单元2 无人机的机械结构

一、活塞式发动机工作原理

1. 基本组成

活塞式发动机由气缸、活塞、火花塞、曲轴、连杆、进气门、排气门等组成。活塞式发动机的组成与工作冲程如图3-39所示。

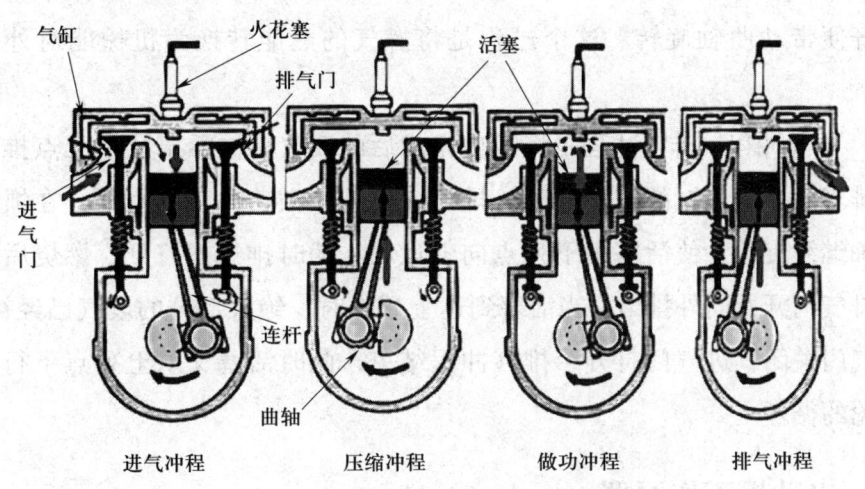

图3-39 活塞式发动机的组成与工作冲程

2. 工作原理

活塞式发动机的工作原理是将燃油混合气的化学能,通过燃烧产生热能,活塞、曲轴将热能转换成机械能,驱动螺旋桨旋转。

3. 工作过程

活塞式发动机工作时,完成一个能量转换过程需要完成进气、压缩、燃烧、膨胀做功的工作过程。这个过程通常使用进气冲程、压缩冲程、做功冲程和排气冲程来进行描述。发动机的工作冲程如图3-39所示。

(1) 进气冲程。进气冲程是活塞从上死点（最上面）运动到下死点（最下面）的工作过程。气缸头上的进气门打开，排气门关闭，活塞从上死点向下运动，气缸内的容积逐渐增大，气压降低，燃油和空气被吸入气缸内进行混合，当活塞运动到下死点时，进气门关闭，进气冲程结束。

(2) 压缩冲程。压缩冲程是活塞从下死点运动到上死点的工作过程，即在进气冲程结束后，曲轴依靠惯性的作用继续旋转，把活塞由下死点向上推动。气缸内的容积逐渐减小，混合气体受到活塞的强烈压缩。当活塞运动到上死点时，混合气体被压缩在上死点和气缸头之间的狭小空间内（这个小空间叫作燃烧室），压缩冲程结束。

(3) 做功冲程。做功冲程是活塞从上死点，被燃气推到下死点的做功工作过程。这个工作过程是在压缩冲程快结束时，活塞接近上死点的过程中，气缸头上的火花塞通过高压电产生电火花，点燃混合气体，混合气体燃烧膨胀，产生高温高压燃气，活塞在高温高压燃气的作用下，向下死点迅速运动，推动连杆向下运动，连杆便带动曲轴旋转。这个过程是将燃气的热能转换为机械能对外做功的过程。

(4) 排气冲程。排气冲程是将做功完成后的废气，被活塞从下死点推往上死点，从排气门排出气缸的工作过程。排气冲程是从做功冲程结束后，在惯性的作用下曲轴继续旋转，使活塞由下死点向上运动。此时排气门打开，燃烧后的废气便通过排气门开始向外排出。当活塞到达上死点时，绝大部分的废气已经被排出。然后排气门关闭，进气门打开，排气冲程结束，此时活塞又从上死点下行，开始了新一轮的循环。

二、电动机工作原理

电动机是把电能转换成机械能的一种设备。它是利用通电线圈（定子绕组）产生旋转磁场并作用于转子形成磁电动力旋转扭矩的设备。无人机常用的电动机是无刷电动机。

1. 电动机的基本组成

无刷电动机由转子、定子两部分组成。无刷电动机的组成如图3-40所示。

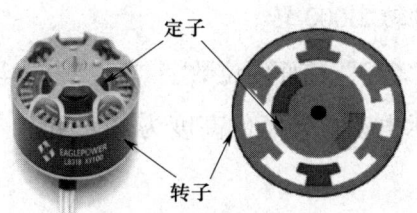

图 3-40　无刷电动机的组成

有刷电动机的壳体既可以起到保护作用，又可以作为定子。无刷电动机的能够转动的外壳（线圈）就是转子，固定不动的部分就是定子。电动机工作时，转子在定子中飞快地转动。

2. 电动机的工作原理

电动机的工作原理是由控制装置控制电动机的磁场变化，磁场变化使转子旋转，从而使转子连续不断地转动下去。

三、电动动力系统

多旋翼无人机中普遍使用的是电动动力系统，它主要由螺旋桨、电动机、电子调速器和电池四个部分组成。

1. 螺旋桨

（1）功用。螺旋桨将电动机的机械能转换成空气动力，产生拉力或推力，为无人机的运动提供必要的动力。

（2）参数。螺旋桨的参数主要是螺旋桨的几何参数，通常用一组四位数字来表示。

螺旋桨的规格由四位数字表示，如 8045、9047，前面两位数字代表螺旋桨的直径，也就是长度，单位是英寸；后面两位数字是几何螺距，几何螺距原指螺纹上相邻两牙对应点之间的轴向距离，即螺纹转动一圈前进的距离。8045 中的 80 表示螺旋桨的直径为 80 英寸，45 表示螺距为 4.5 英寸。

2. 电动机

衡量电动机性能的参数主要有线圈匝数、KV 值、几何尺寸。

（1）线圈匝数就是线圈绕的圈数（T），例如线圈绕了 21 圈，则为 21 T。

（2）KV 值，即输入电压增加 1 V，无刷电动机空转增加的转速值。例如，1 000 KV 的电动机，外加 1 V 电压，电动机空转时每分钟转 1 000 转，外加 2 V 电压，电动机空转时每分钟转 2 000 转。

（3）几何尺寸。如"2212"前面两位数字"22"表示电动机定子的直径为 22 mm，后面 2 位数字"12"表示电动机转子的高度为 12 mm。

3. 电子调速器

电子调速器简称电调，它的主要功能是将飞控板的控制信号进行功率放大，并向各开关送去能使其饱和导通和可靠关断的驱动信号，以控制电动机的转速。电子调速器如图 3-41 所示。

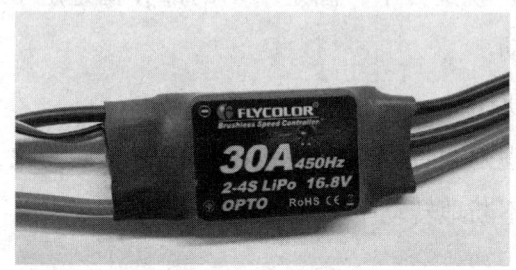

图 3-41　电子调速器

图中电子调速器的持续供电电流为 30 A，支持电池为 2-4S LiPo，最大供电电压为 16.8 V。

4. 电池

（1）功用。电池是多旋翼无人机的供电装置，它的功用是给电动机和机载设备供电。

（2）参数。电池参数如图 3-42 所示。

图 3-42　电池参数

1）电池电芯数量。4S 表示该电池有 4 个电池内芯。

2）电池容量。4 000 mAh 表示以 4 000 mA 的电量持续放电，可放电 1 h。

培训课程 5

无人机机械装配工量具基础知识

学习单元1　无人机机械装配工具

一、钳口类工具

1. 功用

钳口类工具用于夹持微小部件、物体，剪切细小金属丝、电线，剥削电线保护层等。

2. 分类

钳口类工具有尖嘴钳、平口钳、鸭嘴钳、剥线钳等。

3. 使用方法

（1）尖嘴钳。尖嘴钳如图3-43所示，用于夹持小垫圈、螺钉、熔丝、开口销，剪切细小的金属丝。使用时，单手握住进行操作，适用于在狭小空间内进行操作。

（2）平口钳。平口钳又称老虎钳或钢丝钳，如图3-44所示。平口钳钳口较厚，前端平直，咬合齐整，可用于夹持和弯折丝、管和板等金属工件；刀口有剪切刃，可用于剪切铁丝等物。使用时可以单手握持操作，也可以双手握持操作。

（3）鸭嘴钳。鸭嘴钳是一种长口钳，如图3-45所示。钳口扁平，形状像鸭子嘴，相对于尖嘴钳，鸭嘴钳的手柄较长，能够提供良好的夹持力，且在其颚口内有细牙，用来增大对夹持物的摩擦力，同时又不会损伤夹持物。使用时可以单手握持操作，也可以使用双手握持操作。

 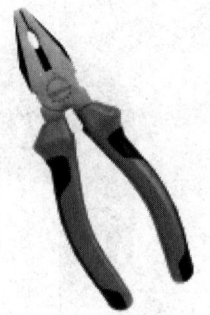

图3-43 尖嘴钳　　　　图3-44 平口钳

（4）剥线钳。剥线钳如图3-46所示，为电气专业常用的工具之一，是一种手动操作的导线绝缘层去除工具。它由刀口、压线口和钳柄组成，有的还带有断头长短控制器，只需更换不同类型的刀片就可完成多种类型导线的绝缘层去除工作，适用于塑料、橡胶绝缘电线、电缆芯线的剥皮。使用时，单手握持即可操作。

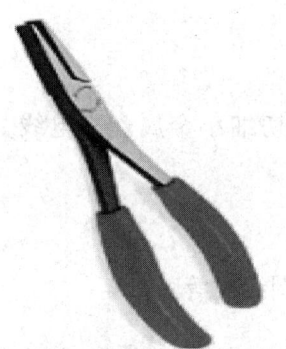 

图3-45 鸭嘴钳　　　　图3-46 剥线钳

二、剪切类工具

1. 功用

剪切类工具用于剪切导线、金属丝、铆钉、开口销、金属片及其他片状材料。

2. 分类

常用的剪切类工具有斜口钳、剪刀。

3. 使用方法

（1）斜口钳。斜口钳是专用剪切工具，如图3-47所示。它的头部"偏斜"，在钳口处有小角度刀刃，且尖部为圆形，用于剪切导线、金属丝、铆钉、开口销等，严禁用来切割硬的或粗的金属丝，否则会损坏刃口。它是维修工作中常用的工具。

（2）剪刀。剪刀是切割布、纸、钢板、绳、圆钢等片状或线状物体的双刃工具，其两刃交错，可以开合，如图3-48所示。

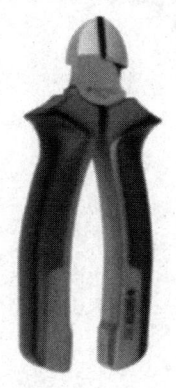
图3-47　斜口钳

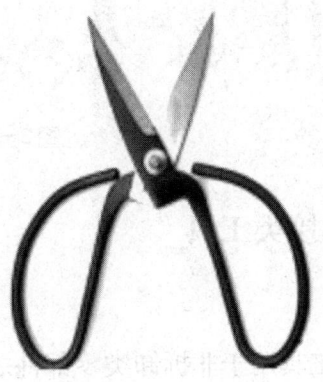
图3-48　剪刀

三、紧固类工具

1. 功用

紧固类工具用于丝扣类螺旋部件的紧固。

2. 分类

常用的紧固类工具有旋具和扳手。

（1）旋具。旋具是一种用于拧紧或拧松带有刀槽的螺钉或小型螺栓的工具。旋具的种类很多：按照旋具头刀口的形状不同，可以分为一字旋具和十字旋具；按照手柄的材料和结构的不同，可以分为木柄旋具、塑料柄旋具、铁把旋具、通心旋具、偏置旋具等；按照操作形式，可分为手动旋具、电动旋具和风动旋具等。另外，根据特殊用途不同，还有快卸旋具、力矩旋具、仪表旋具、冲击旋具等。常用旋具如图3-49所示。

（2）扳手。扳手是维修工作中用于拆装六角形、正方形的螺栓、螺钉、螺帽或带有螺纹零件等螺旋类紧固件的工具。扳手按照形状可分为开口扳手、梅花扳手、管螺帽扳手、内六角扳手、套筒扳手、棘轮扳手、活动扳手等。常用扳手如图3-50所示。

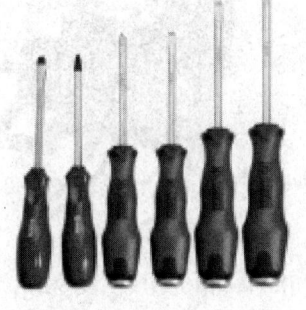
图3-49　常用旋具

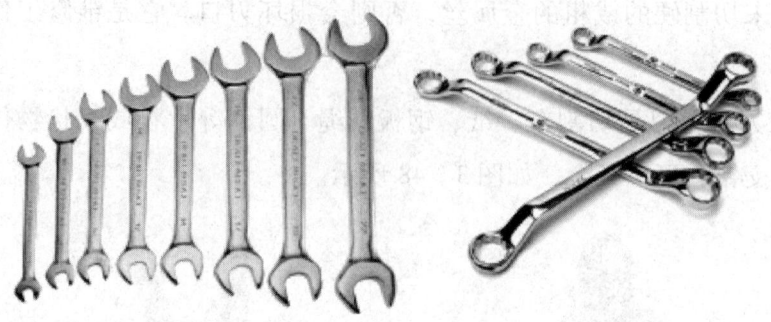

图3-50 常用扳手

四、焊接类工具

1. 功用

焊接类工具用于非拆卸类零部件之间的连接。

2. 分类

焊接类工具有用于金属类的焊接工具和用于非金属类的焊接工具两类。

3. 使用方法

（1）电烙铁。电烙铁用于金属类零部件的连接，是电子产品制作和电器维修的必备工具。电烙铁按机械结构可分为内热式电烙铁和外热式电烙铁；按功能可分为无吸锡电烙铁和吸锡式电烙铁；根据用途不同分为大功率电烙铁和小功率电烙铁。电烙铁如图3-51所示。

（2）热熔胶枪。热熔胶枪用于非金属零部件的固定与连接，是一种非常方便的快捷粘接工具，具有速度快、效率高等优点；缺点是胶体比较重。热熔胶枪如图3-52所示。

图3-51 电烙铁
a) 恒温式拆、焊两用电烙铁 b) 常用电烙铁

图3-52 热熔胶枪

五、检测类工具

1. 功用

检测类工具用于检测机械装配部件的几何尺寸、装配间隙等。

2. 分类

检测类工具有塞尺、90°角尺等。

3. 使用方法

（1）塞尺。塞尺用于测量部件间间隙，在航空维修中主要用来测量各种间隙和一些接触面的平直度等。它由一组淬硬的钢条或刀片组成，这些淬硬钢条或刀片被研磨或滚压成为精确的厚度，每条钢片标出了厚度（单位为 mm），它们可以单独使用，也可以将两片或多片组合在一起使用，以便获得所要求的厚度。塞尺如图 3-53 所示。

（2）90°角尺。90°角尺一般用来检查工件的内、外角或相对位置垂直度。不论何种形式的 90°角尺，都由一个短边和一个长边构成。90°角尺如图 3-54 所示。

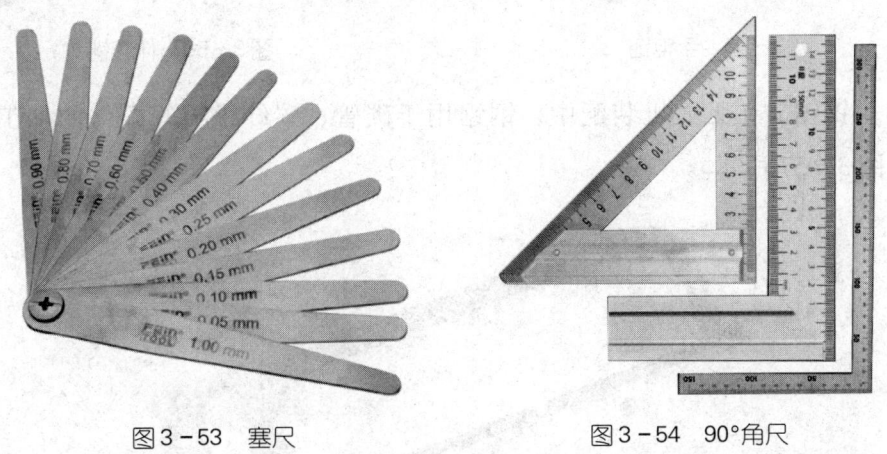

图 3-53　塞尺　　　　　　图 3-54　90°角尺

六、专用工具

1. 功用

专用工具用于装配过程中零部件连接孔的开、扩、平及对管件、板件的切削等。

2. 分类

装配工作中常用的专用工具有用于打孔（开孔、扩孔）的手电钻，对钻孔、切面进行修正的什锦锉及用于切割管件、板件的钢锯。

（1）手电钻。手电钻是一种携带方便的小型钻孔用工具，由电动机、控制开关、钻夹头和钻头等部分组成，是手工制作、维修等必备的工具。常用的手电钻有充电式手电钻和插电式手电钻。手电钻如图 3-55 所示。

（2）什锦锉。什锦锉的表面上有许多细密刀齿、条齿，用于锉光工件，可对金属、木料、皮革等表层进行磨平精细加工。普通钳工锉刀用于一般的锉削加工。什锦锉包括各种断面形状的锉刀，用于锉削小而精细的金属零件。什锦锉如图 3-56 所示。

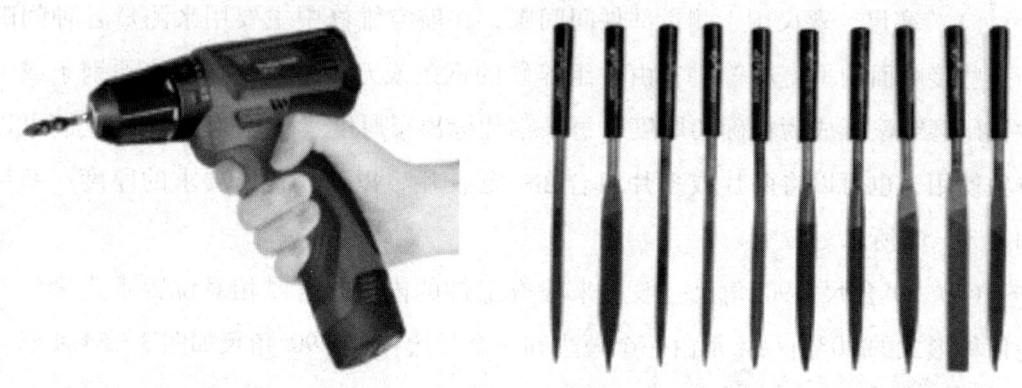

图 3-55　手电钻　　　　　　　图 3-56　什锦锉

（3）钢锯。在无人机装配中，钢锯用于碳管、碳纤维板等配件的加工制作。钢锯如图 3-57 所示。

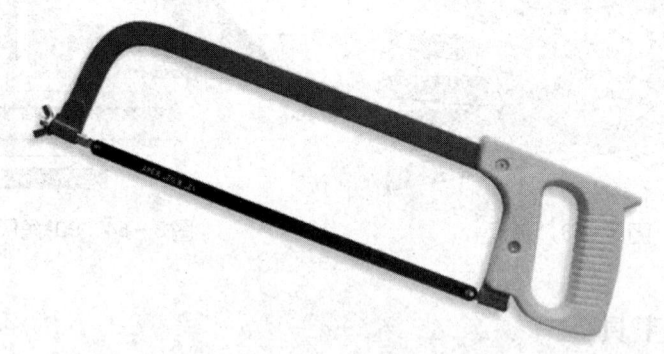

图 3-57　钢锯

七、工具清点与保管

工具的清点是装配工作中极为重要的一个环节。装配人员在各种规定的时点，都要依据工具清单逐一进行清点工具，从而保障工具的实际数量、编号和工具清单上的数目一致，杜绝将工具随意丢在无人机上或其他地方，避免出现工作差错。

工具保管应做到以下几点：

（1）做标记，制清单，专人保管。工具必须有专门部门或专人管理，并建立保管制度。建立健全工具使用登记制度，常用工具与不常用工具分开管理。在保管期间，工具增、减变动时应在清单上登记。

（2）勤清点，不乱放，严防丢失。所有工具应放在工具箱内，工作中不得随意乱放，不准将工具带出工作场所，不得将工具放在无人机上。在工作过程中，对工具要坚持三清点：一是工作前要清点，二是工作中或转移工作场所要清点，三是工作结束后要清点。当发现工具丢失时，应及时报告，并认真查找。

（3）不乱用，不抛掷，注意爱护。工具应按其用途科学使用，不得随意代用，不得抛掷或随意敲打，以防损坏。

（4）常擦拭，防锈蚀，定期检查。在工作结束后，应将工具擦洗干净。对不常用的工具设备要涂油保存，并定期进行保养和检查，防止锈蚀。

学习单元2　无人机机械装配量具

一、功用

专用量具用于机械装配几何尺寸检测及装配零部件功能参数测量。

二、分类

无人机装配常用的量具有钢直尺、游标卡尺、数字万用表。

1. 钢直尺

钢直尺用于装配部件装配前、装配后几何尺寸的测量，是最基本的量具，一般用于精度要求不高的测量，可以直接测量出长度。钢直尺如图3-58所示。

2. 游标卡尺

游标卡尺用于测量机件的外径、内径、长度、宽度、厚度、深度和孔距等，

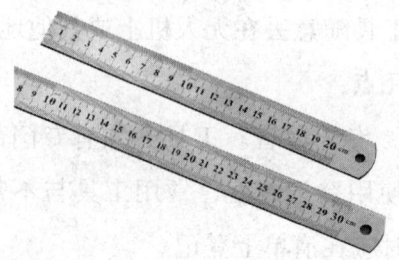

图 3-58 钢直尺

是一种常用的量具,具有结构简单、使用方便、精度中等和测量的尺寸范围大等特点。游标卡尺如图 3-59 所示。

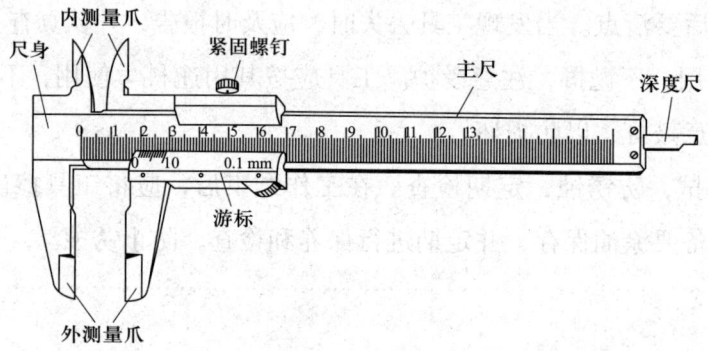

图 3-59 游标卡尺

3. 数字万用表

数字万用表是一种多用途电子测量仪器,可以通过测量电流、电压、电阻值,诊断零部件及电路的故障。数字万用表由显示屏、测量挡位选择开关等组成,如图 3-60 所示。

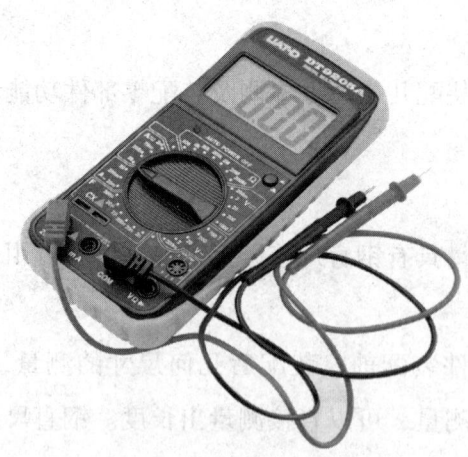

图 3-60 数字万用表

培训课程 6

无人机机械装配工艺基础知识

学习单元1　无人机机械装配工艺

一、装配概述

1. 装配术语

（1）装配。装配是按技术要求，将若干零件结合成部件或若干零件和部件结合成无人机的过程。前者称为部件装配，后者称为总装配。装配是无人机制造过程中的最后阶段，装配工作的好坏，对产品质量和使用性能起着决定性的作用。虽然某些零件的精度不是很高，但经过仔细的修配、精确的调整后，仍可装配出性能良好的产品。研究装配工艺，选择合适的装配方法，制定合理的装配工艺过程，不仅能保证产品质量，也能提高生产率，降低制造成本。

（2）装配的校正。装配的校正是指装配过程中相关零部件相互位置的找正、找直、找平及相应的调整工作。

（3）装配的调整。装配的调整是指调节零件或机构的相对位置、配合间隙和接合部位松紧等，如轴承间隙、齿轮啮合的相对位置和摩擦离合器松紧的调整。

（4）装配的配作。配作是指零件配钻、配铰、配刮和配磨等，以及装配过程中附加的一些机械加工和钳工操作。其中，配钻和配铰要在校正、调整，并紧固连接螺栓后再进行。

（5）装配方法。为了保证装配的精度要求，机械制造中常用以下四种装配方法：

1）互换装配法。在装配时，各配合零件不经修配、选择或调整即可达到装配精度的装配方法，称为互换装配法。特点：装配简单，生产率高。

2）分组装配法。在成批、大量生产中，将产品各配合副的零件按实测尺寸分组，然后按相应的分组进行装配，在相应组进行装配时无须再选择的装配方法，称为分组装配法。特点：经分组后再装配，提高了装配精度。

3）调整装配法。在装配时，根据装配实际的需要，改变产品中可调整零件的相对位置或选用合适的调整件以达到装配精度的方法，称为调整装配法。特点：零件无须任何修配即可达到很高的装配精度。

4）修配装配法。在装配时，根据装配的实际需要，在某一零件上去除少量预留修配量，以达到装配精度的方法，称为修配装配法。特点：零件的加工精度可大大降低，无须采用高精度的加工设备，就能得到很高的装配精度。

（6）装配流程。把已经加工好，并经检验合格的单个零件，通过各种形式，依次将零部件连接或固定在一起，使之成为部件或产品的过程，称为装配流程。

（7）装配后的质量检验。质量检验也称技术检验，即采用一定检验手段和检查方法测定产品的质量特性，并把测定结果同规定的质量标准作比较，从而对产品或一批产品作出合格或不合格判断的质量管理方法。其目的在于，保证不合格的原材料不投产，不合格的零件不转下道工序，不合格的产品不出厂；并收集反映质量状况的数据资料，为测定和分析工序能力，监督工艺过程，改进装配质量提供依据。

2. 装配精度

装配精度是装配工艺的质量指标，不仅影响无人机或部件的工作性能，也影响它们的使用寿命。

（1）影响装配精度的参数。

1）零部件间的尺寸精度。

2）零部件间的位置精度（平行度、垂直度、同轴度和各种跳动等）。

3）零部件间的相对运动精度（有相对运动的零部件间在运动方向和运动位置上的精度）。

4）零部件间的配合精度（配合面间达到规定的间隙或过盈要求）。

5）零部件间的接触精度（配合表面、接触表面和连接表面达到规定的接触面积大小和接触点分布的情况）。

(2) 装配精度的检验。装配精度的检验就是用检测工具对产品的精度进行检验。

3. 装配工艺

装配工艺是指装配无人机的过程中对装配流程、装配技术要求、装配检测等作出的规定和要求，以保证无人机的装配质量。

无人机机体的装配准确度，直接影响到无人机的使用性能以及生产的互换性。因此，保证无人机机体的装配准确度，是无人机装配工作的主要任务。无人机机体装配准确度的要求主要包括以下方面：

(1) 外形要求。对于不同类型的无人机，其要求是不同的，不同部件要求也不同。翼面部件比机身部件要求高，部件最大剖面之前比最大剖面之后要求高。

(2) 表面平滑度要求。表面不平滑误差包括铆钉、螺钉、焊点处的局部凸凹缺陷，蒙皮对缝间隙和阶差等。蒙皮对缝间隙允许值是按平行和垂直气流方向分别规定的，对缝阶差允许值是按顺气流和逆气流方向分别规定的。

(3) 位置准确度要求。部件内部组合件和零件的位置准确度是对基准轴线的位置要求，如大梁轴线、翼肋轴线、隔框轴线、长桁轴线等的实际装配位置相对于理论轴线的位置偏差。一般规定大梁轴线允许的位置偏差和不平度范围为（±0.5~±1.0）mm，普通翼肋轴线的位置偏差范围为（±1~±2）mm，长桁轴线的位置偏差为±2 mm等。

上反角（或下反角）、安装角和后掠角可用于表示无人机尾翼相对于机身的位置准确度。阶差、剪刀差和间隙可用于表示各操纵面相对于固定翼面位置的准确度。同轴度可用于表示机身各段间的相对位置准确度。

4. 装配流程工艺

装配流程是装配过程中的工作步骤，主要包括装配前对零部件的清理和清洗、测试、组装、平衡试验及调试等。

(1) 清理和清洗。如果零部件装配面表面存留杂质，会迅速磨损机器的摩擦表面，严重的会使机器在很短的时间内损坏，特别是轴承、密封件、转动件等。

装配前，清除零件上的残存物，如型砂、铁锈、切屑、油污及其他污物；装配后，清除在装配时产生的金属切屑，如钻孔、铰孔、攻螺纹等加工的残存切屑。

(2) 测试。测试即校正、调整、精度检验等。

(3) 组装。组装又称零件的连接，是装配的核心工作。

(4) 平衡试验。对转速较高、旋转平稳性要求较高的机器，为防止其在工作时出现不平衡的离心力和振动,应对其旋转零部件进行平衡。用试验的方法确定出其不平衡量的大小和方位,采取措施,从而消除因此引起的振动。

(5)调试。调试是无人机装配完成后,按设计要求进行的工作可靠性、工作稳定性、工作时的温度、功率等参数的设置与调整。

二、装配件结构

装配件结构是指装配的每一个部件都有自己特殊的功能和合理的产品结构,可以通过多种装配形式,获得结构互不相同、属于同一产品族的不同型式产品。

1. 装配件结构的要求

(1)产品零件可互换,尽量多地采用标准件构成。
(2)各个部件可以单独进行测试。
(3)连接的零件数量越少越好。
(4)重量轻,体积小,结构简单。
(5)符合客户的特殊要求的零部件应在最后进行装配。

无人机的装配就是完全按照客户的要求进行的个性化生产。

2. 无人机的装配件结构

无人机结构的可划分性首先取决于结构设计,即无人机结构上是否存在相应的分离面。而且划分出来的装配件,必须具有一定的工艺刚度。这是在无人机结构设计过程中应全面、周密考虑的主要问题之一,使所设计的无人机不仅能满足构造和使用上的要求,还必须同时满足生产工艺上的要求。

无人机机体结构划分成许多装配单元后,两相邻装配单元间的对接接合处就形成了分离面,一般可分为两类。

(1)设计分离面。设计分离面是根据构造上和使用上的要求而确定的。设计分离面都采用可卸连接(如螺栓连接、铰链连接等),而且一般要求它们具有互换性。

(2)工艺分离面。工艺分离面是由于生产上的需要,为了合理地满足工艺过程的要求,按部件进行工艺分解而划分出来的分离面。

三、装配工艺组织形式

1. 固定式

固定式装配工艺是指在一个工作位置上完成全部装配工序的工艺。固定式装配工艺由一组装配工完成全部装配作业,手工操作比重大,生产率较低,大多用于单件、中小批生产的产品以及大型机械的装配。

2. 移动式

移动式装配工艺是指在多个工作位置上来完成全部装配工序的工艺。移动式装配工艺分为连续移动式装配工艺和间歇移动式装配工艺两类。

(1) 连续移动式装配工艺。连续移动式装配工艺是指产品在连续几个工作位置上完成装配,中间不能间断,否则会影响后续的生产。

(2) 间歇移动式装配工艺。间歇移动式装配工艺是指产品在几个工作位置直接、有节奏地完成装配工作。

四、影响装配工艺的因素

机械装配应严格按照装配图样及工艺要求进行装配,影响装配工艺的因素有环境因素和人为因素。

1. 环境因素

(1) 装配环境。装配环境要求清洁,不得有粉尘或其他污染。

(2) 部件摆放。部件应存放在干燥、无尘、有防护垫的场所。

(3) 工具摆放。装配工具应有专门的摆放设施。

2. 人为因素

(1) 防人为损伤。装配过程中零件不得磕碰、切伤,不得损伤零件表面。

(2) 损伤检查。零件应无明显弯扭变形,零件的配合表面不得有损伤。

(3) 防磨损。相对运动的零件装配时,接触面应加润滑油或润滑脂,防止磨损。

(4) 防踩踏。装配时不允许踩踏机件。

学习单元 2　无人机机械装配工艺文件

一、工艺文件

工艺文件是指导生产操作,编制生产计划,调动劳动组织,安排物资供应,进行技术检验、工装设计与制造、工具管理、经济核算等的依据。无人机机械装配工艺文件主要包括工具使用规定、设备使用规定、工卡、应急预案等内容。

1. **工具使用规定**

（1）所有工具和量具要作标记，以免各部门的工具和量具相混。

（2）工具和量具应专人管理，登记清单，并建立分类保管制度，严格履行借用手续。

（3）装配工作中，未经登记的工具和量具，严禁使用。

（4）所用工具应按用途使用，不得互相代用，不得抛掷。

（5）量具使用时不要用力过猛、过大，不要测量发热或转动的工件，不要用精密量具测量粗糙工件。

2. **设备使用规定**

（1）所用设备应按用途使用，设备应处于良好状态。不得随意互相代用，也不得抛掷或随意敲打，以防损坏。

（2）所用设备使用时要查看有效标签，要选择合适量程，按照测量目标值正确选择单位和精度。

3. **工卡**

（1）工卡确定装配工作的具体内容和步骤。根据产品的结构和装配精度的要求，确定各装配工序的具体内容和安全注意事项。

（2）工卡确定装配工艺方法及设备。必须选择合适的装配方法及所需的设备、工具、夹具和量具等。

（3）工卡确定装配顺序。各级装配单元装配时，先要确定一个基准件进行装配，然后安排其他零件、组件或部件进行装配的顺序。

（4）确定工时定额及工人的技术等级。装配的工时定额大都根据实践经验估计，工人的技术等级并不作严格规定。但必须安排有经验的、技术熟练的工人在关键的装配岗位上操作，以把好质量关。

4. **应急预案**

应急预案指面对突发事件如自然灾害、重特大事故、环境公害及人为破坏的应急管理、指挥、救援计划等。

应急预案应形成体系，针对各级各类可能发生的事故和所有危险源制定专项应急预案和现场处置方案，并明确事前、事发、事中、事后的各个过程中相关部门和有关人员的职责。生产规模小、危险因素少的生产经营单位，综合应急预案和专项应急预案可以合并编写。

二、装配工艺文件内容

1. 装配准备内容

（1）工作前应先检查工具及其用具是否完整，经检查后方可进行工作。

（2）一定要按装配工艺流程进行装配，对装配前的零部件进行认真清点和复核。

（3）合理选择装配工具和设备。

（4）密封面的研磨一定要注意安全，一定要将大的工件压紧，方可操作。研磨结束后，一定要注意切断电源。

2. 装配步骤内容

（1）任务分析。根据装配任务进行任务分析。

（2）图样分析。分析产品图样，掌握装配的技术要求和验收标准。

（3）工艺分析。对产品的结构进行尺寸分析和工艺分析，在此基础上，结合产品的结构特点和生产批量，确定保证达到装配精度的装配方法。

（4）方案预演。研究产品分解成装配单元的方案，以便组织平行、流水作业。

3. 确定装配的组织形式

确定装配的组织及工位、工序。

4. 拟定装配工艺过程

（1）部件准备。去掉工件毛刺与飞边，并预先进行清洗、防锈、防腐、干燥处理和防磕碰处理（装配前准备）。

（2）装配顺序。装配的一般原则：先下后上、先内后外、先难后易、先重大后轻小、先精密后一般。

1）先基础重大件，后其他轻量件（如机床底座）。

2）先复杂、精密件，后简单、一般件（如主轴件）。

3）装配时，有冲击的、需加压的、加热的先装配。

4）使用相同设备和工艺装备的装配和有共同特殊装配环境的装配集中安排。

5）电气线路、油气管路的安装应与相应的工序同时进行。

6）易燃、易爆、易碎、有毒的后装配（如润滑系统）。

7）前道装配工序应不影响后面装配工序的进行，后面装配工序应不降低前面装配工序的质量。

5. 编写装配工艺文件

编写装配工艺过程卡和装配工序卡。在单件小批生产中，一般只编写工艺过程卡，对关键工序才编写工序卡。在生产批量较大时，除编写工艺过程卡外，还需编写详细的工序卡及工艺守则。

三、装配工艺要求

1. 调整要求

对编写完成的装配工艺文件，采取交叉方式进行检查，按照装配工艺文件进行装配预演，即使用各种手段进行查错和排错，并对查找出的漏洞或差错进行完善、调整。工艺编写人员与检查人员不应该是同一个人。

2. 精度检验要求

精度检验是采用一定检验测试手段和检查方法测定产品的精度，并把测定结果同规定的质量标准作比较，从而对产品或一批产品作出合格或不合格判断。精度检验的"三不"如下：

（1）不投产。保证不合格的原材料不投产。

（2）不转入下一道工序。保证不合格的零件不转入下一道工序。

（3）不出厂。保证不合格的产品不出厂。

3. 试车

试车是无人机装配后，按设计要求进行的运行试验，包括运转灵活性、工作可靠性、控制同步性、功能可靠性、性能达标性、结构可靠性等。

四、成品工艺内容

1. 喷漆

喷漆是为了防止不加工面锈蚀和使产品外表美观。

2. 涂油

涂油是使产品工作表面和零件的已加工表面不生锈。

3. 扫尾

扫尾是前期工作的检查确认，使之最终完整并符合要求。

4. 装箱

装箱是产品的保管，等待产品发运。

5. 保存

保存是指对装配完成、检验测试符合质量要求的产品进行保管，保证其功能、性能稳定。

五、技术文件

技术文件是指公司的产品设计图样、技术标准、技术档案和技术资料等。

技术文件的修改必须按级、按各职能部门的业务分管范围执行。技术文件修改前，负责修改部门要提出修改理由及具体内容，交有关领导审批。修改后的技术文件必须重新履行会审、会签及批准手续，填发更改通知书。

技术文件存档是指对技术文件进行的登记、保管、复制、收发、注销、归档等工作。

技术文件是公司进行生产和各项管理工作共同的技术依据，必须加强管理，各部门应指定一名专职或者兼职资料员负责各种技术文件的登记、保管、复制、收发、注销、归档和保密工作，保证技术文件的完整。

培训课程 7

无人机机械装配安全防护基础知识

学习单元　无人机机械装配安全管理规定

一、9S 管理规定

9S 管理是指对产品装配前、装配中、装配后整个过程进行的整理、整顿、清扫、清洁、安全、节约、服务、满意、素养等九个方面的管理。

1. 整理（SEIRI）

整理就是将混乱的现场状态收拾成井然有序的状态。

2. 整顿（SEITON）

整顿就是整理散乱的东西，使其处于整齐的状态。其目的是在必要的时候能迅速找到必要的东西。

3. 清扫（SEISO）

清扫就是清除垃圾、污物、异物等，把工作场所打扫得干干净净。

4. 清洁（SEIKETSU）

清洁就是保持工作场所没有污物、非常干净的状态，即一直保持清扫后的状态。

5. 安全（SAFETY）

一切工作均以安全为前提，管理上制定正确作业流程，配置适当的工作人员监督；对不符合安全规定的因素及时消除、制止；加强作业人员安全意识教育；签订安全责任书。

6. 节约（SAVING）

节约，即减少浪费、降低成本。

7. 服务（SERVICE）

服务是指要经常站在客户（外部客户、内部客户）的立场思考问题，并努力满足客户要求。

8. 满意（SATISFACTION）

满意是指客户（外部客户、内部客户）接受有形产品和无形服务后感到需求得到满足的状态。

9. 素养（SHITSUKE）

素养就是在仪表和礼仪两方面做得好，严格遵守企业推行9S管理规定。素养是9S活动核心，没有人员素质的提高，各项活动就不能顺利开展，即使开展了也坚持不了。

二、电、油液和气瓶等使用安全规定

1. 用电安全

用电安全是指在无人机装配过程中使用各种用电设备、仪器和电动工具（如示波器、直流电源、电烙铁和手电钻等）应遵守的各种安全措施：

能切断总电源，会拔电源插头，能进行触电急救，会检查危险电源隐患，知道防触电措施，知道防过载操作，知道防漏电操作，能检查跳闸操作，能遵守雷雨天用电安全操作，等等。

2. 油液使用的安全规定

（1）加添油液前，必须确认牌号符合规定，化验单上有相关负责人"准予加添"的签署，油枪和加油设备清洁完好；特种液体的容器上有明显的识别标志；加添燃料时，加油设备（油车）、无人机的接地线应可靠接地。

（2）重力加添燃料时，油枪要紧贴加油口边缘，不允许给无人机通电、充氧或加温。还应遵守规定的各油箱的加油顺序，并采取措施防止雨雪、尘土和其他杂物落入油箱。压力加添燃料时，按照规程的规定接通无人机的有关用电设备，并遵守有关安全规定。

（3）飞行过程中加添燃料时，每名加油人员都要明确各油箱的加添量，准确地按飞行任务规定的油量加添。加完燃料后，加油人员应进行加添量的复查，并填写无人机放飞单。

（4）在加添过程中，如果发现燃料内有杂物或其他不符合规定的情况，要立即停止加添，并报告现场的相关负责人，查明原因，进行处理。

（5）每次加完油盖油箱盖之前，要检查加油口接合面，不得有杂物，油箱盖密封胶圈应完好，不得有老化、裂纹现象。盖油箱盖时要放平油滤，把油箱盖卡块卡入槽内、装到位，并确实卡好拧紧。

3. 气瓶使用的安全规定

（1）使用各种气瓶之前，应按照国家相关规定的气瓶漆色认真检查识别，确实判明其属性后方能使用。对有怀疑的，超过试压期的，标识不符合规定的，开关不良好的，壳体损伤（裂纹、深腐蚀、变形）的，头部歪斜、松动、损伤或漏气的气瓶，禁止使用。

（2）气瓶的放置应当符合下列要求：

1）不得靠近热源和酸碱等腐蚀物质。

2）夏季不受日光暴晒。

3）不使气瓶跌落或受到撞击。

4）氧气瓶不得与氢气瓶或其他可燃气瓶放置在同一间房子里。氧气瓶和可燃气瓶离明火的距离不得小于 10 m。

（3）从车上卸下气瓶，必须抬下、轻放。各种气瓶没有装橡皮圈时不得在地上滚动。

（4）必须保持各种气瓶的清洁，尤其是氧气瓶和氢气瓶的瓶嘴周围不得有油类、尘土等杂质。

（5）瓶内气体不能用尽，必须留有剩余压力，防止其他气体混入气瓶。

（6）严格遵守交接气瓶的规章制度。

三、无人机调试及试车安全规定

1. 无人机调试时的安全规定

（1）工作人员必须穿戴好工作服装、劳保手套、防护眼镜等劳动保护用具。

（2）调试无人机前要认真检查，如发现不安全情况，应停止使用，及时采取措施。电气设备安装检修后，须经检验后方可使用。

（3）调试时，按照调试流程进行调试，不准做任何与调试无关的事。

（4）按照规定正确使用工具、仪表、设备，防止损坏。

2. 无人机试车时的安全规定

（1）参加试车人员劳动保护用具必须穿戴齐全。

（2）试车前认真清扫现场，做到场地整洁，道路畅通。

（3）试车区域必须设立警戒线，悬挂警示标示牌，并设专人监护，禁止非试车人员进入。

（4）试车过程中，试车人员应密切注意相关仪表指示、信号显示的变化及各种警告信息。当发现发动机温度接近规定的启动极限并有增加趋势、漏油、火警等不安全情况时，应立即停车，查明原因，予以排除后，才能再次启动发动机。

（5）带桨试车应在安全防护区域内进行。

（6）出现下列情况时，不应启动发动机：

1）用易燃液体清洗过发动机，在易燃液体未蒸发完之前。

2）不能确定发动机及航空器各系统工作已完成，或发动机有故障，不能确定开车是否会对发动机造成损坏。

3）当风速超过试车风速的限制时。

4）由于风沙、大雾等影响，能见度很低时。

四、无人机检修的安全规定

1. 无人机检修操作人员应在精神清醒的状态下进行作业，请勿在饮酒、疲劳、服用药物、身体不适等情况下操作。

2. 自行阅读无人机检修指导书或说明书，并明确需检修的部位。

3. 环绕机身进行详细检查前，确保设备各部分，尤其是无人机飞行作业关键部位处于断开状态，硬件安装正确、安全和牢固。

4. 检修时，使用合适或专用的检修工具并正确操作。

5. 注意个人防护，必要时佩戴护目镜、防护手套等。

职业模块 4
电气安装基础知识

培训课程 1

电子电路基础知识

学习单元1 电路基础知识

一、直流电路

1. 直流电路及其组成

（1）直流电路。直流电路是由直流用电电气设备和元器件按一定方式连接而成，能够实现预期功能的直流电电流通路。

（2）直流电路组成。直流电路由电源、中间环节和负载三部分组成。

1）电源。电源是提供电能或信号的设备，它可以把非电能形式的能量转化为电能，如干电池、信号源、电动机等。

2）中间环节。中间环节是连接电源和负载之间的部分，包括导线、开关等。导线传送信号、传输电能。开关接通、断开电路或保护电路，如刀开关、熔断器、漏电保护器等。

3）负载。负载是电路中吸收电能或输出信号的器件，它可以把电能转换成非电能形式的能量，如扬声器、照明灯、电炉等。

2. 电路的参数

（1）电流。电流是单位时间里通过导体任一横截面的电量。电流是由电荷的定向运动形成的。电流的大小用来衡量电磁力的做功能力。电流用大写字母 I 表示，基本单位是安培，简称安，符号为 A。

（2）电压。电场力把单位正电荷从电场中的 a 点移到 b 点所做的功 W，称为

a、b 间的电压 U，即：

$$U_{ab}=\frac{W_{ab}}{q} \tag{4-1}$$

电压的基本单位是伏特，简称伏，符号为 V。常用的单位还有千伏（kV）、毫伏（mV）、微伏（μV）。

$$1\ \text{kV}=1\times10^3\ \text{V}=1\times10^6\ \text{mV}=1\times10^9\ \mu\text{V} \tag{4-2}$$

电压的实际方向规定为正电荷在电场中受电场力作用的方向。电压方向一般很难确定，可以假定一个电压的方向，这个假定的方向称为电压的参考方向。电压的参考方向可以用双下标表示，如 U_{ab} 表示电压参考方向由 a 点指向 b 点，也可以用"+""-"表示。

在设定参考方向后，若分析计算得出的电压结果为正值，说明电压的实际方向与参考方向相同。若计算结果为负值，说明电压的实际方向与参考方向相反。

电流与电压的参考方向可以任意设定，但在电路分析时往往把它们的方向设为一致，称为关联参考方向，否则称为非关联参考方向。

（3）电位。电位是电路中某点到参考点之间的电压，单位是伏特，符号为 U。电路中两点之间的电压等于两点电位之差，即：

$$U_{ab}=U_a-U_b \tag{4-3}$$

（4）电动势。电动势是衡量电源力对电荷做功能力的物理量，是电源力把单位正电荷从电源的负极移到正极所做的功，用 E 表示，有：

$$E=\frac{W}{q} \tag{4-4}$$

（5）电功率。电功率表示单位时间内电流所做的功，简称功率，单位是瓦特，简称瓦，符号为 W，即：

$$P=\frac{W}{t}=\frac{UIt}{t}=UI \tag{4-5}$$

计算功率时，必须设定一个元件上电流和电压的参考方向。当电压和电流为关联参考方向时，若 $P>0$，则该元件为负载，吸收功率；若 $P<0$，则该元件是电源，发出功率。

3. 电路的基本元件

（1）电阻元件。电流在导体中流动通常要受到阻碍作用，这种阻碍作用称为电阻。电阻用 R 表示，国际单位是欧姆，简称欧，符号为 Ω。

在温度一定的条件下,电阻两端的电压与通过它的电流之间的关系称为伏安特性。当电压与电流成正比例关系,即电阻为线性电阻,其两端电压与电流服从欧姆定律,即:

$$U = RI \qquad (4-6)$$

(2) 电感元件。电流通过导体时,在它周围会产生磁场,如果把导体绕成线圈通入电流,则可以增强线圈内的磁场。当线圈中的电压、电流取关联参考方向,电动势参考方向与电压降方向一致时,则有:

$$u = L\frac{d_i}{d_t} \qquad (4-7)$$

电感的符号为 L,单位是亨(H)。

(3) 电容元件。电容由两块导体极板隔以绝缘物质组成。在电容器的两个极板间加上电源后,极板上分别积聚起等量的异性电荷,在介质中建立起电场,同时储存电场能量。

电路中电压、电流取关联参考方向时,有:

$$i = C\frac{d_u}{d_t} \qquad (4-8)$$

电容的符号为 C,单位是法(F)。

(4) 理想电压源。理想电压源是一个理想的二端电路元件,其电压是定值或是时间的函数,与外电路无关,而通过电压源的电流取决于外电路。

通常用的直流稳压源可认为是一个理想电压源,如果一个电压源的内阻为零,则称为理想电压源。

(5) 理想电流源。若电源输出电流的大小是恒定的,不会随负载的改变而变化,则该电流源称为理想电流源。

理想电流源输出的电流与外电路无关,其两端电压取决于外电路。

4. 电路的三种工作状态

(1) 空载状态。将电源与负载断开,电路中的电流为零,这种状态称为空载或开路,电源不能输出电能。

(2) 负载状态。接通电源与负载,就是电源有载工作,即工作状态为负载。

(3) 短路状态。电源两端没有经过负载而直接连在一起时,称电源被短路。电源短路时,外电路的电阻为零,短路电流很大,可使电源损伤或毁坏。在电路中接入熔断器或自动断路器，以便发生短路时，能迅速将故障电路自动切断。

5. 电路的分析方法

（1）等效电路。如果两个电路具有完全相同的伏安特性，则称这两个电路为等效电路或等效网络。将电路某个部分用其等效电路替代，该过程称为等效变换。

1）电阻的串联。两个或多个电阻依次相接，各电阻中通过同一电流，称为电阻的串联。

串联电阻有三个特点：通过各电阻的电流相等，串联电路的总电压等于各电阻上电压的代数和，串联电路的总电阻等于各电阻之和。

2）电阻的并联。两个或多个电阻并列连接在两个公共的节点之间，这样的连接法称为电阻的并联。

并联电阻有三个特点：各电阻两端的电压相等，并联电路的总电流等于各支路电流的代数和，并联电路的总电阻的倒数等于各电阻倒数之和。

（2）基尔霍夫定律。基尔霍夫定律包括基尔霍夫电流定律 KCL 和基尔霍夫电压定律 KVL。KCL 是指在任一瞬间，流向某一节点的电流之和恒等于由该节点流出的电流之和；KVL 是指在任一瞬间，沿电路中的任一回路绕行一周，在该回路上电动势之和恒等于各电阻上的电压降之和。

支路：电路中流过同一电流的每一个分支称为支路。

节点：三条或三条以上支路的连接点称为节点。

回路：电路中任意闭合路径称为回路。

网孔：中间无支路穿过的回路称为网孔。

二、正弦交流电路

1. 正弦交流电路的定义

正弦交流电路是指随时间按照正弦函数规律变化的交流电（电压和电流）流经的途径。正弦交流电有最大值、角频率、初相位三个要素。

（1）频率与周期。电路中按正弦规律变化的电压或电流，称为正弦量。正弦电压瞬时表达式为：

$$u = U_m \sin(\omega t + \varphi) \tag{4-9}$$

正弦交流电每秒内完成周期性变化的次数称为频率，用 f 表示，单位是赫兹（Hz）。正弦量完成一个循环所需要的时间称为正弦量的周期，用 T 表示，单位是秒（s）。频率与周期的关系为：

$$f = \frac{1}{T} \tag{4-10}$$

式（4-9）中 ω 为角频率，指正弦量在单位时间内变化的电角度，单位是弧度/秒（rad/s）。ω 与 f、T 间的关系为：

$$\omega = 2\pi f = \frac{2\pi}{T} \tag{4-11}$$

（2）最大值。正弦量在任一瞬间的值称为瞬时值。瞬时值中最大的值称为幅值或最大值。

将交流电 i 和直流电流 I 分别加到两个阻值相同的电阻上，如果两个电阻在相同时间内消耗的电能一样，则称直流电流 I 为交流电流 i 的有效值。

（3）初相位。式（4-9）中 $\omega t + \varphi$ 称为交流电的相位。$t=0$ 时，$\omega t=0$，此时的相位为初相位，它表示交流电初始状态的物理量。

正弦交流电路中，大小与方向均随时间按正弦规律做周期性变化的电流、电压、电动势叫作正弦交流电流、正弦交流电压、正弦交流电动势。

I_m、U_m、E_m 分别叫作正弦交流电流、正弦交流电压、正弦交流电动势的振幅（也叫作峰值或最大值）。

2. 正弦交流电路的分析方法

正弦交流电路同样可使用基尔霍夫定律进行分析。

在正弦交流电路中，基尔霍夫电流定律为：

$$\sum I = 0 \tag{4-12}$$

在正弦交流电路中，基尔霍夫电压定律为：

$$\sum U = 0 \tag{4-13}$$

学习单元2　模拟电路与数字电路基础知识

模拟电路是处理模拟信号的电路。数字电路是用数字信号完成对数字量进行算术运算和逻辑运算的电路。

一、基本放大电路

基本放大电路是将微弱信号放大成较大信号（能够测量和应用的数值）的电路。

1. 基本放大电路的组成

基本放大电路是由一个三极管组成的放大电路，由电压放大和功率放大两部分组成。

首先微弱信号由电压放大电路放大，再由功率放大电路输出足够大的功率去驱动执行元件。即利用三极管的控制作用，把输入的微弱信号不失真放大到所需要的数值，从而把直流电源的部分能量转化为按输入信号的规律变化且有较大能量的输出信号。

2. 电路的分析方法

（1）分析类型。对放大电路的分析，包括静态分析和动态分析两种。

1）静态分析能够确定电路的静态工作点，以判断电路能否正常放大。

2）动态分析是分析有输入信号时的工作状态，确定放大电路的电压放大倍数 A_u、输入电阻 r_i 和输出电阻 r_o 等。

3）电容具有隔直流的作用，对直流信号而言，电容可以视为开路。交流通路是交流信号所通过的路径，电容可视为短路。

（2）多级放大电路。将若干单极放大电路连接起来所组成的电路称为多级放大电路。在多级放大电路中，输入级的输入电阻较高，以便同高内阻的输入信号源匹配。中间级常采用共发射极放大电路，主要承担电压放大任务。输出级与负载直接相连，承担电路功率放大任务。

（3）反馈放大电路。将放大电路的输出量的一部分或全部，经过一定的电路（反馈网络）反送到输入端，这一过程称为反馈。具有反馈的放大电路称为反馈放大电路。在输入信号不变的情况下，若反馈信号使放大器的净输入量减小，则称为负反馈，否则称为正反馈。

（4）差动放大电路。差动放大电路由两个完全相同的共发射极单管放大电路组成。差动放大电路有两个输入端和两个输出端，输入方式由信号源决定，可以双端输入，也可以单端输入。输出方式取决于负载，可以双端输出，也可以单端输出。按信号的输入、输出方式有双端输入－双端输出、双端输入－单端输出、单端输入－双端输出、单端输入－单端输出四种接法。

（5）集成运算放大器。集成运算放大器由直流放大电路和深度电压负反馈网络构成，是以三极管为基础的高增益差动放大器。集成运算放大器作为电子线路的基本元件，其应用遍及电子信号测控的各个领域。

二、门电路与组合逻辑电路

1. 门电路

用以实现基本逻辑运算和复合逻辑运算的单元电路称为门电路。

在数字电路中，门电路是最基本的逻辑元件，应用广泛。门电路实质上是一种开关，在一定条件下它能让信号通过，条件不满足，信号就通不过。门电路的输入信号与输出信号之间存在一定的逻辑关系，所以门电路又称逻辑门电路。基本逻辑门电路是逻辑与门、逻辑或门和逻辑非门。

门电路是有两个或两个以上输入端和一个输出端的逻辑电路。

（1）逻辑电路。只有决定事件的全部条件同时具备时，这一事件才会发生，这种逻辑关系称为与逻辑。与门电路是具有两个或两个以上输入端和一个输出端的逻辑电路。

在决定事件的各条件中，有一个或一个以上的条件具备时，这一事件就会发生，这种逻辑关系称为或逻辑。或门电路是具有两个或两个以上输入端和一个输出端的逻辑电路。

（2）非逻辑电路。条件和结果的发生处于相反的状态，这种逻辑关系称为非逻辑。非门电路是只有一个输入端和一个输出端的逻辑电路。常用的有与非门、或非门、与或非门等。

2. 组合逻辑电路

组合逻辑电路是将基本门（与门、或门和非门）电路组合成复合门的电路，用以实现较复杂的逻辑功能。

组合逻辑电路由与门、或门、与非门、或非门、与或非门电路组成。

逻辑代数是研究逻辑关系的数学，是分析与设计逻辑电路的数学工具。逻辑代数用字母代表变量，逻辑变量的取值只有 0 和 1，代表两种相反的逻辑状态。逻辑代数运算遵循基本定律：

（1）交换律。
$$A + B = B + A \tag{4-14}$$
$$A \cdot B = B \cdot A \tag{4-15}$$

（2）结合律。
$$A + (B + C) = (A + B) + C = B + (A + C) \tag{4-16}$$
$$A \cdot (B \cdot C) = (A \cdot B) \cdot C = B \cdot (A \cdot C) \tag{4-17}$$

（3）分配率。
$$A + (B \cdot C) = (A + B) \cdot (A + C) \tag{4-18}$$
$$A \cdot (B + C) = (A \cdot B) + (A \cdot C) \tag{4-19}$$

（4）吸收率。
$$A + (A \cdot B) = A \tag{4-20}$$
$$A \cdot (A + B) = A \tag{4-21}$$

（5）反演律（摩根定律）。
$$\overline{A + B} = \overline{A} \cdot \overline{B} \tag{4-22}$$
$$\overline{A \cdot B} = \overline{A} + \overline{B} \tag{4-23}$$

在已知电路的前提下，组合逻辑电路的分析是研究电路输出与输入间的逻辑关系，得到电路所实现的逻辑功能。分析的一般步骤：由已知的逻辑图写出逻辑式，将逻辑式简化，列出真值表，根据真值表和表达式确定逻辑功能。组合逻辑电路的设计是根据给定的逻辑要求设计出最简单的逻辑图，其设计步骤与分析步骤相反。

（6）编码器。数字电路中，用多位二进制数码的组合表示某种信号的过程，称为编码。实现编码功能的逻辑器件称为编码器。编码器是多输入多输出电路，对每一个有效的输入信号，输出唯一的二进制编码与之对应。

常用的编码器有二进制编码器和二十进制编码器。二十进制编码器是将十进制的十个数码 0~9 编成二进制代码的电路。输入的是 0~9 十个数码，输出对应的二进制码，称为二十进制码，简称 BCD 码。

（7）译码器。译码和编码的过程相反，译码是将二进制代码变换成信息的过程，具有译码功能的逻辑电路称为译码器。

常用的译码器有二进制译码器、显示译码器。

二进制译码器的输入是一组二进制码，如果是两位二进制数，则有两个逻辑变量，四种输出状态。变换成信息时，需要两根输入线，四根输出线。用四根输出线的输出电平表示二进制代码。一般一个 n 位二进制数有 n 个逻辑变量，2^n 个输出状态，译码器需要 n 根输入线，2^n 根输出线。二进制译码器可分为 2/4 线译码器、3/8 线译码器、4/16 线译码器等。

数码显示器又称数码管，用以显示数字、文字或符号的器件，一般有液晶显示器、发光二极管显示器、荧光数码管等。

发光二极管显示器又称半导体数码管，是一种将电能转换成光能的发光器件，其基本单元是 PN 结，当外加正向电压时，可发出清晰的光亮。

学习单元 3 半导体器件

一、半导体

半导体是指常温下导电性能介于导体与绝缘体之间、导电性可控的材料。

1. 分类

目前常见的半导体有元素半导体、无机合成物半导体、有机合成物半导体、非晶态半导体、本征半导体五类。

2. 应用

（1）元素半导体。元素半导体是指单一元素构成的半导体，其中硅、锗性能好，运用得比较广。硒在电子照明和光电领域中应用，硅在半导体工业中运用得多。

（2）无机合成物半导体。无机合成物半导体主要通过单一元素构成半导体材料，当然也有多种元素构成的半导体材料。主要运用到光电集成电路、抗核辐射器件、LED 等中。

（3）有机合成物半导体。有机化合物是指分子中含有碳键的化合物，把有机化合物和碳键垂直叠加能够形成导带，通过化学的添加，能够让其进入能带，这样可以发生电导，从而形成有机化合物半导体。这一半导体主要用于有机薄膜、有机照明等方面。

（4）非晶态半导体。它又被叫作无定形半导体或玻璃半导体，属于半导电性的一类材料。主要运用到太阳能电池和液晶显示屏中。

（5）本征半导体。本征半导体是指不含杂质且无晶格缺陷的半导体。无晶格缺陷的纯净半导体的电阻率较大，实际应用不多。

二、半导体二极管

半导体二极管是指利用半导体特性的两端电子器件。

1. 组成

半导体二极管由一个 PN 结、阳极引线、阴极引线以及封装外壳构成，具有单向导电性。

2. 分类

从结构上二极管可分为点接触型、面接触型以及平面型三类。

点接触型二极管适用于高频和小功率场合。

面接触型二极管一般用作整流。

平面型二极管适用于大功率整流管和数字电路中的开关管。

3. 应用

二极管的应用非常广泛，可用于检波、钳位、开关、稳压、恒流、变容、发光及光电转换、保护、整流以及限幅电路。

三、半导体三极管

三极管是一种具有电流放大作用的半导体器件。在电子线路中广泛应用。

1. 组成

三极管由两个 PN 结、三个区（集电区、基区、发射区），并引出三个电极构成。

2. 分类

按组合形式，三极管可分为 NPN 型和 PNP 型两种。

按所用半导体材料，三极管分为硅管和锗管。

按功率，三极管可分为大、中、小功率管。按频率，三极管可分为低频管和高频管。

3. 伏安特性

三极管各电极间电压与电流的关系，称为伏安特性。三极管伏安特性具有输入特性和输出特性。

输入特性是指在集射极电压为常数时，基极电流与集射极电压的关系曲线。

输出特性是指在基极电流为常数时，集电极电流与集射极电压之间的关系曲线。

培训课程 2

电气识图知识

学习单元1　电气图的基本知识

一、电气图

电气图是一种遵守国家相关标准制作的特殊专业技术图。

电气图一般由电路接线图、技术说明、主要电气设备（或元件）明细表和标题栏四部分组成。

二、电气图的作用

电气图的作用是使用图形符号、带注释的围框或简化外形来表示系统或设备中各组成部分之间相互关系及其连接关系。

三、电气符号

电气图中使用的电气符号有图形符号、文字符号、项目代号。

1. 图形符号

（1）图形符号定义。图形符号是用以表示一个设备的图形、标记或字符的符号。

（2）图形符号组成。图形符号含有符号要素、一般符号和限定符号，通常用于图样或其他文件。

1）符号要素。符号要素是一种具有确定意义的简单图形，必须同其他图形结合构成一个设备的完整符号。

2）一般符号。一般符号用以表示一类产品和此类产品特征的一种简单的符号。

3）限定符号。限定符号是加在其他符号上提供附加信息的符号。

2. 文字符号

（1）文字符号定义。文字符号是用于电气技术领域中技术文件的编制，也可标注在电气设备、装置和元器件上或近旁，表示电气设备、装置和元器件的名称、功能、状态和特性的符号。

（2）文字符号分类。文字符号有基本文字符号和辅助文字符号。

1）基本文字符号有单字母符号和双字母符号两种。

①单字母符号按拉丁字母顺序将各种电气设备、装置和元器件划分为二十三大类，每一类用一个专用单字母符号表示。

②双字母符号由一个表示种类的单字母符号与另一个字母组成，且单字母符号在前，另一个字母在后排列。

2）辅助文字符号用来表示电气设备、装置和元器件以及电路的功能、状态和特征。辅助文字符号也可放在表示种类的单字母符号之后组成双字母符号，还可单独使用。

3. 项目代号

（1）项目代号定义。项目代号是用以识别图、表图、表格中和设备上的项目种类，并提供项目的层次关系、实际位置等信息的一种特定代码。

（2）项目代号组成。项目代号由拉丁字母、阿拉伯数字、特定的前缀符号，按照一定规则组合成（高层代号段，前缀符号为"="）（种类代号段，前缀符号为"－"）（位置代号段，前缀符号为"+"）（端子代号段，前缀符号为":"）四部分。

1）高层代号是指系统或设备中任何较高层次项目的代号。

2）种类代号用于识别项目种类，由字母代码和数字组成。用顺序数字表示图中各个项目，同时将这些顺序数字和它所代表的项目排列于图中或另外的说明书里，对不同种类的项目采用不同组别的数字编号。

3）位置代号是指项目在组件、设备、系统或建筑物中的实际位置的代号，由自行规定的拉丁字母或数字组成。

4）端子代号只与种类代号组合，可采用数字或大写字母。

四、电气图的分类

电气图分为系统图（或框图）、电路图、位置图、接线图、电气平面图、逻辑图、设备元件和材料表、产品使用说明书上的电气图及其他电气图等。

1. 系统图（或框图）

系统图（或框图）是用符号或带注释的框概略表示系统或分系统的基本组成、相互关系及其主要特征的一种简图。电气系统图常用于系统或成套装置，框图用于分系统或设备。

系统图或框图布局采用功能布局法，可清楚表达过程和信息的流向，控制信号流向与过程流向互相垂直。

2. 电路图

电路图是以电路的工作原理和分析电路方便为原则，用国家标准规定的电气图形符号和文字符号，按工作顺序将图形符号从上而下、从左到右排列，详细表示电路、设备或成套装置的工作原理、基本组成和连接关系。电路图表示电流从电源到负载的传送情况和电气元件的工作原理，可便于理解、分析及计算电路特性和参数，为测试和寻找故障提供信息，为编制接线图、安装和维修提供依据。

3. 位置图

位置图是表示成套装置和设备中各个项目的布局、安装位置的图，采用正投影法，一般用图形符号绘制。

4. 接线图

接线图或接线表是表示成套装置、设备、电气元件的连接关系，用以进行安装接线、检查、试验与维修的一种简图或表格。

5. 电气平面图

电气平面图是表示电气工程项目的电气设备、装置和线路的平面布置图。

6. 逻辑图

逻辑图是用二进制逻辑单元图形符号绘制的，可实现一定逻辑功能的一种简图，有理论逻辑图和工程逻辑图两类。理论逻辑图只表示功能而不涉及实现方法，是一种功能图。工程逻辑图不仅表示功能，还有具体的实现方法，是一种电路图。

7. 设备元件和材料表

设备元件和材料表是将成套装置、设备中各组成部分和相应数据列成表格，表示各组成部分的名称、型号、规格和数量等，可了解各元器件在装置中的作用和功能，理解装置的工作原理。

8. 产品使用说明书上的电气图

生产厂家会在产品使用说明书上附有电气图，供用户了解该产品的组成、工作过程和注意事项，以达到正确使用、维护和检修的目的。

9. 其他电气图

对于较复杂的成套装置或设备，为了便于制造，有局部放大图、印制板等，若为了技术保密，只有装置或系统的功能图、流程图、逻辑图等。对于简单装置，可将电路图和接线图合二为一，对于复杂装置或设备，可分解为几个系统，每个系统包含以上各种类型图。

五、电气图识读的要求和步骤

1. 电气图识读的要求

（1）应具有电工电子技术的基础知识。在实际生产的各个领域，所有电路都是建立在电工、电子技术理论基础之上的，因此，准确读懂电气图，必须具备一定的电工、电子技术基础知识，以分析电路，理解图样所包含的内容。

（2）掌握电气图用图形和文字符号。电气图用图形和文字符号等必须熟记、会用。

（3）了解电气元件的结构和工作原理。了解电气元件的性能、结构、工作原理、相互控制关系及在整个电路中的地位和作用。

（4）熟悉各类电气图的典型电路。典型电路一般是常见、常用的基本电路。熟悉掌握各种典型电路，有利于对复杂电路的理解，可较快分清主、次环节及与其他部分的相互联系，从而读懂复杂电气图。

（5）掌握各类电气图的绘制特点。各类电气图都有各自的绘制方法和绘制特点。掌握电气图的主要特点和一般规则，可以提高识图效率。

（6）掌握涉及电气图的有关标准和规程。电气识图的主要目的是用来指导施工、安装、运行、维修和管理。有些技术要求在有关国家标准或技术规程、技术规范中已作了明确的规定，因而识读电气图时，需了解相关标准、规程、规范。

2. 电气识图的步骤

（1）了解电气设备说明书。了解电气设备说明书，目的是了解电气设备总体概况和设计依据。了解电气设备的机械结构、电气传动方式、电气控制要求。设备和元器件的分布情况及电气设备的使用操作方法。各种开关、按钮、熔断器等的作用。

（2）理解图样说明。拿到图样后，首先要仔细阅读图样说明，分清楚设计的内容和安装要求，了解图样的大体情况，抓住看图的重点，如图样目录、技术说明、电气设备材料明细表、元件明细表、设计和安装说明等。

（3）理解主题栏。了解电气图的名称及标题栏中有关内容，结合已有的电工电子技术知识，对该电气图的类型、性质、作用有一个明确的认识，从整体上理解图样的概况和所要表述的重点。

（4）掌握系统图和框图。识读系统图和框图，可以了解整个系统的情况，掌握其基本组成、相互关系和主要特征。

（5）熟悉电路图。电路图是电气图的核心，也是最丰富又最难识读的内容。对于复杂的电路图，首先应先看相关的逻辑图和功能图，了解电路图各组成部分的作用，分清主电路和控制电路、交流电路和直流电路；其次按照先看主电路、后看控制电路的顺序进行识读。

看主电路时，通常要从下往上看，即从用电设备开始，经控制元件依次往电源方向看，当然也可按绘图顺序由上而下看，弄清电源是怎样给负载供电的。看控制电路时，从上而下，从左向右看，即先看电源，再依次看各条回路，清楚它的回路构成、各元件间的联系、控制关系，分析各回路元件的工作状况和对主电路的控制情况，进而分清整个电路的工作原理和来龙去脉。

（6）清楚电路图和接线图的关系。接线图是以电路图为依据绘制的，要对照电路图看接线图。看接线图时要根据端子标志、回路标号从电源端依次查下去，分清线路走向和电路的连接方法，分清每个回路是如何通过连线构成闭合回路的。看接线图时，先看主电路后看控制回路。看主电路时从电源输入端开始，依次经控制元件和线路到用电设备。看控制电路时，从电源的一端到电源的另一端，按元件的顺序对每个回路进行分析。接线图中的线号是电气元件间导线连接的标记，线号相同的导线原则上都可以接在一起。由于接线图多采用单线表示，因此对导线的走向应加以辨别，还要分清端子板内外电路的连接情况。

（7）熟悉电气元器件结构。电路是由各种电气设备、元器件组成的，熟悉这些电气设备、控制元件、元器件的结构、工作原理、用途及在整个电路中的地位和作用,有利于电气原理图的识读。

(8) 掌握涉及电气图的有关标准和规程。电气识图的主要目的是用来指导施工、安装、运行、维修和管理。有些技术要求在有关的国家标准或技术规程、技术规范中已作了明确的规定,因而识读电气图时,需了解相关标准、规程、规范。

学习单元2 电子电路识图

一、电子电路图的构成

电子电路图一般由电原理图、方框图和装配图构成。

1. 电原理图

电原理图是用来表示电子产品工作原理的图。

在电原理图上用符号代表各种电子元件,示出产品的电路结构、各单元电路的具体形式和单元电路之间的连接方式。每个元器件的具体参数(如型号、标称值和其他一些重要参数),为检测和更换元器件提供依据。各工作点的电压、电流参数等,为快速查找和检修电路故障提供方便。

单元电原理图是电子产品整机电原理图中的一部分,并不单独成一张图。为了给分析某一单元电路的工作原理带来方便,有时将单元电路单独画成一张图样。

2. 方框图

方框图是由单元功能电路所组成的图,表示整个电子电路结构。

每一部分用一个方框表示,有文字或符号说明,各方框之间用线条连起来,表示各部分之间的关系。

一般先有方框图,再进一步设计出原理电路图,如果有必要再画出安装电路图,以便于具体安装。

整机电路方框图是表达整机电路图的方框图,也是众多方框图中最为复杂的方框图。一个整机电路通常由许多系统电路构成,系统方框电路图利用方框图形式来表示系统电路的组成等情况,它是整个电路方框图下一级的方框图,往往系统方框图比整机电路方框图更加详细。集成电路内电路方框图是一种十分常见的方框图，集成电路内电路的组成情况可以用内电路或内电路方框图来表示，由于集成电路内电路十分复杂，因此在许多情况下用内电路方框图来表示集成电路的内电路组成情况更利于识图。

3. 装配图

装配图是表示电原理图中各功能电路、各元器件在实际线路板上分布的具体位置以及各元器件管脚之间连线走向的图形。

装配图有图样表示法和线路板直标法两种。

图样表示法用一张图样（称印制线路图）表示各元器件的分布和它们之间的连接情况，这也是传统的表示方式。

线路板直标法则在铜箔线路板上直接标注元器件编号，这种表示方式的应用越来越广泛，特别是进口设备中大多采用这种方式。

图样表示法和线路板直标法在实际运用中各有利弊。对于前者，若要在印制线路图样上找出某一只需要的元器件，则较方便，但找到后还需用印制线路图上该器件编号与铜箔线路板去对照，才能发现所要找的实际元器件，有二次寻找、对照的过程，工作量较大。而对于后者，在线路板上找到某编号的元器件后就能一次找到实物，但标注的编号或参数常被密布的实际元器件所遮挡，不易观察完整。

4. 电子电路的分解

（1）电子电路的分解定义。电子电路的分解是指任何复杂的电子电路都是由一些具有完整基本功能的单元电路组成的，即任何复杂的电子电路都可以分解为若干个单元电路。

例如：各种直流稳压电源，其技术指标可能有所不同，但就其电路组成而言，都是由变压器降压电路、整流电路、滤波电路以及稳压电路等单元组成的。

（2）单元电路。单元电路是指具有最小单元的完整工作原理、工作性能、独立参数的电路。单元电路具有"某一特定的电路功能、通用性、组合性"三个特点。复杂电路一旦被分解为若干个单元电路，就可以从分析单元电路着手，去了解各单元电路的工作原理、性能特性及有关参数，进而分析每个单元电路和整机电路之间的联系，了解电路的设计思想。

二、电子电路图的识读

1. 电路元件与符号的对照及连接

了解各种电子元件的符号以后,就可以对照电路图把这些元件装成电子设备了。通常首先在每个电子元件符号旁边摆一个它所对应的元件,为了方便起见,把每个元件符号和所对应的元件都编上号,再对照看电路图。

2. 电子电路识图

电子电路识图是指识别用于表示电子元器件及其相互连线的符号所表示的内容及含义。具体识读方法如下:

(1)分清电路图的整体功能。电路图的整体功能可以从设备名称入手进行分析。对于较为复杂的电子设备,除了电路原理图之外,往往还会用到电路方框图。电路方框图和电路原理图相比,包含的电路信息比较少,实际应用中,只能作为分析复杂电子设备电路的辅助手段。

(2)判断电路图的信号流程方向。电路图一般是以所处理的信号的流程为顺序,按照一定的习惯、规律绘制的。

根据电路图的整体功能,找出整个电路图的总输入端和总输出端,即可判断出电路图的信号处理流程方向。

(3)以器件为核心将电路图分解为若干单元。除了一些非常简单的电路外,大多数电路都是由若干个单元电路组成的。掌握了电路图的整体功能和信号处理流程方向,便对电路有了一个整体的基本了解,但是要深入地具体分析电路的工作原理,还必须将复杂的电路分解为具有不同功能的单元电路。

晶体管、集成电路是各单元电路的核心元器件。因此,通常以晶体管或集成电路等主要元器件为标志,按照信号处理流程方向将电路分解为若干个单元电路,并据此画出电路方框图。

(4)分析主通道电路的基本功能。对于较简单的电路,一般只有一个信号通道。对于较复杂的电路,往往具有几个信号通道,包括一个主通道和若干个辅助通道。整机电路的基本功能是由主通道各单元电路实现的,因此分析电路图时应首先分析主通道各单元电路的功能,以及各单元电路间的接口关系。

(5)分析辅助电路的功能。辅助电路的作用是提高基本电路的性能和增加辅助功能。在弄懂了主通道电路的基本功能和原理后,即可对辅助电路的功能及其与主电路的关系进行分析。

（6）分析直流供电电路。整机电路的直流供电电源是电池或直流稳压电源，通常将电源安排在电路图的右侧，直流供电电路按照从右到左的方向排列。

1）要记得"接地"符号的意思。接地符号和接地符号之间是等电位，相当于导线接在一起。

2）若有 A、B、C 三点，规定 A 点需和 B 点连接，但如果 B、C 两点已有线连接在前，那么把 A 点和 C 点连接起来也就等于把 A 点和 B 点连接起来。这一点在看电路图时是很重要的。

3）看电路图安装电子设备时，安装完一条线，用红笔在电路图相应的线上描一下，这样做可以避免电子设备漏接、错接。

3. 方框图识读

方框图是粗略反映电子设备整机线路的图形。因此在识读时，首先要理解各功能电路的基本作用，然后再分清楚信号的走向。如果单元为集成电路，则还需了解各管脚的作用。

4. 电路原理图识读

（1）识读原则。在识读时可掌握分离头尾、找出电源、割整为块、各个突破的原则。

1）分离头尾。分离头尾是指分离出输入、输出电路。信号传输方向多为从左至右。

2）找出电源。寻找出交 - 直流变换电路，它一般画在图样的右下方。从电源电路输出端沿电源供给线路查看，便可分清楚产品有几条电源供给线路，供给哪些单元电路。

3）割整为块。将产品电路解体分块。

4）各个突破。对解体的单元电路进行仔细分析，分清楚直流、交流信号传输过程及电路中各元器件的作用。

（2）识读单元电路。识读单元电路图时，要将电路归类，掌握电路的结构特点。在单元电路中，晶体管和集成电路是关键性元器件，而对于电阻、电感、电容、二极管等元器件，则要根据具体情况具体分析，可以根据工作频率、电路中的位置、元器件参数来判断它们到底是关键性元器件还是辅助性元器件。在简化电路时，关键性元器件不能省略，而非主体的部件应当尽量省略，以显示出电路的基本骨架。

5. 结合典型线路图识图

典型线路，就是常见的基本线路，对于一张复杂的线路图，细分起来不外乎是由若干典型线路组成的。因此，熟悉各种典型线路图，不仅在识图时有助于分清主次环节，抓住主要矛盾，而且可尽快理解整机的工作原理。

很多常见的典型电路，例如放大器、振荡器、电压跟随器、电压比较器、有源滤波器等，往往具有特定的电路结构，掌握常见的典型电路的结构特点，对于看图、识图会有很大的帮助。

（1）放大电路的结构特点。放大电路的结构特点是具有一个输入端和一个输出端，在输入端与输出端之间是晶体管或集成运算放大器等放大器件。

（2）振荡电路的结构特点。振荡电路的结构特点是没有对外的电路输入端，晶体管或集成运放的输出端与输入端之间接有一个选频功能的正反馈网络，将输出信号的一部分正反馈到输入端，以形成振荡。

（3）差动放大器和电压比较器的结构特点。差动放大器和电压比较器这两个单元电路的结构特点类似，都具有两个输入端和一个输出端。

不同点：差动放大器电路中，集成运算放大器的输出端与反相输入端之间接有一反馈电阻，使运放工作于线性放大状态，输出信号是两个输入信号差值。电压比较器电路中，集成运算放大器的输出端与输入端之间则没有反馈电阻，工作于开关状态。

（4）滤波电路的结构特点。滤波电路的结构特点是含有电容器或电感器等具有频率函数的元件，有源滤波器还含有晶体管或集成运算放大器等有源器件，在有源器件的输出端与输入端之间接有反馈元件。

6. 识读系统电路图

（1）确定系统范围。首先要统观全局，将整个电路浏览一遍。其次将电路分解为若干部分，一般是按系统电路分块，每个方块完成不同的系统功能。各个相邻、相关的方块之间，要用带箭头的连线连接起来，箭头方向表示信号的流动方向。框图中已明确的单元电路需标上电路名称，信号流动方向和信号波形也要标好。对于暂时不能确定的单元电路，在此框图基础上再做进一步分析。画好框图后，要注意各方块之间的连接点，另外还要熟悉各方块输入、输出信号的变换过程。

（2）确定电路结构。首先要明确框图内各单元电路或系统电路的类型。完成某种信号变换功能的单元电路可能有多种电路形式，要将分解出来的单元电路与典型的单元电路进行对照，确定电路类型。在将单元电路归类时，要遵照先易后难的原则。将各单元电路归类后，应明确各单元电路输入端、输出端的信号频率、幅度、波形的特点及变换规律，还要熟悉主要元器件的功能、作用以及技术参数。

（3）解决疑难电路。在看图时经常会碰到一些不容易看懂的电路，难以确定电路框图的界线、电路结构、电路关键点、电路功能及信号变换等。对于这些疑难电路，可以采用多种方法相互配合来解决。碰到疑难电路时，首先假设它的功能，然后试探性地分析其功能是否符合电性能的逻辑关系。如果不能自圆其说，则说明设想是错误的。其次，要细心观察疑难电路与周围电路的关系，充分利用外围电路的功能和信号变换过程，采取外围包抄、由外向里、由已知向未知的识读方法。另外，也可从内部寻找突破口，因为疑难电路中也会有比较熟悉的电路和网络，利用其中的已知环节作为内部入口，通过已知环节打开突破口，这样内外结合就比较容易攻克难点。

7. 识读整机电路装配图

（1）整机电路装配图。装配图是设计者将产品性能、技术要求等以图形语言表达的一种方式，是指导工人操作、组织生产、确保产品质量、提高效益、安全生产的文件，也是技术工人与工人交流的工程语言，包括系统图、方框图、电路图、接线图等。

（2）印制电路板装配图。印制电路板装配图俗称印制电路板，是表示各元器件及零部件、整件与印制电路板连接关系的图样，是用于装配、焊接印制电路板的工艺图样。

（3）方框图。方框图用简单的方框反映整体的各个组成部分。

（4）接线图。接线图是表示产品各元器件的相对位置关系和接线实际位置的工艺图样，供产品的整件、部件等内部接线时使用。在制造、调整、检查和运用产品时，接线图、电路图和接线表一起使用。

（5）线扎图。复杂产品的连接导线多，走线复杂，为了便于接线，并使走线整齐易查，可将导线按规定要求绘制成线扎图，供绑扎和接线时使用。

培训课程 3 传感器基础知识

学习单元1 传感器

一、传感器的基本概念

传感器是能够将外界的非电信号，按一定规律转换成电信号输出的器件或装置。

1. 传感器分类

传感器按照功能分为光敏传感器－视觉传感器，声敏传感器－听觉传感器，气敏传感器－嗅觉传感器，化学传感器－味觉传感器，压敏、温敏、流体传感器－触觉传感器五类。

2. 传感器应用

现代社会传感器应用广泛，从航空、航天、兵器、交通、机械、电子、冶炼、轻工、化工、能源、环保、医疗、生物工程等领域，到农业、林业、畜牧业、副业、渔业，以及人们的衣、食、住、行等生活的方方面面，几乎无处不使用传感器。相比于传统的检测手段，用传感器检测具有以下特点：

（1）用传感器检测，响应速度快，精确度高，灵敏度高。

（2）传感器能进行连续检测，便于自动记录。

（3）能在高温、高压、辐射等恶劣环境中进行检测。

（4）能对人类五官不能感觉到的信息进行检测，如磁场、超声波、红外线等。

（5）传感器可与计算机相连，进行数据的自动运算、分析和处理。

3. 传感器的发展趋势

随着新一轮科技革命与产业变革的推进，人工智能、物联网、大数据、云计算、5G 等前沿技术快速发展，机器人、无人机、自动驾驶汽车等加快落地，智慧城市深入建设，更是为传感器产业带来了难以估量的庞大机遇，使得传感器的发展趋向智能化、网联化、微型化、集成化。

二、传感器的组成

传感器通常由敏感元件、转换元件、转换电路组成。传感器组成框图如下图所示。

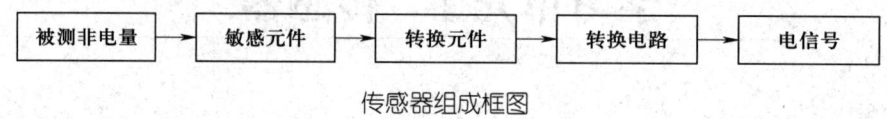

传感器组成框图

1. 敏感元件

敏感元件是指传感器中能直接感受或响应被测量的部分。

2. 转换元件

转换元件是指传感器中能将敏感元件感受或响应的被测量转换成适用于传输或测量的电信号部分。

3. 转换电路

转换电路是把转换元器件输出的电信号进行放大、滤波、运算、调制，变换为便于处理、显示、记录、控制和传输的可用电信号。其电路的类型视转换元器件的不同而定，经常采用的电路为电桥电路以及其他特殊电路，例如高阻抗输入电路、脉冲电路、振荡电路等。

三、传感器的常用术语

1. 量

量是指现象、物体或物质可定性区别和定量确定的属性。

2. 量值

量值是指一般由一个数乘以测量单位所表示的特定量的大小，例如：12.9 m、56 kg、-25 ℃。

3. 真值

真值是指与给定的特定量定义一致的值。

4. 约定真值

约定真值是指对于给定目的，具有适当不确定度的、赋予特定量的值，有时该值是约定采用的。例如，1983 年第 17 届国际计量大会将米定义为 1/299 792 458 s 的时间间隔内光在真空中所行进路径的长度。

5. 被测量

被测量是指作为测量对象的特定量。

6. 影响量

影响量是指不是被测量但对测量结果有影响的量。

7. 测量范围

测量范围是指在允许误差限内由被测量的两个值确定的区间。注：被测量的最高、最低值分别称为测量范围的"上限值""下限值"。

8. 量程

量程是指测量范围上、下限值之间的代数差。例如：范围为 $-20 \sim 100$ ℃时，量程为 120 ℃。

9. 示值

示值是指测量仪器所给出的被测量的值。

10. 测量准确度

测量准确度是指测量结果与被测量的真值之间的一致程度。

11. 测量结果的重复性

测量结果的重复性是指在相同测量条件下，对同一被测量进行连续多次测量所得结果之间的一致性。

12. 测量不确定度

测量不确定度是指表征合理地赋予被测量之间的分散性，与测量结果相联系的参数。

13. 绝对误差

绝对误差是指测量结果减去被测量的真值。

14. 相对误差

相对误差是指绝对误差除以被测量的真值。

15. 随机误差

随机误差是指测量结果与在重复性条件下，对同一被测量进行无限多次测量所得结果的平均值之差。随机误差的大小和方向都不固定，也无法测量或校正。随机误差产生的因素十分复杂，如电磁场的微变，零件的摩擦、间隙，热起伏，空气扰动，气压及湿度的变化，测量人员感觉器官的生理变化等，以及它们的综合影响都可以成为产生随机误差的因素。

16. 系统误差

系统误差是指在重复性条件下，对同一被测量进行无限多次测量所得结果的平均值与被测量的真值之差。

17. 置信度

置信度是指测量时，任一次测量误差不超过给定误差范围的概率。

18. 激励

激励是指为使传感器正常工作而施加的外部能量（电压、电流）等。

19. 输入量

输入量是指被测量。

20. 输出量

输出量是指由传感器产生的、与被测量成函数关系的可用信号。

21. 输出噪声

输出噪声是指在输出信号中存在的无用成分。

22. 零点输出

零点输出是指在规定条件下，所加被测量为零时传感器的输出。

23. 满量程输出

满量程输出是指在规定条件下，传感器测量范围的上限和下限输出值之间的代数差。

24. 灵敏度

灵敏度是指传感器在稳态工作情况下输出量变化 Δy 对输入量变化 Δx 的比值。它是输出－输入特性曲线的斜率。如果传感器的输出和输入之间为线性关系，则灵敏度 S 是一个常数。否则，它将随输入量的变化而变化。

灵敏度的量纲是输出量、输入量的量纲之比。例如，某位移传感器，在位移变化 1 mm 时，输出电压变化为 200 mV，则其灵敏度应表示为 200 mV/mm。当传感器的输出、输入量的量纲相同时，灵敏度可理解为放大倍数。

25. 分辨力（率）

分辨力是指传感器在规定测量范围内可能检出的被测量的最小变化量。也就是说，如果输入量从某一非零值缓慢地变化，当输入变化值未超过某一数值时，传感器的输出不会发生变化，即传感器对此输入量的变化是分辨不出来的。只有当输入量的变化超过分辨力时，其输出才会发生变化。

通常传感器在满量程范围内各点的分辨力并不相同，因此常用满量程中能使输出量产生阶跃变化的输入量中的最大变化值作为衡量分辨力的指标。上述指标若用满量程的百分比表示，则称为分辨率。

26. 阈值

阈值是指能使传感器输出端产生可测变化量的输入量的最小值。即当一个传感器的输入从零开始缓慢地增加时，只有达到某一最小值后才能测得输出变化，这个最小值就称为传感器的阈值。

27. 残差

残差是指测量值与平均值的代数差。

28. 偏差

偏差是指一个值减去其参考值。

29. 校准曲线

校准曲线是指根据校准数据所绘制出的表征传感器输入－输出关系的曲线。

30. 拟合直线

拟合直线是指根据传感器校准曲线，按一定的方法（如端点直线法、端点平移直线法、最小二乘直线法等）确定的理想直线（基准直线）。

31. 最小二乘线

最小二乘线是指使传感器的校准数据的残差平方和为最小的直线。

32. 线性度

线性度是指校准曲线与某一规定直线一致的程度。

通常情况下，传感器的实际静态特性输出是曲线而非直线。在实际工作中，为使仪表具有均匀刻度的读数，常用一条拟合直线近似地代表实际的特性曲线，线性度（非线性误差）就是这个近似程度的一个性能指标。

33. 漂移

漂移是指在一定的时间间隔内，传感器输出中与被测量无关的不希望有的变化量。

（1）零点漂移。在某一环境量（时间、温度等）的变化间隔内，零点输出的变化。

（2）灵敏度漂移。在某一环境量（时间、温度等）的变化间隔内，灵敏度输出的变化。

（3）热零点漂移。由于周围温度变化而引起的零点漂移。

（4）热灵敏度漂移。由于周围温度变化而引起的灵敏度漂移。

34. 稳定性

稳定性是指传感器在一个较长的时间内保持其性能参数的能力。理想的情况是不论什么时候，传感器的特性参数都不随时间变化。但实际上，随着时间的推移，大多数传感器的特性会发生改变。这是因为敏感器件或构成传感器的部件，其特性会随时间发生变化，从而影响传感器的稳定性。

学习单元 2 传感器分类

某种非电量，可以由多种不同工作原理的传感器来测量。而用同一种工作原理设计的传感器，可以测量不同的非电量。因此传感器的分类方法有多种，但常用的分类方法有两种，一种是按检测对象分类，另一种是按传感器的工作原理进行分类。

一、按检测对象分类

1. 分类依据

按被测参数分类是以被传感器测量的参数作为依据的分类。

2. 常见的被测参数

常见的被测参数有机械量、声、磁、温度、光等。

3. 常见的传感器

常见的传感器有温度传感器、湿度传感器、压力传感器、位移传感器、流量传感器、液位传感器、力传感器、加速度传感器、可见光传感器等。按被测参数分类的方法适用于在工程实际中的使用者，便于他们以被测参数为准合理选择和使用传感器。

4. 按大类分类

被测参数按大类可划分为热工量、机械量、几何量、成分量、状态量及电工量等被测类。

（1）热工量。热工量是指温度、热量、比热容、热流、热分布、压力（压强）、压差、真空度、流量、流速、物位、液位、界面等与热工有关的量。

（2）机械量。机械量是指线位移、角位移、线速度、角速度、线加速度、角加速度、应力、应变、力矩、振动、噪声、质量（重量）等与机械有关的量。

（3）几何量。几何量是指长度、厚度、角度、直径、间距、形状、平行度、同轴度、表面粗糙度、硬度、材料缺陷等与几何有关的量。

（4）成分量。成分量是指气体、液体、固体的化学成分、浓度、黏度、湿度、密度、酸碱度、浊度、透明度、颜色等与成分有关的量。

（5）状态量。状态量是指工作机械的运动状态（启动、运行、停止等）、生产设备的异常状态（超温、过载、泄漏、变形、磨损、堵塞、断裂等）等与状态有关的量。

（6）电工量。电工量是指电压、电流、功率、电阻、阻抗、频率、脉宽、相位、波形、频谱、磁场强度、电场强度、材料的磁性能等与电工有关的量。

二、按工作原理分类

按工作原理可分为电学式、磁学式、光电式、电动势型、电荷型、半导体型、谐振式、电化学式。

1. 电学式传感器

常用的电学式传感器有电阻式传感器、电容式传感器、电感式传感器、电磁式传感器及电涡流式传感器等。

（1）电阻式传感器。电阻式传感器是利用变阻器将被测非电量转换成电阻信号的原理制成的。

电阻式传感器一般有电位器式、触点变阻式、电阻应变片式及压阻式等。

电阻式传感器主要用于位移、压力、力、应变、力矩、气体流速、液位和液体流量等参数的测量。

(2) 电容式传感器。电容式传感器是利用改变极板间几何尺寸或改变介质的性质和含量，从而使电容量发生变化的原理制成的。

电容式传感器主要用于压力、位移、液体、厚度及水分含量等参数的测量。

(3) 电感式传感器。电感式传感器是利用改变磁路几何尺寸、磁体位置来改变线圈的电感或互感，或利用压磁效应原理制成的。

电感式传感器主要用于位移、压力、力、振动、加速度等参数的测量。

(4) 磁电式传感器。磁电式传感器是利用电磁感应原理，把被测非电量转换成电量制成的。

磁电式传感器主要用于流量、转速和位移等参数的测量。

(5) 电涡流式传感器。电涡流式传感器是利用金属导体在磁场中运动，在金属内形成涡流的原理制成的。

电涡流式传感器主要用于位移及厚度等参数的测量。

2. 磁学式传感器

磁学式传感器是利用铁磁物质的一些物理效应而制成的传感器。

磁学式传感器主要用于位移、转矩等参数的测量。

3. 光电式传感器

光电式传感器在非电量电测及自动控制技术中占有重要的地位。它是利用光电器件的光电效应和光学原理制成的。

光电式传感器主要用于发光强度、光通量、位移和浓度等参数的测量。

4. 电动势型传感器

电动势型传感器是利用热电效应、光电效应及霍尔效应等原理制成的。

电动势型传感器主要用于温度、磁通量、电流、速度、光通量及热辐射等参数的测量。

5. 电荷型传感器

电荷型传感器是利用压电效应原理制成的。

电荷型传感器主要用于力及加速度的测量。

6. 半导体型传感器

半导体型传感器是利用半导体的压阻效应、内光电效应、电磁效应及半导体与气体接触产生物质变化等原理制成的。

半导体传感器主要用于温度、湿度、压力、加速度、磁场和有害气体的测量。

7. 谐振式传感器

谐振式传感器是直接将被测量的变化转换为物体谐振特性变化的装置，其工作原理基于谐振技术，利用谐振子的振动频率、相位和幅值作为敏感参数，实现对压力、位移、密度等被测参数的测量。利用谐振元件把被测参量转换为频率信号的传感器，又称频率式传感器。当被测参量发生变化时，振动元件的固有振动频率随之改变，通过相应的测量电路，就可得到与被测参量成一定关系的电信号。

8. 电化学式传感器

电化学式传感器是以离子导电原理为基础制成的。根据其电特性的形成不同，电化学式传感器可分为电位式传感器、电导式传感器、电量式传感器、极谱式传感器和电解式传感器等。

培训课程 4

电气安装工具材料、仪器仪表基础知识

学习单元 无人机电气安装工具、仪器仪表及材料基础知识

一、电气常用安装工具

1. 种类

电气常用安装工具有鱼口钳、卡环钳、熔丝钳、旋具、扳手等。

2. 保管规定

常用工具的保管规定如下:

(1) 作标记,建清单,分别保管。

(2) 勤清点,不乱放,严防丢失。

(3) 不乱用,不抛掷,防止损坏。

(4) 常擦拭,防锈蚀,定期检查。

二、常用仪器仪表

1. 万用表

万用表可用来测量电阻、电压和电流值;还具有测量电容值、三极管的放大倍数、音频电平等参数,通断声响检测,二极管正向导通电压测量,频率测量,温度测量,数据记忆等功能。

2. 兆欧表

兆欧表是用来测量电气设备的绝缘电阻和高值电阻的仪表。其基本工作原理是在被测绝缘电阻两端加上高压直流电,通过检测流过绝缘电阻的电流来计算绝缘电阻的大小。兆欧表的单位用"MΩ"表示。

3. 示波器

示波器可以将电压随时间的变化规律显示在荧光屏上,以便研究它的大小、频率、相位和其他变化规律,还可以用来显示两个相关的电量之间的函数关系。

4. LCR 表

LCR 测试仪,即 LCR 表,用于在无人机电气和仪器仪表安装中,测量未知的电感、电容、电阻等元器件的大小,或测量电缆、电门、线路板的电阻和电容。

5. 频率计数器

频率计数器用来测量电动机电源的频率,校验电子设备的工作频率等。

6. 舵机测试器

舵机测试器可以简单地测试舵机正反转动,能够使舵机正转和反转(通过调节旋钮),可连接两组舵机或电调,能够方便地检测和设定伺服器的虚位、抖动和中位。如果连接电子调速器(有刷或无刷均可),可以用于测试调速器或马达性能。

三、常用材料

1. 焊锡

焊锡是焊接线路中连接电子元器件的重要材料。它广泛应用于电子工业、家电制造业、汽车制造业、维修业和日常生活中。

2. 尼龙扎带

尼龙扎带用于无人机装调时的导线、零配件的捆扎固定等。它具有绑扎快速、绝缘性好、自锁紧固、使用方便等特点。

3. 杜邦线

杜邦线可用于实验板的引脚扩展,增加实验项目等。它可以非常牢靠地和插针连接,无须焊接,可以快速进行电路试验。

4. T 插头

T 插头,由于两个金属导电部分一个横、一个竖地排列,即呈 T 字形,所以称为T插，T字形可以防止正、负极接反，成对使用，一头凸出的为公头，凹进去的为母头，通常作为电源接头。

5. EC 系列插头

EC 系列插头主要有 EC2、EC3、EC5，EC2 使用 2 mm 镀金香蕉头，EC3 使用 3.5 mm 镀金香蕉头，EC5 使用 5 mm 镀金香蕉头。

6. 低电量报警器（BB 响）

低电量报警器简称为电压显示器，主要有两个功能：电压显示和低压报警。用于 1S~8S 的锂电池检测，自动检测锂电池每个电芯的电压和总电压，支持反向连接保护。它可以随时随地了解电池的工作状态，使电池不会因为过放电或过充电而造成伤害。当电压低于设定值时，蜂鸣器就会响起，并且红色 LED 灯会闪烁。

培训课程 5

无人机电气安装工艺基础知识

学习单元1　无人机电气安装工艺

一、工艺要求

1. 无人机电气安装

无人机电气安装以电子元器件模块和印制电路板为主体，在结构上以组成产品的钣金硬件和模型壳体通过紧固件由内到外按一定顺序的电路连接与安装。

2. 组装工艺要求

组装工艺的基本要求是牢固、可靠，保证安全使用；不损伤元器件和零部件，避免碰伤机壳，元器件和零部件的表面涂覆层；不能破坏整机的绝缘性，安装件的方向、位置、极性要正确，保证产品的电性能稳定，有足够的机械强度，保证传热、电磁屏蔽要求，使电气设备工作稳定。

（1）保证安全使用。防止因安全隐患，不能安全使用电气产品。例如，螺钉固定时压住电源线，经过一段时间后电源线绝缘层破坏造成"漏电"事故等。

（2）不损伤产品零部件。安装时操作不当不仅可能损坏安装的零件，而且会殃及相邻零部件。如安装开关时，紧固力过大造成开关变形失效。面板上装螺钉时旋具滑出螺钉凹槽擦伤面板。装集成电路折断管脚等。

（3）保证电性能。电气连接的导通与绝缘，接触电阻和绝缘电阻都和产品性能、质量紧密相关。例如，安装者未能按规定将导线绞合镀锡而直接装上，从而导致一部分芯线散出，通电检验和初期工作都正常，但由于局部电阻大而发热，工作一段时间后，导线及螺钉氧化，进而导致接触电阻增大，结果造成设备不能正常工作。

（4）保证机械强度。产品安装中要考虑到有些零部件在运输、搬运中受机械振动作用而受损的情况。例如，仅靠印制电路板上焊点难以支撑的大质量的零部件，在运输过程中容易造成引脚折断等。

（5）保证传热、电磁屏蔽要求。某些零部件安装时必须考虑传热或电磁屏蔽的问题。例如，功率管装配时由于紧固螺钉不当造成功率管与散热器贴合不良，影响散热。

二、组装原则

电气元件、部件的组装应遵循顺序原则和工艺原则。

1. 顺序原则

顺序原则是指组装要按照工艺的级别、先后顺序进行。

（1）组装级别。按组装级别，电气部件的整机装配可按照元件级，插件级，插箱板级和箱、柜级顺序进行。

1）元件级。元件级是最低的组装级别，其特点是结构不可分割。

2）插件级。插件级用于组装和互连电子元器件。

3）插箱板级。插箱板级用于安装和互连的插件或印制电路板部件。

4）箱、柜级。箱、柜级主要通过电缆及连接器互连插件和插箱，并通过电源电缆送电构成独立的有一定功能的电子仪器、设备和系统。

（2）整机装配的一般原则。整机装配的一般原则是先轻后重，先小后大，先铆后装，先装后焊，先里后外，先下后上，先平后高，易碎易损坏后装，上道工序不得影响下道工序。

2. 工艺原则

（1）未经检验合格的装配件（零件、部件、整件）不得安装，已检验合格的装配件必须保持清洁。

（2）认真阅读工艺文件和设计文件，严格遵守工艺规程。装配完成后的整机应符合图样和工艺文件的要求。

（3）严格遵守装配的一般顺序，防止前后顺序颠倒，注意前后工序的衔接。

（4）装配过程不要损伤元器件，避免碰坏机箱和元器件上的涂覆层，以免损害绝缘性能。

(5) 熟练掌握操作技能，保证质量，严格执行三检（自检、互检和专职检验）制度。

三、无人机内部工艺的检查

1. 基本要求

(1) 内部无损失和瑕疵、内部承力部件无裂纹。

(2) 各线路连接顺畅、插头插紧。

(3) 各处导线要捆扎，同时不要收得太紧。

(4) 内部螺钉应紧固。

2. 检查流程

(1) 观察机身内部尤其是主要承力部件是否有损坏，注意各螺钉连接处是否紧固。

(2) 沿线路检查走线是否顺畅、插头连接是否紧固。

(3) 无人机通电检查。通电前，应检查电池是否插有电显，并检查电显报警电压是否为 3.6 V。检查遥控器是否打开。

四、无人机外部工艺检查

1. 基本要求

(1) 外观无损伤、瑕疵。

(2) 外部可动部件均可控可动，控制行程和控制方向达到要求。

(3) 外部各螺钉应紧固。

(4) 螺旋桨安装方向应正确，螺旋桨应与相应电动机同心。

2. 检查流程

(1) 扫视机身外观，观察机身是否有损坏，特别注意观察机身各螺钉连接处是否有裂纹，各部件螺钉是否紧固；如有问题，及时进行解决，绝不能视而不见。

(2) 用手转动每支螺旋桨，检查每支桨叶安装是否正确，观察是否出现桨与电动机之间相对位移，若出现位移请及时紧固螺旋桨的固定螺钉。观察每个电动机的安装螺钉是否松动，若松动请及时紧固。

(3) 检查飞机各处接线是否出现断裂、松动、崩脱，在起飞之前还应检查飞机各电动机转向是否正确。

五、焊接基础知识

1. 焊接材料

（1）焊接材料是电子行业的生产与维修工作中的连接材料。

（2）常用的焊接材料。常用的焊接材料有焊锡、焊锡膏。

（3）焊接材料应用。焊接材料应用于各类电子焊接上，适用于手工焊接、波峰焊接、回流焊接等工艺。标准焊接作业时使用的线状焊锡被称为松香芯焊锡线或焊锡丝，在焊锡中加入了助焊剂，这种助焊剂由松香和少量的活性剂组成。

2. 常用焊接工具

（1）电烙铁。电烙铁是电气安装过程中常用的焊接工具，用于熔化焊锡。

（2）类型。从加热方式分有直热式、感应式、气体燃烧式等。从电烙铁发热能力分有20 W、30 W等。从功能分有单用式、两用式、恒温式、吸锡式等。最常用的还是直热式电烙铁，其又分为内热式和外热式两种。

（3）组成。典型电烙铁主要有以下几种。

1）内热式电烙铁。内热式电烙铁主要由发热元件、烙铁头、连接杆以及手柄等组成。烙铁头的温度在350 ℃左右。

2）外热式电烙铁。外热式电烙铁由烙铁芯、烙铁头、手柄、电线和插头等组成。

3）恒温式电烙铁。恒温式电烙铁有自动和手动两种。手动恒温实际上就是将电烙铁接到一个可调电源（调压器）上，由调压器上的刻度调定电烙铁的温度。自动恒温式电烙铁依靠温度传感元件监测烙铁头的温度，并通过放大器将传感器输出的信号放大，控制电烙铁的供电电路，从而达到恒温的目的。

3. 电烙铁的使用

（1）操作方法。一般是右手持电烙铁，左手拿焊锡丝进行焊接。

（2）电烙铁的握法。有正握、反握及握笔式三种。正握法适用于弯烙铁头操作或直烙铁头在大型机架上焊接；反握法对被焊件压力较大，适用于较大功率电烙铁（一般大于75 W）；握笔式就像拿笔写字一样，适用于小功率电烙铁焊接印制电路板。

（3）电烙铁的使用。电烙铁的使用通常遵循准备、加热、送焊料、撤焊料、撤电烙铁五个步骤。

1）准备。焊接前必须做好焊接的准备工作，焊接部位的清洁处理，预备焊接元器件引脚的成形及插装，焊接工具及焊接材料的准备。

2）加热。加热就是用烙铁头加热焊接部位，使连接点的温度加热到焊接需要的温度。在加热中，热量供给的速度和最佳焊接温度的确定是保证焊接质量的关键。通常焊接温度控制在260 ℃左右，但考虑电烙铁在使用过程中的散热，可把温度适当提高一些，控制在300 ℃左右。

3）送焊料。当电烙铁加热到一定温度后，即可在烙铁头和连接点的接合部加上适量的焊料，应使引脚的外形保持可见和保证能够覆盖连接点。

 **小提示**

> 烙铁头和焊锡丝同时指向连接点。

4）撤焊料。熔化适量焊锡丝后，撤离焊锡丝。

5）撤电烙铁。在焊料充分漫流整体焊接部位时，移开电烙铁。

4. 焊接质量要求

（1）具有良好的导电性。

（2）具有一定的机械强度。

（3）焊点上焊料要适量。

（4）焊点表面应具有良好的光泽且表面光滑。

（5）焊接点不应有毛刺、空隙。

（6）焊接点表面要清洁。

5. 焊点的质量检查

（1）焊点的外观检查。检查焊点的光亮度，用锡量的多少，焊点形状有无毛刺、气泡，焊点有无虚焊，有无与其他焊点桥连。

 **小提示**

> 虚焊产生的原因是焊锡质量差；助焊剂的还原性不良或用量不够；被焊接处表面未预先清洁好；烙铁头的温度过高或过低，表面有氧化层；焊接时间太长或太短，掌握得不好；焊接中焊锡尚未凝固时，焊接元件松动。

(2)通电检查。如果发现元器件损坏，有可能是焊接时过热或电烙铁漏电所致。如果电路不通，有可能是电路短路或断路，主要原因有焊锡桥连、开裂、焊盘脱落、导线断丝等。

 **小提示**

在外观检查结束后，确认连线无误方可进行通电检查。

6. 焊接注意事项

（1）选用合适的焊锡。应选用焊接电子元件用的低熔点焊锡丝。

（2）电烙铁使用前要上锡。具体方法是：将电烙铁烧热，待刚刚能熔化焊锡时涂上助焊剂，再用焊锡均匀地涂在烙铁头上，使烙铁头均匀地吃上一层锡。

（3）焊接时，把焊盘和元件的引脚用细砂纸打磨干净，涂上助焊剂。用烙铁头蘸取适量焊锡，接触焊点，待焊点上的焊锡全部熔化并浸没元件引线头后，烙铁头沿着元器件的引脚轻轻往上一提离开焊点。

（4）焊接时间不宜过长，否则容易烫坏元件，必要时可用镊子夹住管脚帮助散热。

（5）焊点应呈正弦波峰形状，表面应光亮圆滑，无锡刺，锡量适中。

（6）焊接完成后，要用酒精把线路板上残余的助焊剂清洗干净，以防炭化后的助焊剂影响电路正常工作。

（7）电烙铁要可靠接地，或断电后利用余热焊接，或使用集成电路专用插座。

（8）电烙铁应放在烙铁架上。

学习单元2　无人机电气作业标准及布线原则

一、物料拿取作业标准

1. 静电防护

（1）静电。静电是指静止不动的处于静止状态的电荷或不流动的电荷。

(2) 静电危害

1) 引起电子设备的故障或误动作，造成电磁干扰。

2) 击穿集成电路和精密的电子元件，或者促使元件老化，降低成品率。

3) 高压静电放电造成电击，危及人身安全。

4) 在多易燃易爆品或粉尘、油雾的生产场所极易引起爆炸和火灾。

5) 吸附灰尘，造成集成电路和半导体元件的污染，大大降低成品率。

(3) 防静电措施

1) 工作台面铺设防静电桌面，并与地线连接。

2) 厂房地板用导电胶将防静电地板粘牢。防静电地板下设均匀的铜皮并与大地连接，其接地电阻在 4 Ω 以下。

3) 座椅铺设防静电椅垫和防静电靠背并接地。

4) 操作人员穿着防静电工作服、防静电鞋，并佩戴防静电腕带。

5) 工作环境相对湿度控制在 40%~60%。

2. 元件、组件拿取

(1) 元件的拿取

1) 避免用手直接与元件引脚、印制电路板焊盘等部分接触，防止人体分泌物粘在引脚、焊盘上，造成腐蚀，影响焊接质量和可靠性。

2) 拿取大元件时，应拿取支撑整个元件重量的外壳，而不能抓住如引线之类的薄弱部件。

3) 个别特殊部件在拿取时应按相关要求使用专用辅助工具。

4) 在元件拿取的过程中，操作者应佩戴防静电手环，避免静电放电损毁元件。

(2) 组件的拿取

1) 如果有用螺钉紧固的金属件，如散热片、支架等，则在拿取时应抓住这些金属件的受力部位。

2) 如果有辅助工具，则一定要严格按相关要求使用辅助工具拿取组件。

3) 通常情况下 PCB 板上的元件或导线不能作为抓取部位。

4) 在组件拿取的过程中，操作者应佩戴防静电手环，避免静电放电损毁组件。

二、插排线及剪钳作业规范

1. 插排线的作业规范

（1）排线插入时要平衡插入，保证插正、插紧。

（2）带扣位或带锁的排线要扣到位，保证锁紧。

（3）连接件的插针不可插歪。

2. 剪钳的作业规范

（1）剪切扎线时保留线头的长度范围为 2~5 mm。

（2）线头平齐。

（3）在剪切扎线过程中不能剪断、剪伤其他任何导线。

（4）剪元件引脚作业标准：如果元件引脚的直径小于 0.7 mm，元件引脚的长度为 2~3 mm；如果元件引脚的直径大于等于 0.7 mm，元件引脚的长度为 2~5 mm。

（5）剪钳刀刃要锋利，元件引脚未剪断时，剪钳不能回扯，以免铜箔剥离电路。

三、连接导线选用及布线原则

1. 导线选用原则

（1）导线分类。常用导线分为电线和电缆两类。

（2）导线的选择条件。导线的选用要从电路条件、环境条件等方面综合考虑。

1）电路条件

①允许电流，指常温下工作的电流值。导线在电路中工作时的电流要小于允许电流。

②导线电阻的电压降。在导线很长时，要考虑导线电阻对电压的影响。

③额定电压与绝缘性。使用时，电路的最大电压应低于额定电压，以保证安全。

④使用频率与高频特性。对不同的频率选用不同的导线，要考虑到高频信号的趋肤效应。

⑤特性阻抗。在射频电路中选用射频电缆，以防止信号的反射波。

2）环境条件

①机械强度。所选择的导线应具有良好的抗拉强度、耐磨损性和柔软性，质

量要轻，以适应环境的机械振动等条件。

②温度。由于环境温度的影响，会使导线的敷层变软或变硬，以至于变形、开裂，造成短路，因此所用导线应能适应环境温度的需要。

③湿度。环境潮湿会使导线的线芯氧化，绝缘层老化。

④耐候性和耐药品性。耐候性通常称为耐老化性。一般情况下导线不要与化学物质及日光直接接触。

选用导线还应考虑安全性，防止火灾和人身事故的发生。易燃烧的材料不能作为导线的敷层。

2. 布线原则

无人机布线，应根据线路要求、负载类型、场所环境等具体情况，设计相应的布线方案，采用适合的布线方式和方法，同时应遵循以下一般原则。

（1）完整性原则。布线时，应使用绝缘层完好的整根导线一次布放到头，尽量避免布线中的导线接头。因为导线接头往往造成接触电阻增大和绝缘性能下降，给线路埋下了故障隐患。

（2）性能满足原则。对导线的要求包括电气性能和机械性能两方面。导线的载流量应符合线路负载的要求，并留有一定的余量。导线应有足够的耐压性能和绝缘性能，同时具有足够的机械强度。

（3）牢固性、完好性原则。布线应牢固、美观，明线敷设的导线走向应保持横平竖直、固定牢固。暗线敷设的导线一般也应水平或垂直走线。敷设中注意保护导线绝缘，不得损伤导线的绝缘层。

（4）距离最短原则。应选择最短的布线距离，但连接时导线不能拉得太紧。

（5）避免干扰原则。不同种类的导线应避免相互干扰和寄生耦合。

（6）远离发热原则。导线应远离发热元件，不能在元件上方近距离走线。

（7）平行原则。电源线不能与信号线平行。

（8）方向一致原则。埋线应保持方向一致，扎线应扎紧，并且扎线之间保持一定的间距，所有导线都应尽量捆扎在扎带内，扎结朝向一致。

培训课程 6 无人机电气安装安全防护基础知识

学习单元　无人机电气安装安全防护

一、无人机电气安装操作流程

1. 无人机电气机件拆卸前的准备

（1）弄清关系。弄清机件的连接特点及相邻机件的关系。

（2）明确安全措施。例如，拆卸燃油、滑油、液压、冷气、供水系统的附件和导管前，检查相关开关是否关闭，液体是否放出，压力是否释放，避免拆卸时出现漏油、漏气。在拆卸与电气设备有关的机件前，应检查电源是否断开等。

（3）工具设备准备。准备好工具、器材和设备，并做好登记，放置整齐。

（4）工作场所准备。在各设备舱、发动机舱等舱口内拆卸机件前，应在拆卸机件下方铺好垫布，防止零件或熔丝、开口销等物品掉入舱内。

2. 无人机电气机件的拆卸顺序

（1）做标记。拆卸前，要做好标记，以便安装。尤其是拆卸不能互换的机件或操纵机构的可调部分时，做好标记更为重要。

（2）拆保险。在拆卸螺母之前，应先将螺母上的熔丝或开口销全部取下后，再进行拆卸。

（3）按序拆卸。先拆转动点，再拆连接点，后拆固定点。先拆外面的连接点，后拆里面的连接点。先拆小的连接点，后拆大的连接点。先拆低处的连接点，后拆高处的连接点。拆最后一个连接点或固定点时，应扶好机件，防止掉下损坏机件或伤人。

（4）不可强拆。机件的连接处全部拆开后，即可取下机件。取出时，应设法避开障碍。当连接点或机件拆不下来时，不得强行拆卸，要查明原因，以免损坏机件。

3. 无人机电气机件拆卸后的工作

（1）清洗检查。拆下的机件应及时清洗、检查。

（2）分类保管。对不能互换的螺母、螺栓、螺钉、垫圈或较小的零件，装入作好标记的专用小盒或小袋内，或串起挂在原来的部位上，以防止损坏和遗失。

（3）防尘。对拆开的导管接头或机件的外露孔洞，应用堵塞或堵盖堵好，或用干净的抹布、塑料布、油纸包扎好，防止灰尘或杂物进入。

 **小提示**

禁止将布或纸塞入导管内部。可调部分不准随意变动。

（4）及时清点。清点工具、器材、设备，并摆放整齐。如有丢失，应及时报告，并认真查找。

4. 无人机电气机件的安装顺序

（1）找标记。安装机件时，为保持正确的位置和连接关系，必须按工厂的标记或拆卸时所作的标记进行装配。

（2）按顺序安装。一般按拆卸的相反顺序进行，即先拆的后装，先上后下，先里后外，先大后小，先固定点后活动点。

（3）穿螺杆。穿螺杆的方向一般应遵守从上向下、从里向外、从前向后的原则。拧紧螺钉、螺母时，应按规定力矩并对称交叉的顺序上紧，使之受力均匀。

（4）安装与电气设备有关的机件或零件时，应保证其绝缘性，防止漏电。

（5）做好保险，防止连接处松动。

5. 无人机电气机件安装后的工作

（1）工作结束后，应将机件表面上的油迹和地面上的杂物清除干净。

（2）进行全面检查，防止装错、漏装和损伤，并复查各连接处的保险是否正确、牢靠。

(3) 清点工具、设备、器材。如发生丢失，应及时报告，并组织查找，否则不得进行下一步工作（如密封试验、性能检查等）。关好各个舱口盖。

(4) 需要进行密封试验和内部各种性能检查的机件和系统，应按规定进行。

(5) 及时填写技术文件。

6. 无人机电气机件拆装的质量要求

机件或附件拆装后，必须经过质量检验，才能确保其工作正常可靠。

(1) 各机件、附件的安装或连接点的固定螺钉、螺母和螺栓等，应按规定力矩拧紧，紧度要合适，没有轴向和径向间隙。

(2) 装配间隙和工作间隙符合规定，误差应在规定范围以内，确保被安装机件工作正常。

(3) 轴承和操纵传动杆，以及活动连接点应传（转）动灵活、无卡滞现象。

(4) 密封试验无渗漏，各种性能检查符合要求。在检查性能时，外部的运动状态和工作性能参数均应符合规定和要求。

(5) 各连接处的保险完好。

二、电气安装过程中的用电安全

1. 用电设备的安全操作

(1) 必须熟悉电气设备特性及使用要求，严格按安全操作规程操作。

(2) 电源和设备必须有良好的接地线，并且火线、零线连接要正确。

(3) 使用符合容量要求的电缆、插头、插座。

(4) 插头、插座接触良好，导线要有良好的绝缘，绝缘破损的裸露导线必须更换。

(5) 在合电闸之前，应检查全部电器的开关均在关断位，才能合闸。

(6) 当衣服、手、鞋是湿的时候，不要接触电源，以防触电。

2. 安装无人机电气设备时，必须遵守下列规定

(1) 所有电线、电缆、防波套、搭铁线等要经常保持完好，固定牢靠，防止摩擦，导线头的标记要正确、清晰。

(2) 更换任何一段导线时，其性能要与换下的导线相同，截面要与原来的相同或稍大。

（3）各种插销、插孔和其他电接触部位，都要保持清洁和接触良好。

（4）易受液体侵蚀和易受摩擦的导线，应加以防护、固定，靠近高温部位的导线，应用专门的耐高温导线，不得任意更改。

（5）导线的焊接要牢靠，接头表面应光滑、洁净，夹接应使用牢靠的夹线钳，连接在接线柱上的导线头，必须有接线片且焊接牢靠。

（6）安装无人机电气设备时禁止以下内容。

1）安装不符合规定的熔丝和自动保险电门。

2）用导线和金属丝代替熔丝。

3）在通电的线路中进行拆装工作。

4）在无人机上留有裸露的导线头（接地线除外）。

5）使用酸性焊剂焊接导线。

6）电动机在通电状态，擦洗整流罩或更换碳刷。

（7）吹洗仪表管时，所有有关仪表都必须事先与管路脱开，吹洗用的压缩空气应该清洁干燥，压力不得超过维护手册的规定。

（8）拆装仪表时，要遵守操作规程，在运转中的陀螺仪表要锁定或停止转动后才能进行拆除。

（9）拆下的电气设备要妥善放置，防止撞击和振动，并保持清洁。禁止在不合规定的场地拆解电气设备。

3. 无人机通电安全注意事项

（1）通电前应通知有关工作人员确保电源开关在关闭位，并接好接地线。

（2）通电时应使用地面电源，检查电源电压应在规定范围内，必须使用机载蓄电瓶时，只允许小功率的用电设备短时间使用。

（3）通电前应熟知通电的操作程序和注意事项，严格按规定数据进行测试。

（4）无人机加、放燃油和拆装燃油系统附件及吹洗发动机、铺设钢索，进行喷漆或其他需要使用易燃液体、气体工作时，禁止通电。

（5）电动配平有故障时，自动驾驶仪禁止通电。

（6）无人机上禁止使用绝缘不良的电气设备。

（7）有关电气设备不能通电时，应及时挂上禁止通电的标牌和拔出断路器，必要时装卡环保险。

职业模块 5
信息技术基础知识

培训课程 1

计算机基础知识

学习单元1　计算机操作系统

一、无人机系统相关的计算机终端

1. 台式计算机

台式计算机是一种相互独立的计算机，跟其他部件完全无联系，相对于笔记本电脑和上网本来说体积较大，其主机、显示器等设备一般都是相对独立的，需要放置在电脑桌或者专门的工作台上。

2. 笔记本电脑

笔记本电脑也称笔记本、手提电脑或膝上电脑，是一种小型、方便携带的个人电脑。

3. 平板电脑

平板电脑也称便携式电脑，是一种小型、方便携带的个人电脑，以触摸屏作为基本的输入设备。

4. 智能手机

智能手机是指像个人电脑一样，具有独立的操作系统、独立的运行空间，可以由用户自行安装软件等第三方服务商提供的程序，并可以通过移动通信网络实现无线网络接入的手机类型的总称。

5. 地面站

地面站是地面上的基站，即指挥无人驾驶飞行器的基站。地面站设备一般由遥控器、计算机、视频显示器、电源系统、无线电台等组成。

地面站可分为单点地面站或多点地面站。整个无人机飞行控制系统的工作原理是启动地面站，规划飞行路线，启动飞行控制系统，将飞行路线上传到飞行控制系统；设置自动起飞和着陆参数，如起飞速度、平飞角（起飞迎角，也称为迎角）、爬升高度、末端高度、圆半径或直径、空速表等；检查飞行控制系统中的错误和警报。

6. 树莓派

树莓派是为学习计算机编程教育而设计，只有信用卡大小的微型电脑，其系统基于Linux。

7. 单片机

单片机是一种集成电路芯片，是采用超大规模集成电路技术把具有数据处理能力的中央处理器CPU、随机存储器RAM、只读存储器ROM、多种I/O口和中断系统、定时器/计数器等功能集成到一块硅片上构成的一个小而完善的微型计算机系统，在工业控制领域应用广泛。

二、与无人机系统相关的计算机操作系统

操作系统是电子计算机系统中负责支撑应用程序运行环境以及用户操作环境的系统软件，同时也是计算机系统的核心与基石。

操作系统的五大功能包括：处理器管理功能、储存器管理功能、设备管理功能、文件管理功能，以及作为用户与硬件系统之间的接口。

常用的与无人机系统相关的计算机操作系统有Windows操作系统、Android操作系统、IOS操作系统、Linux操作系统等。

学习单元2　计算机网络系统与安全

一、计算机网络系统

1. 计算机网络系统的定义与功能

计算机网络系统是利用通信设备和线路将地理位置不同、功能独立的多个计

算机系统互联起来，以功能完善的网络软件实现网络中资源共享和信息传递的系统。计算机网络系统由网络硬件和网络软件组成，硬件的选择对网络起着决定性作用，而软件则是挖掘网络潜力的工具，其主要功能如下。

（1）资源共享。计算机资源主要是指计算机硬件、软件与数据。

（2）数据通信。通过传输信道将数据终端与计算机联结起来，使不同地点的数据终端实现软件、硬件和信息资源的共享。

2. 无人机系统相关的网络系统

（1）有线局域网。有线局域网是把分布在数公里范围内的不同物理位置的计算机设备连在一起，在网络软件的支持下可以相互通信和资源共享的网络系统。

（2）无线 Wi-Fi。无线 Wi-Fi 是一种允许电子设备连接到一个无线局域网的技术，通常使用 2.4 G UHF 或 5 G SHF ISM 射频频段。

（3）移动通信。移动通信以传统通信技术为基础，并利用一些新的通信技术，不断提高无线通信网络的效率和功能。它是一种超高速无线网络，一种不需要电缆的信息超级高速公路。这种新网络可使电话用户以无线与三维空间虚拟实境连线，目前已有移动互联网、工业互联网和汽车互联网以及其他具体场景。

二、网络设置

局域网包括有线局域网和无线局域网两种，是两种不同的通信组网形式，使用前必须进行设置。

1. 局域网 IP 地址设置

互联网上的每台主机都有一个唯一的 IP 地址。IP 协议就是使用这个地址在主机之间传递信息，这是互联网能够运行的基础。IP 地址的长度为 32 位，分为 4 段，每段 8 位，用十进制数字表示，每段数字范围为 0～255，段与段之间用句点隔开，如 159.226.1.1。IP 地址可以视为网络标识号码与主机标识号码两部分，因此 IP 地址可分为两部分，一部分为网络地址，另一部分为主机地址。IP 地址分为 A、B、C、D、E 5 类，它们适用的类型分别为大型网络、中型网络、小型网络、多目地址、备用。常用的是 B 和 C 两类。

2. DNS 设置

DNS（Domain Name System，域名系统），是互联网上作为域名和 IP 地址相互映射的一个分布式数据库，能够使用户更方便地访问互联网。通过主机名，最终得到该主机名对应的 IP 地址的过程称为域名解析（主机名解析）。

3. 默认网关设置

一个用于 TCP/IP 协议的配置项，是一个可直接到达 IP 路由器的 IP 地址。默认网关设置可以在 IP 路由器中创建一个默认路径。一台主机可以有多个网关。默认网关的意思是一台主机如果找不到可用的网关，就把数据包发给默认指定的网关，由这个网关来处理数据包。现在主机使用的网关，一般指的是默认网关。默认网关的设定有手动设置和自动设置两种方式。一台计算机的默认网关必须正确指定，否则无法与其他网络的计算机通信。

三、无线路由器设置

1. 连接

打开路由器电源，如果无线网卡驱动已安装完毕则可自动连接无线局域网。如未连上，可单击右下角的无线连接标志 📶，在打开的面板中，单击"刷新"按钮，单击无线路由器提供的"连接"按钮即可。自动连接无线局域网如图 5-1 所示。

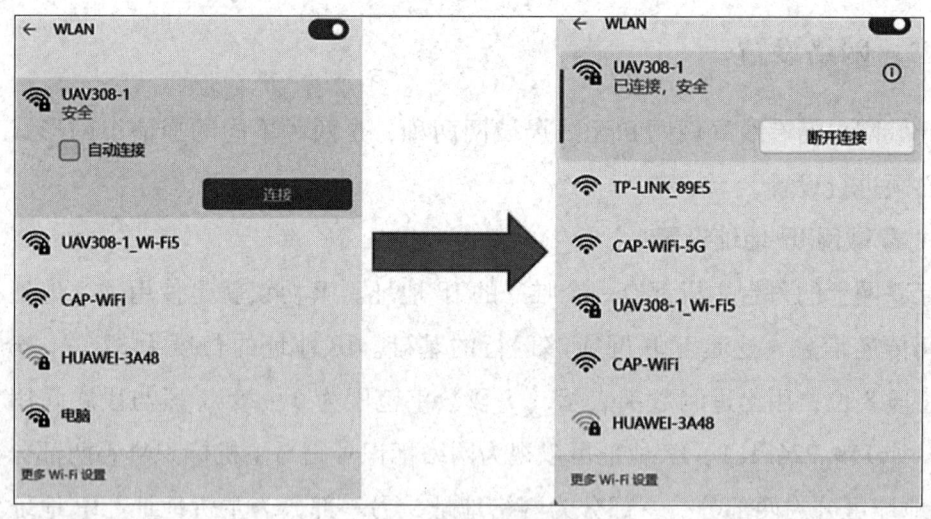

图 5-1　自动连接无线局域网

2. 配置

无线路由器的配置具体如下。

（1）用网线将无线路由器和计算机连接起来，也可以直接使用无线搜索连接。连接好之后，打开 IE 浏览器，在地址栏中输入 192.168.1.1 进入无线路由器的设置界面并登录，默认的登录用户名和密码都是 admin。无线路由器的设置如图 5-2 所示。

图 5-2　无线路由器的设置

（2）登录成功之后选择设置向导的界面，默认情况下会自动弹出设置向导，如图 5-3 所示。

图 5-3　设置向导

选择设置向导之后会弹出一个窗口说明，通过向导可以设置无线路由器的基本参数，直接单击下一步即可。设置向导—下一步，如图 5-4 所示。根据设置向导一步一步地设置，可以根据自己的喜好更改设备名称，方便搜索使用。其余设置选项可以根据系统默认，无须更改，但是必须设置 Wi-Fi 密码。完成无线路由器的设置后重新启动无线路由器即可上网。

图 5-4　设置向导—下一步

四、远程控制

1. 远程控制的定义

远程控制是在网络上由一台计算机（主控端/客户端）远距离地控制另一台计算机（被控端/服务器端）的技术。

2. 使用软件

传统的远程控制软件一般使用 NETBEUI、NETBIOS、IPX/SPX 等协议来实现远程控制。不过，随着网络技术的发展，很多远程控制软件提供通过 Web 页面或者是客户端形式以 Java 技术来实现远程控制，这样可以实现不同操作系统下的远程控制。例如，向日葵远程控制软件，既支持 Web 页面远程也支持客户端远程。

3. 远程控制的应用

（1）远程办公。通过远程控制可以轻松实现远程办公，提高员工的工作效率和工作兴趣。

（2）远程技术支持。通过远程控制技术，技术人员可以远程控制用户的计算机，只需要用户的简单帮助就能够得到该计算机存在问题的第一手材料，很快就可以找到问题的所在并加以解决。

（3）远程交流。利用远程控制技术，可以实现和用户的远程交流，通过实际操作来培训用户。教师和学生之间也可以利用远程控制技术实现教学问题的交流。

（4）远程维护管理。网络管理员或者普通用户可以通过远程控制技术为远端的计算机安装和配置软件、下载并安装软件修补程序、配置应用程序和设置系统软件。

4. 使用条件

（1）局域网内。

（2）通过 Internet。

（3）Internet 防火墙后的个人之间。

五、上传与下载文件

1. 上传与下载文件的应用

使用计算机与网络完成文件管理及备份，可将相同文件即时自动同步至手机、Web 端等。

2. 上传与下载文件在无人机上的应用

上传与下载文件在无人机上的应用有地面站软件的下载、固件的刷新、规划航线的上传等。

3. 常见的网盘

常见的网盘有百度网盘、360 网盘、WPS 网盘、钉钉网盘等。

网盘不受时间、地点、设备的限制，只要有网络，就可以在任何时间、任何地点、任何计算机或手机上对文件进行管理及备份。保存到网盘的文件都会安全地存储到网盘云服务器中，无须担心文件丢失。随时可将网盘的文件分享给好友。

六、计算机网络系统安全与防范

1. 计算机网络系统安全

计算机网络系统安全是指通过各种技术和管理措施，使网络系统正常运行，从而确保网络数据的可用性、可靠性、完整性、保密性和不可抵赖性。计算机网络系统安全包括技术安全、管理安全和政策法律安全。

2. 应用领域

计算机网络系统安全主要应用于电子商务、电子政务、电子税务、电子银行、电子海关、电子证券、网络书店、网上拍卖、网络购物、网络防伪、计算机电信集成、网上交易等网络信息系统，社会对计算机网络系统的依赖也日益增加，计算机网络系统安全已经成为社会发展的重要保证。

3. 常用计算机网络系统安全防范措施

（1）更新补丁。当系统程序中存在漏洞时会造成极大的安全隐患。为了解决这些漏洞，应及时下载和安装计算机漏洞补丁程序，有效解决漏洞程序所带来的安全问题。

（2）更新杀毒软件并定期杀毒。对于一般用户而言，要为计算机安装一套杀毒软件并定期升级，并打开杀毒软件的实时监控程序。每周对计算机进行一次全面的杀毒工作，以便发现并清除隐藏在系统中的病毒。

（3）强壮密码并定期更换。在使用计算机网络的过程中涉及的账户极多，如网上银行、电子邮箱、系统登录等账号。为加强对这些账户的保护，建议在密码设置上下功夫，要尽量用复杂的密码，如采用字符、数字和特殊符号混合的密码，防止他人破译。此外，密码要定期进行修改，同时要尽量避免密码的雷同。

（4）陌生邮件和链接慎点。不要打开来历不明的电子邮件及其附件，以免遭受病毒邮件的侵害。同样，也不要接收和打开来历不明的QQ、微信等发来的文件和相关链接，防范"网络钓鱼"。

（5）在正规门户网站下载软件，防止木马和病毒绑定。选择信誉较好的下载网站下载软件，将下载的软件及程序集中放在非引导分区的某个目录，在使用前最好用杀毒软件查杀病毒。

（6）做好数据备份。数据备份的重要性不言而喻，无论防范措施做得多么严密，也无法完全防止"道高一尺，魔高一丈"的情况出现。如果遭到致命的攻击，操作系统和应用软件可以重装，而重要的数据就只能靠日常的备份了。

培训课程 2

无人机调试软件操作基础知识

学习单元1 调试软件和调试对象

一、常用开源飞控调试软件

1. Betaflight Configurator 软件

Betaflight 起源于 Baseflight 和 Cleanflight，是一种开源软件，支持市场上几乎所有具有 STM32F4 处理器的飞行控制器，可跨平台使用，在 Windows、Mac OS、Linux 和 Android 上均可运行。Betaflight 软件支持所有主要的遥控器类型，如 FrSky、Graupner 和 FlySky。支持 PWM、OneShot、MultiShot、DShot，甚至 ProShot 的电调协议。Betaflight 软件主要调试的内容有固件烧写、加速度计和电子罗盘校准、端口设置、PID（Proportion Integration Differentiation，比例、积分、微分）调试、接收机调试、飞行模式设置和电动机调试等。

2. Mission Planner 软件

Misson Planner 简称 MP，是 Windows 平台运行的一款 APM/PIX 的专属地面站。同时，Misson Planner 也是一款完全开放源代码的地面站，其主要功能包括对 APM/PIX 进行烧录固件；安装、配置和优化参数；规划航点任务；下载和分析飞行日志；使用专用的 PC 飞行模拟软件接口，进行硬件模拟飞行；连接一个遥测数传。MP 还可以实时监控飞行器状态，记录实时遥测日志，查看和分析遥测日志，在 FPV（第一人称视角）中操作无人机。

3. BLHeliSuite32 软件

BLHeliSuite32 是一款专业的电调软件，适用于 BL32 程序，包含 BL32 程序的相关电调有 X-Tower、X-Cross BL-32 4in1 40A 和 X-Cross 50/45/36A 等。BLHeliSuite32 既有电脑版也有手机版。BLHeliSuite32 常用来对温度保护、电动机转向、电动机进角、电调刹车、PWM 频率、启动音乐和油门信号等相关参数进行设置。

二、常用闭源飞控调试软件

1. DJI Naza-M Lite 软件

DJI Naza-M Lite 是大疆 Naza-M Lite 飞控调参软件，支持远程驱动效果，协助用户在计算机上完成无人机驱动效果，实现设备连接，进行无人机固件添加以及调参。主控器是系统的核心，可以通过它将电子调速器和遥控接收机等设备连接起来从而实现全自动驾驶功能。其中的 IMU 包含 3 轴加速度计、3 轴陀螺仪和气压高度计（用于识别姿态和高度）。

2. TopXGun 调参软件

TopXGun 调参软件是一个专门为 TopXGun 飞行控制设备打造的手机客户端软件，用户可以使用这款软件实时观看飞行控制设备的运行参数，同时还可以进行在线调节；通过蓝牙或者 otg 连接线与 TopXGun 飞行控制设备连接；支持 TopXGun T1、T1-S、T1-Pro 和 T1-A 的使用；支持参数设置；支持多旋翼无人机机型设置；支持 SBUS、PPM、PWM 遥控器设置和校准；支持 GPS 支架安装位置设置；支持遥控器灵敏度设置；支持飞行器低电压保护规则设置；支持 TopXGun T1、T1-S、T1-Pro 和 T1-A 的固件升级；支持 TopXGun T1、T1-S、T1-Pro 和 T1-A 的恢复默认参数。

三、加速度计基础知识

1. 加速度计的定义及作用

加速度计是测量加速度的仪表，即用于测量无人机在 X、Y、Z 三轴方向所承受的受动载荷（加速力）。受动载荷能决定无人机在静止状态时的倾斜角度，同时也用来提供水平及垂直方向的线性加速。加速度计还可以用来监测无人机所承受的振动。

2. 加速度计分类

加速度计按检测质量的位移方式分类有线性加速度计（检测质量作线性位移）和摆式加速度计（检测质量绕支承轴转动）；按支承方式分类有宝石支承、挠性支承、气浮、液浮、磁悬浮和静电悬浮等；按测量系统的组成形式分类有开环式和闭环式；按工作原理分类有振弦式、振梁式和摆式积分陀螺加速度计等；按输入轴数目分类，有单轴、双轴和三轴加速度计；按传感元件分类，有压电式、压阻式和电位器式等。通常综合几种不同分类法的特点来命名一种加速度计。

3. 加速度计在无人机上的应用

加速度计是无人机最重要的惯性传感器，也是导航系统进行算法融合的基础。

四、磁罗盘基础知识

1. 磁罗盘的定义及作用

磁罗盘是根据指南针原理制成的，由若干平行排列的磁针、刻度盘和磁误差校正装置组成的仪器。磁针固装在刻度盘背面，在地磁影响下，磁针带刻度盘转动，用以指示方位。

磁罗盘利用地磁场固有的指向性测量空间姿态角度。它可以测量载体三维姿态数据——水平航向、俯仰、横滚。对无人机主要用于飞行姿态测量。数字磁罗盘具有体积小、航向精度高、倾斜范围宽、频响高、低功耗的优点，很适用于既对航向精度有较高要求，同时又对功耗、体积有限制的无人机。

2. 磁罗盘的分类

航空磁罗盘有直读式和远读式两种。

（1）直读式。简单可靠，因装在磁干扰较大的驾驶舱内，故罗差较大。

（2）远读式。把磁罗盘改成磁航向传感器，安装在驾驶舱外，而将检测到的磁航向信息远距离传送给航向指示器并加以显示。它的优点是可把磁传感器安装在机上磁干扰较小的位置，如翼尖、尾翼等处，以减小罗差。

3. 磁罗盘在无人机上的应用

磁罗盘能为无人机提供方向感，能提供装置在 X、Y、Z 各轴向所承受磁场的数据。接着相关数据会汇入微控制器的运算法，以提供磁北极相关的航向角，然后就能用这些信息来侦测地理方位。为了算出正确方位，磁性数据还需要加速度计提供倾斜角度数据以补强信息。

磁罗盘对于硬铁、软铁或运转角度都非常敏感。硬铁能使磁罗盘读数产生永久性偏移，软铁能让磁罗盘读数产生可变动移位。因此，磁罗盘需要磁性传感器校正算法，以过滤掉这些异常状况。磁性传感器也可以用来侦测四周的磁性与含铁金属，如电极、电线、车辆、其他无人机等，以避免事故发生。

 **小知识**

> 硬铁是指传感器附近的坚硬、永久性铁磁性物质。软铁是指附近有弱铁磁性物质，如电路走线等。

五、陀螺仪基础知识

1. 陀螺仪的定义

陀螺是指绕一个支点高速转动的物体。陀螺仪是利用陀螺的力学性质所制成的具备各种功能的陀螺装置的总称。

2. 陀螺仪的分类

（1）按用途分类。按照用途可以分为传感陀螺仪和指示陀螺仪。传感陀螺仪用于飞行体运动的自动控制系统中，作为水平、垂直、俯仰、航向和角速度传感器。指示陀螺仪主要用于飞行状态的指示，作为驾驶和领航仪表使用。

（2）按结构分类。按照结构可以分为压电陀螺仪、微机械陀螺仪、光纤陀螺仪和激光陀螺仪。

3. 陀螺仪在无人机上的应用

陀螺仪属于无人机惯性测量单元的核心器件，陀螺仪传感器能监测三轴的角速度，因此可监测出俯仰、翻滚和偏摆时角度的变化率。角度信息的变化能用来维持无人机稳定并防止晃动。陀螺仪还能确保无人机根据用户控制装置所设定的角度旋转。

六、遥控器基础知识

1. 遥控器的定义

遥控器是一种通过现代的数字编码技术，将按键信息进行编码，通过红外线二极管发射光波，光波经过红外线接收器将收到的红外信号转变成电信号，进入处理器进行解码，解调出相应的指令，来达到控制设备完成所需要的操作要求的无线发射装置。

2. 遥控器的分类

目前无人机的遥控器主要有手机/平板遥控器、传统遥控器以及手表、手环和语音控制等新型遥控器。

七、其他智能传感器基础知识

1. 气压计

气压计是利用大气压力传感器侦测大气压力，并换算成大气高度的仪器，可以协助无人机导航，使无人机上升到所需的高度，准确估计上升与下降速度。

2. 超声波传感器

无人机超声波传感器是利用超声波碰到其他物质会反弹这一特性，进行高度控制的仪器。

3. MEMS 麦克风

MEMS 麦克风是一种能将声音信号转换为电子信号的音频传感器。MEMS 麦克风正逐渐取代传统麦克风，因为它能提供更高的信噪比、更小的外形尺寸、更好的射频抗扰性，面对振动时也更加稳健。这类传感器可应用在无人机的影片拍摄、监控等。

学习单元 2 调试参数

一、飞行模式设置基础

飞行模式的设置是在连接飞控、安装地面站、功能模块、刷新固件、机架类型选择、校准加速度计、校准罗盘、飞行模式设置的基础上进行的。下面分别进行介绍。

1. 连接飞控

（1）使用 USB 连接 APM 与计算机。使用 USB 数据线直接连接 APM（Pixhawk），将数据线一头接入计算机 USB 口，另一头接入飞控调试接口。

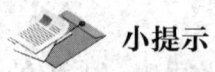 **小提示**

必须使用具有数据传输功能的连接线，使用只有充电功能的连接线或接触不良的连接线将无法连接。

（2）连接。数据线连接后在主界面右上角连接界面，将波特率选为115 200，COM端选择接入飞控后识别的端口，之后单击"连接"，等待连接完成。数据链连接配置图如图5-5所示。

图5-5 数据链连接配置图

2. 安装地面站

以Mission Planner地面站安装为例进行说明。

（1）下载地面站。进入https：//firmware.ardupilot.org/Tools/MissionPlanner/，下载".msi"后缀的文件，尽量选择最新的版本。Mission Planner下载如图5-6所示。

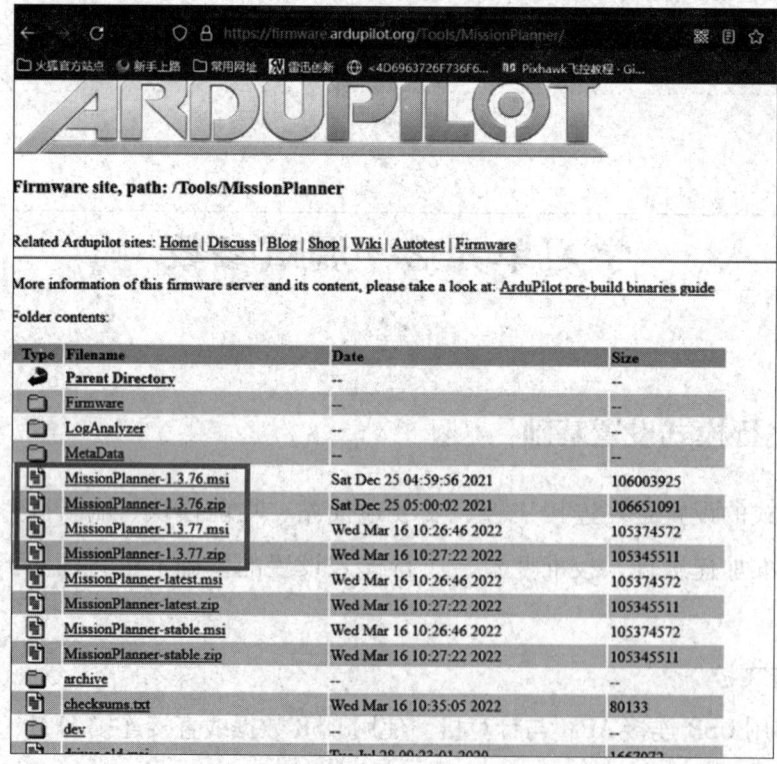

图5-6 Mission Planner下载

（2）安装。安装时跟随提示即可，默认地址为：C：\Program Files（x86）\Mission Planner\。Mission Planner 安装过程如图 5-7 所示。

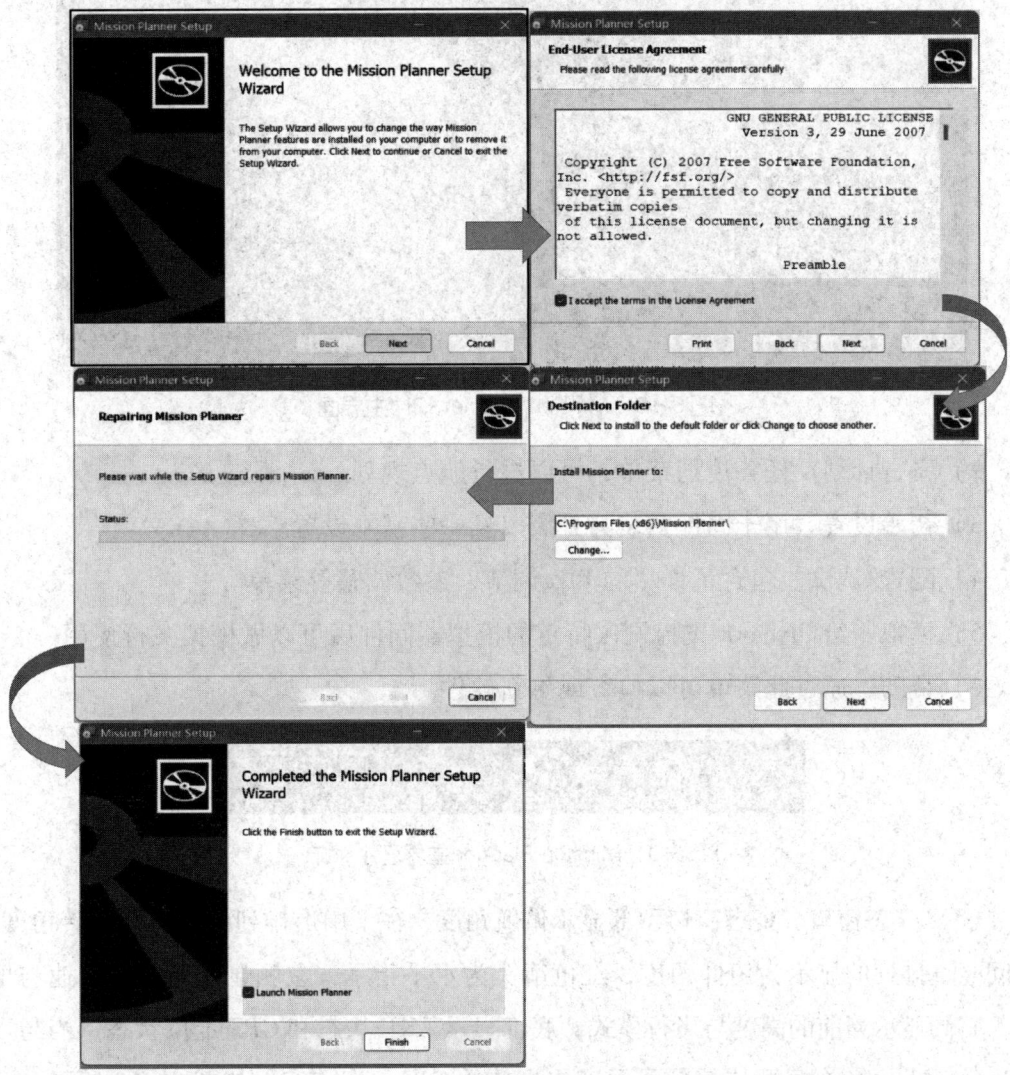

图 5-7　Mission Planner 安装过程

（3）启动。启动 Misson Planner 程序会进入主界面。Mission Planner 主界面如图 5-8 所示。

（4）主菜单。主界面左上方为 6 个主菜单按钮，分别是飞行数据、飞行计划、初始设置、配置/调试、模拟和帮助菜单。Mission Planner 主界面主菜单如图 5-9 所示。

1）飞行数据。实时显示飞行姿态与数据。

图 5-8　Mission Planner 软件主界面

2）飞行计划。任务规划菜单，可以进行航点规划。

3）初始设置。用于固件安装与升级以及一些基本设置。

4）配置/调试。包含了详尽的 PID 调节、参数调整等菜单。

5）模拟。给 Pixhawk 飞控刷入特定的模拟器固件后可以做模拟飞行使用。

6）帮助。通过此菜单可以检查或更新软件。

图 5-9　Mission Planner 主界面主菜单

（5）姿态窗口。姿态窗口顶部显示偏航角度，往下扇形排列的显示为滚转角度，中间竖直排列的显示为俯仰角度，红色箭头为水平指示，左侧显示当前的空速与地速，右侧显示当前的高度与飞行模式，底部显示 EKF 状态和 GPS 定位状态，当与飞控连接时右上角会显示连接信号强度与当前的时间。姿态窗口如图 5-10 所示。

（6）标签页。姿态窗口下的标签页可以通过自定义选择要显示的信息，包括航点数据、遥测日志、舵机状态等。标签页如图 5-11 所示。

3. 功能模块

功能模块主要介绍下载与分析日志、地图切换及航点规划三部分。

（1）下载与分析日志。在 Mission Planner 姿态窗口下方的"数据闪存日志"标签页，单击"通过 Mavlink 下载闪存日志"按钮，可以下载飞控中的日志，如图 5-12 所示。

职业模块5　信息技术基础知识

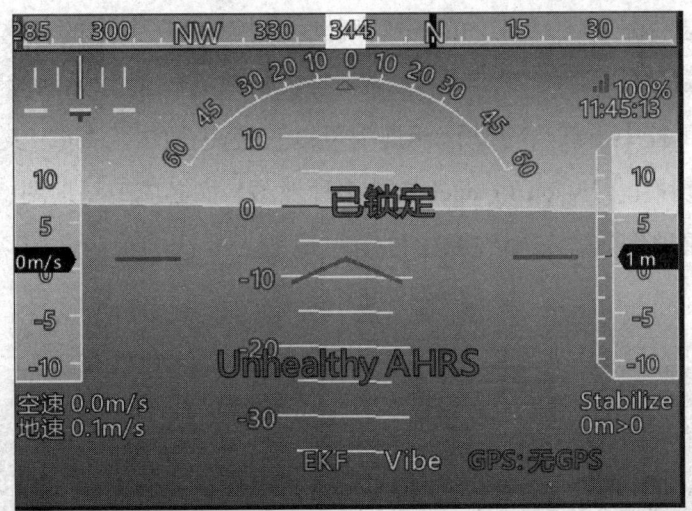

图5-10　姿态窗口

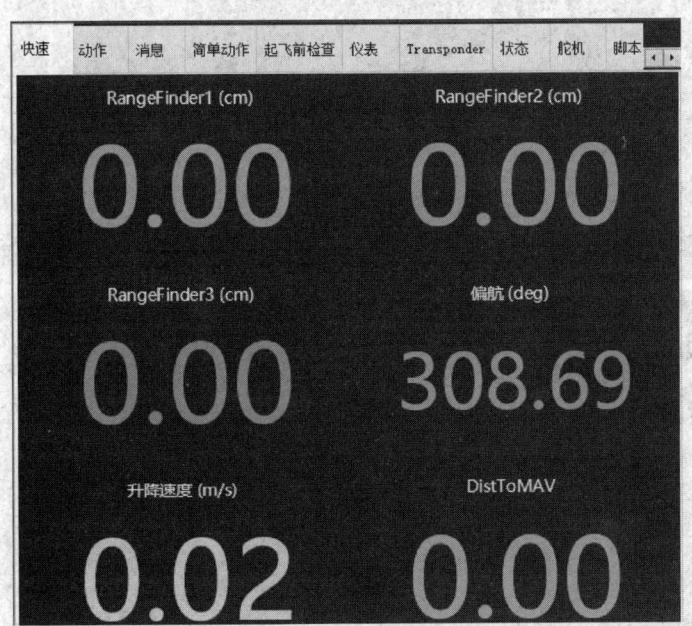

图5-11　标签页

图5-12　"数据闪存日志"标签页

飞控的日志都是以".bin"的格式存储在飞控的SD卡中的,这种".bin"文件是一种二进制文件,内部信息是以特殊的帧格式存储的,无法直接阅读。使用软件将日志从飞控中下载后将默认转换为可以直接阅读的".log"文件。

(2)地图切换。Mission Planner支持多种地图,如必应卫星地图、谷歌中国卫星地图、高德卫星地图等,其中谷歌中国卫星地图为默认选项。地图切换如图5-13所示。

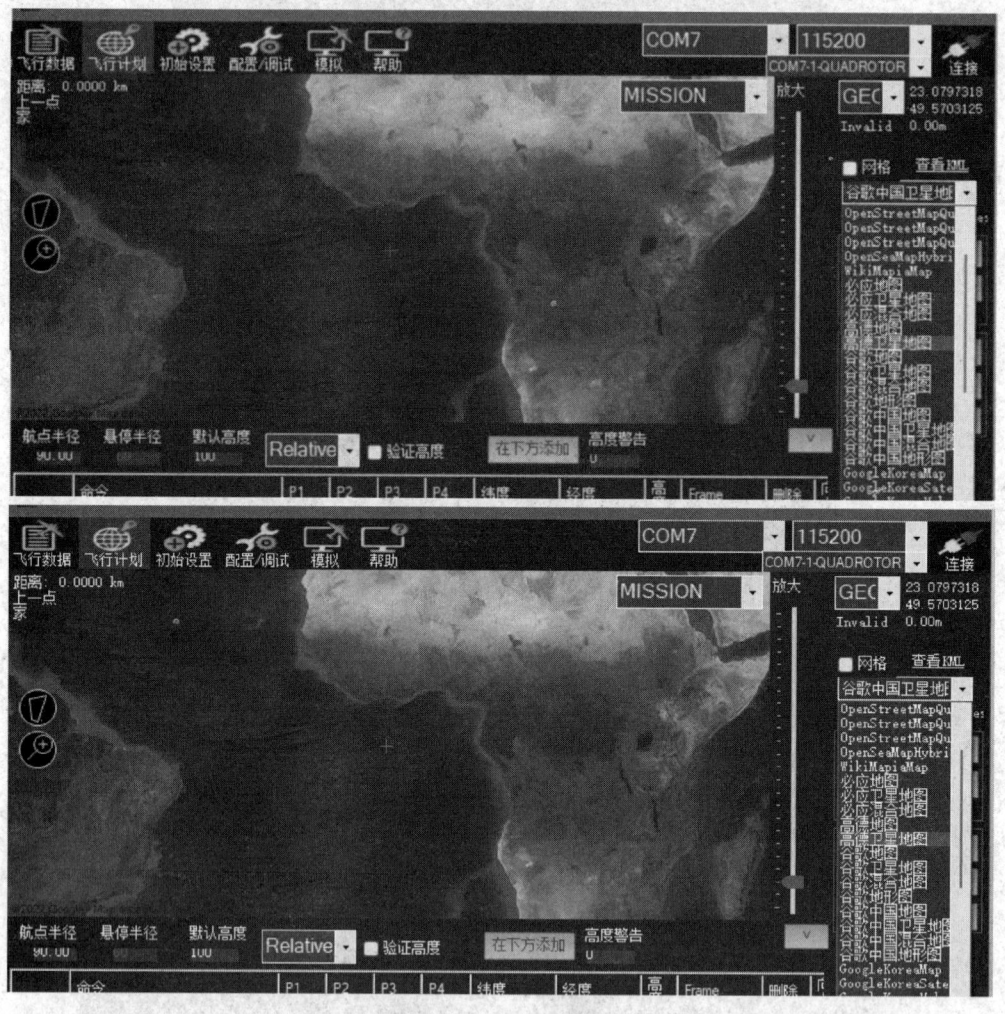

图5-13 地图切换

打开"飞行计划"页面,在右侧下拉列表中选择打算选用的地图,缩放左边的地图,或者重启Mission Planner,地图就可以更新了,这时"飞行数据"页面的地图也会变为刚才修改的地图。

(3) 航点规划。Mission Planner 可以通过"飞行计划"界面使无人机按照提前规划好的航点进行飞行。航点规划界面如图 5-14 所示。

图 5-14　航点规划界面

1) 选择需要加载的地图，一般情况下选择必应卫星地图或谷歌中国卫星地图。在地图上单击创建航点，同时下方会显示航点信息。航点创建信息示意图如图 5-15 所示。

2) 航点信息设置。航点规划后可以进行航点信息栏设置，使无人机在不同的航点完成不同的飞行动作。航点信息设置如图 5-16 所示。将航点 4 的命令改为"DO_JUMP"航点跳转，并把跳转后的航点"WP#"选为航点 1，设置循环次数"Repeat#"为 20。如此，当无人机飞至航点 4 之后将再次飞往航点 1，并在第 20 次循环完成后停止飞行。

4. 刷新固件

用数据线将飞控与计算机连接，此时不单击右上角的"连接"，进入"初始设置"，单击"安装固件"，选择机架类型如"四轴"，弹出是否继续对话框，选择"是"之后等待安装完成。刷新固件如图 5-17 所示。

固件刷新好后必须返回"飞行数据"界面才可以单击"连接"。连接成功后返回"初始设置"界面，会出现"必要硬件"的选项，之后的大部分调试都会在此进行。"必要硬件"选项如图 5-18 所示。

图 5-15 航点创建信息示意图

图 5-16 航点信息设置

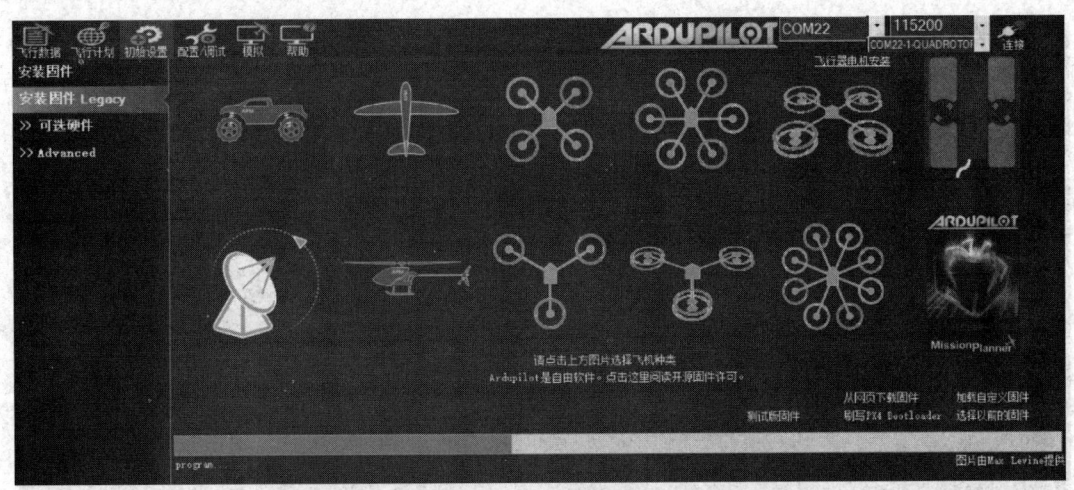

图 5-17 刷新固件

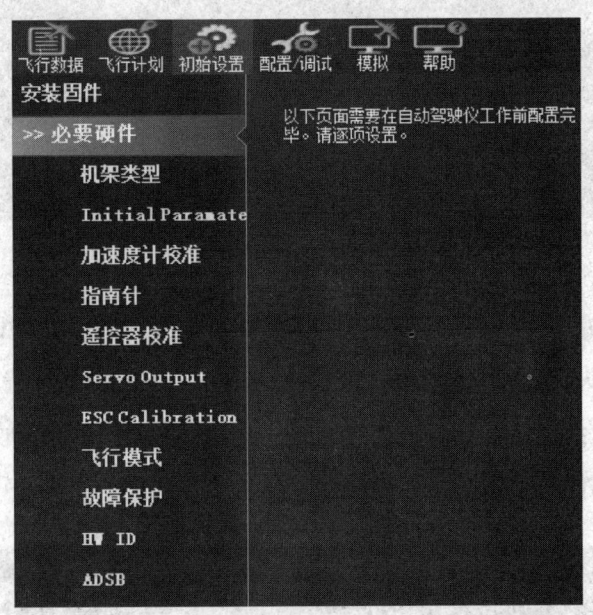

图 5-18 "必要硬件"选项

5. 机架类型选择

在"必要硬件"栏内单击"机架类型",然后在右侧选择要调试的机架类型。机架类型选择如图 5-19 所示。

6. 校准加速度计

加速度计校准前将飞机水平放置,校准过程会执行 6 个动作,每次需确认后才能进行下一个动作。单击"必要硬件"栏内"加速度计校准",然后根据提示进行

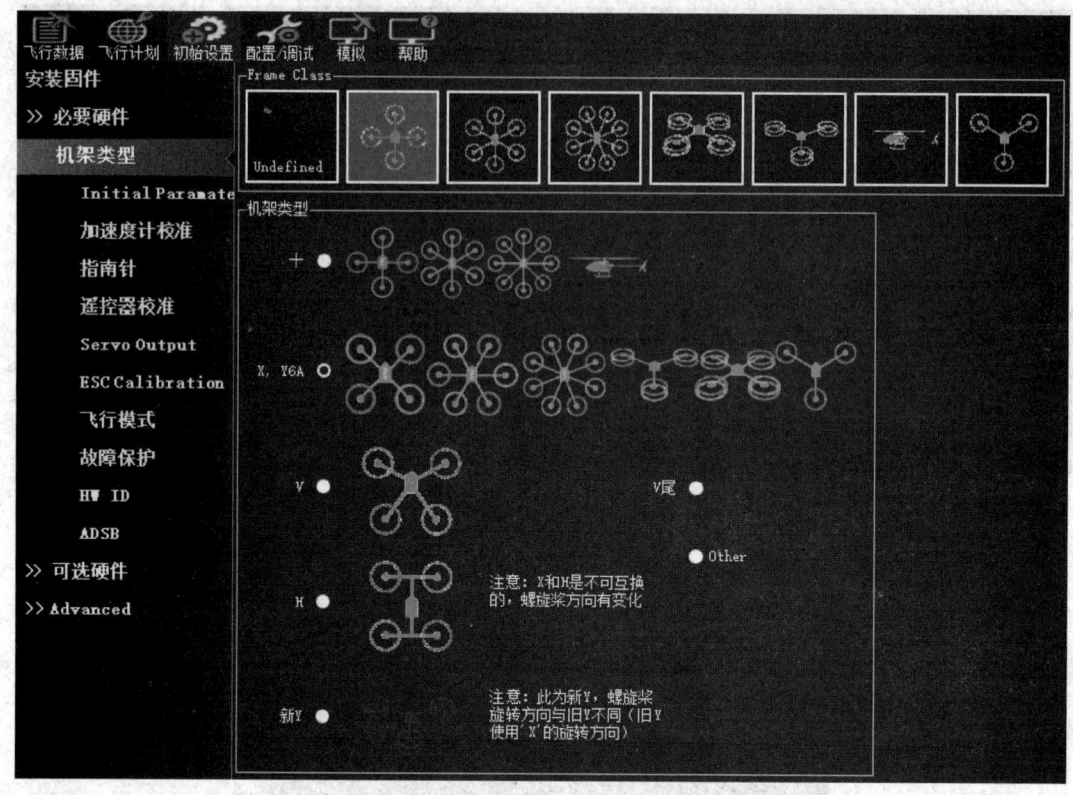

图 5-19 机架类型选择

操作，顺序一般为"LEVEL"放平、"LEFT"飞控向左、"RIGHT"飞控向右、"DOWN"飞控箭头向下、"UP"飞控箭头向上、"BANK"倒置，成功后会提示"successful"，失败会提示"failed"，失败一般是飞控没有准确放置，方位需再次校准。加速度计校准界面如图 5-20 所示。

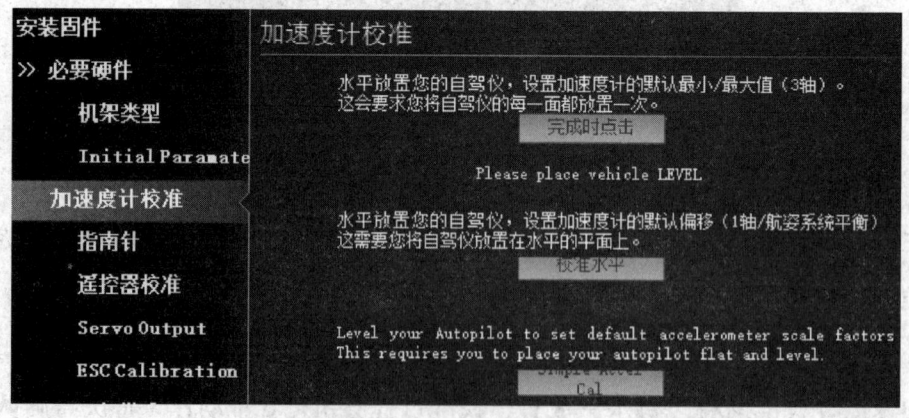

图 5-20 加速度计校准界面

以上步骤完成后水平放置飞机，单击下方的校准水平，等待自动校准完成。校准完成界面如图5-21所示。

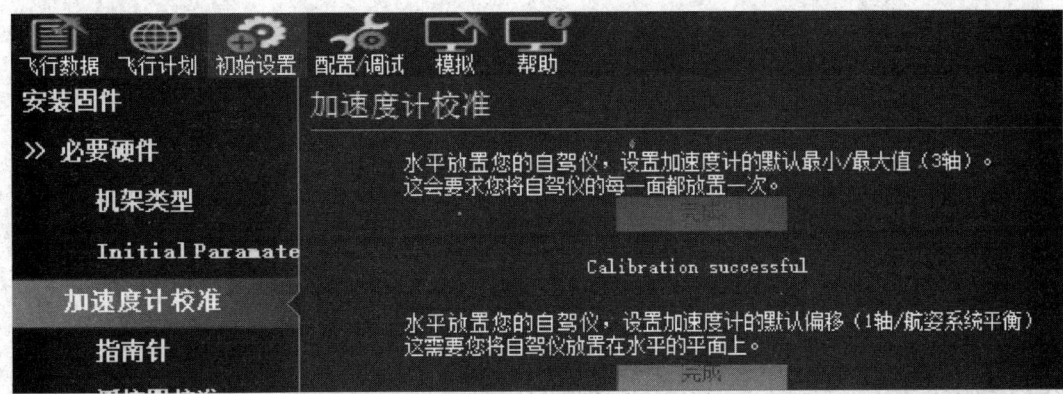

图5-21 校准完成界面

完成加速度计校准后拔出调试线使飞控断电保存，再重新连接飞控校准下一项。

7. 校准罗盘

进入"指南针"界面，在顶部确认罗盘位置（飞控里面和GPS模块里分别各有一个指南针，GPS里集成的指南针一般叫作外置罗盘1，飞控里面的指南针叫作内置罗盘2），一般不做更改，软件会自动识别。校准罗盘界面如图5-22所示。

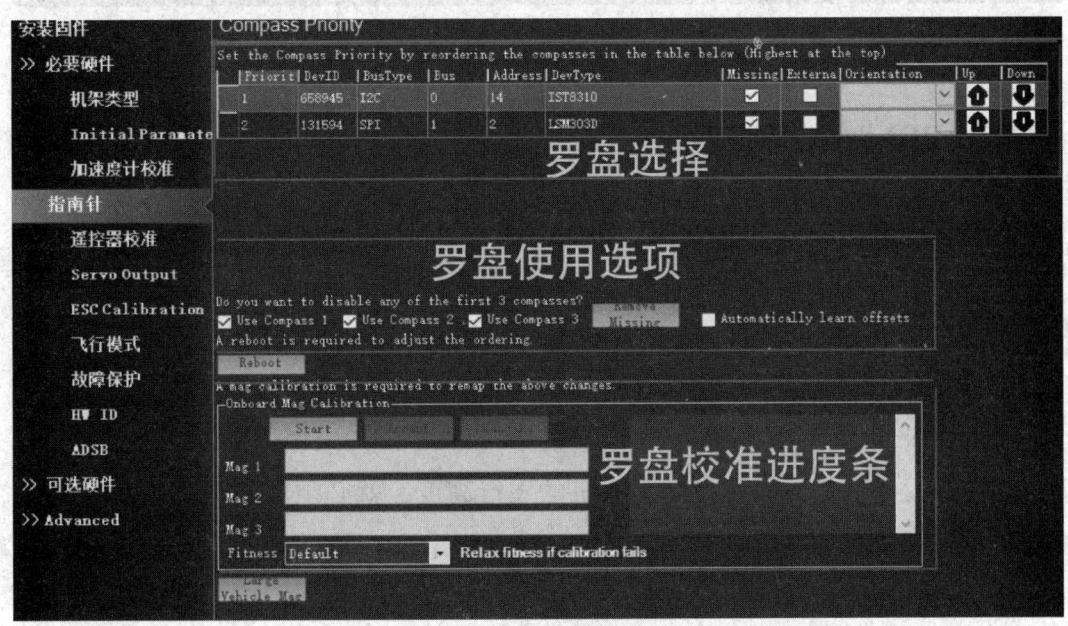

图5-22 校准罗盘界面

选择要使用的罗盘，并勾选"自动学习偏移量"。单击"Start"，然后将飞机绕三轴旋转，直至下方进度条读满，校准就完成了，校准完成后要求重启飞控。

8. 飞行模式设置

飞机的飞行姿态，一方面是通过遥控器摇杆人为控制，如前后左右运动，另一方面就是靠选定的飞行模式控制，保持空中定高或者定点。切换不同的飞行模式，飞机也就执行不同的预设动作。一般设置"Stabilize"自稳模式、"AltHold"定高模式、"Loiter"定点模式三种模式。飞行模式设置界面如图 5-23 所示。

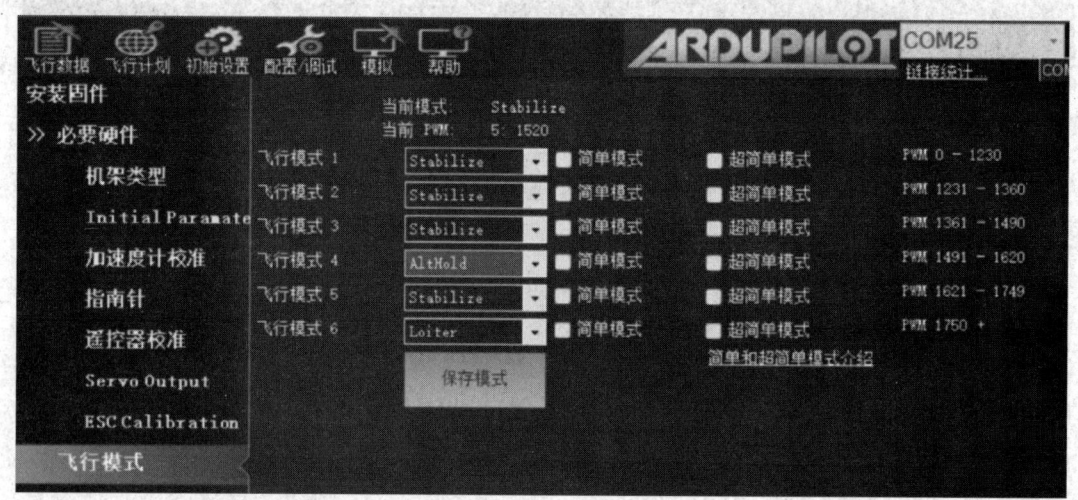

图 5-23　飞行模式设置界面

二、PID 调试基础知识

无人机控制中使用最广泛的控制即为 PID 控制，PID 控制是一种线性控制。PID 控制方法简单，无须前期建模，参数物理意义明确，适用于飞行精度要求不高的控制。

1. PID 算法

PID 算法是一个闭环控制算法，因此，要实现 PID 算法，必须在硬件上具有闭环控制，就是有反馈。如要控制无人机的飞行高度，就必须有一个测量高度的传感器，能够将测量的高度结果反馈到控制器中进行 PID 算法。

2. 控制规律

（1）比例控制规律（P）。采用 P 控制规律能较快地克服扰动的影响，它作用输出值较快，但不能很好稳定在一个理想的数值，不良的结果是虽能有效地克服扰动的影响，但会有余差出现。它适用于控制通道滞后较小、负荷变化不大、控制要求不高、被控参数允许在一定范围内有余差的场合。

（2）比例积分控制规律（PI）。在工程中比例积分控制规律是应用最广泛的一种控制规律。积分能在比例的基础上消除余差，它适用于控制通道滞后较小、负荷变化不大、被控参数不允许有余差的场合。

（3）比例微分控制规律（PD）。微分控制具有超前作用，对于具有容量滞后的控制通道，引入微分参与控制，在微分项设置得当的情况下，对于提高系统的动态性能指标有着显著效果。因此，对于控制通道的时间常数或容量滞后较大的场合，为了提高系统的稳定性，减小动态偏差等可选用比例微分控制规律。对于那些纯滞后较大的区域，微分项几乎不起作用，而在测量信号有噪声或周期性振动的系统，也不宜采用微分控制。

（4）比例积分微分控制规律（PID）。PID控制是一种较理想的控制规律，它在比例的基础上引入积分，可以消除余差，再加入微分，又能提高系统的稳定性。它适用于控制通道时间常数或容量滞后较大、控制要求较高的场合。

总之，无人机飞行控制规律要根据飞行任务和飞行场景的要求来选取，并不是说PID控制规律在任何情况下都具有较好的控制效果。当采用经典的PID控制规律达不到飞行任务要求时，则需要考虑进行PID参数整定或者采用其他的控制规律。

3. PID参数整定

PID参数整定是指通过调节PID控制公式中的比例、积分、微分系数，去控制比例环节、积分环节、微分环节对被控系统的作用程度。例如，比例环节，通过调节其系数实现快速减小系统误差，超调量尽量小的效果；积分环节，通过调节其系数实现系统既不会产生发散性振荡，系统静态误差又尽量小的效果；微分环节是阻尼效果，既要保证比例环节的快速性，又要在系统误差即将为零时抑制偏差反方向变化。

4. PID控制算法

PID控制算法是集比例、积分和微分三种环节于一体的控制算法，主要适用于基本线性和动态特性不随时间变化的系统。在对大部分纯滞后线性系统进行PID控制时，都能采用频域法、时域法等对参数进行调节并优化回路控制效果。

PID 控制的实质就是根据输入的偏差值，按照比例、积分、微分的函数关系进行运算，运算结果用以控制输出。它根据给定值 $r(t)$ 与实际输出值 $y(t)$ 构成偏差：$e(t) = r(t) - y(t)$。将偏差的比例（P）、积分（I）和微分（D）通过线性组合构成控制量，对受控对象进行控制。其控制规律为：

$$u(t) = K_p\left[e(t) + \frac{1}{T_i}\int_0^t e(\tau)d\tau + T_d\frac{de(t)}{dt}\right] = K_p e(t) + K_i\int_0^t e(\tau)d\tau + K_d\frac{de(t)}{dt}$$

传递函数为：

$$G(s) = \frac{U(s)}{E(s)} = K_p\left(1 + \frac{1}{T_i s} + T_d s\right) = K_p + K_i\frac{1}{s} + K_d s$$

式中，K_p 为比例系数，T_i 为积分时间常数，T_d 为微分时间常数，$K_i = \frac{K_p}{T_i}$ 为积分系数，$K_d = K_p \times T_d$ 为微分系数。

比例环节根据系数缩放差值，当输入的差值不为零，比例环节会持续作用。超调量随着比例系数 K_p 的增大而上升，同时系统的响应速度也会变快，但稳定性会随之降低，选取适合的比例系数可以同时保证控制系统的稳定性以及快速性。积分环节通过对偏差信号积分实现对控制的影响，可提高系统的型次、精确度。积分时间常数 T_i 越小，积分系数 K_i 越大，积分作用越强，此时可能导致系统的滞后和超调。一般通过控制切换积分通道，在偏差较小时接通积分作用，可以使系统上升阶段更快速，并在稳定状态保持较高精度。微分环节相当于提前控制，对偏差信号的微分可以得到偏差的改变趋势并提前作出反应。可以增加系统阻尼，提高稳定性，但对高频干扰有较大的放大作用，可通过低通滤波器对高频噪声进行削弱。

PID 控制器的 K_p、T_i、T_d 三个参数的大小决定了 PID 控制器的比例、积分、微分控制作用的强弱。

5. PID 控制调节过程

（1）给出开环响应，确定需要改善的目标。

（2）增加比例控制，改善上升时间。

（3）增加微分控制，改善超调。

（4）增加积分控制，消除稳态误差。

（5）逐个调节 K_p、K_i 与 K_d，直到满足期望性能，PID 参数调节见表 5-1。

表 5-1 PID 参数调节

闭环响应	上升时间	超调	调节时间	稳态误差
K_p	下降	上升	变化很小	下降
K_i	下降	上升	上升	消除
K_d	变化很小	下降	下降	变化很小

6. PID 参数整定的一般原则及步骤

（1）PID 参数整定的一般原则

1）在输出不振荡时，增大比例增益 P。

2）在输出不振荡时，减小积分时间常数 T_i。

3）在输出不振荡时，增大微分时间常数 T_d。

（2）PID 参数整定的一般步骤

1）确定比例增益 P。确定比例增益 P 时，首先去掉 PID 的积分项和微分项，使 PID 为纯比例调节。输入设定为系统允许的最大值的 60%～70%，由 0 逐渐加大比例增益 P，直至系统出现振荡；再反过来，从此时的比例增益 P 逐渐减小，直至系统振荡消失，记录此时的比例增益 P，设定 PID 的比例增益 P 为当前值的 60%～70%，比例增益 P 调试完成。

2）确定积分时间常数 T_i。比例增益 P 确定后，设定一个较大的积分时间常数 T_i 的初值，然后逐渐减小 T_i，直至系统出现振荡，之后再反过来，逐渐加大 T_i，直至系统振荡消失。记录此时的 T_i，设定 PID 的积分时间常数 T_i 为当前值的 150%～180%，积分时间常数 T_i 调试完成。

3）确定积分时间常数 T_d。积分时间常数 T_d 一般不用设定，为 0 即可。若要设定，与确定 P 和 T_i 的设定方法相同，取不振荡时的 30%。

4）系统空载、带载联调，再对 PID 参数进行微调，直至满足要求。

培训课程 3 常用办公软件操作基础知识

学习单元 1　Excel 基本操作

一、Excel 工作界面与基本操作

1. Excel 工作界面

（1）功用。Excel 主要用于电子表格的处理，可以高效完成各种表格和图的设计，进行复杂的数据计算和分析，同时还具有强大的数据运算能力及数据统计功能，在管理、金融、财务、审计、市场销售和办公等多个领域发挥着重要的作用。

（2）工作界面。启动 Excel 后，屏幕上就会出现 Excel 的工作界面窗口。Excel 的工作界面窗口主要由标题栏、快速访问工具栏、功能区、编辑栏、工作区、状态栏六部分组成。Excel 工作界面窗口如图 5-24 所示。

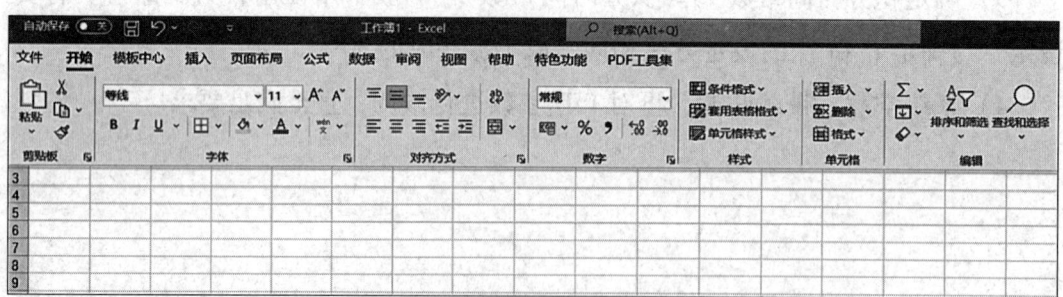

图 5-24　Excel 工作界面窗口

2. Excel 基本操作

（1）新建工作表。Excel 为新建工作表提供了一个专用按钮"+"，单击该按

钮将在最后一个工作表之后创建一个新工作表。

（2）快捷菜单

1）右击工作表 sheet 标签，在弹出的快捷菜单中执行相关命令。右击 sheet 后的快捷菜单如图 5-25 所示。

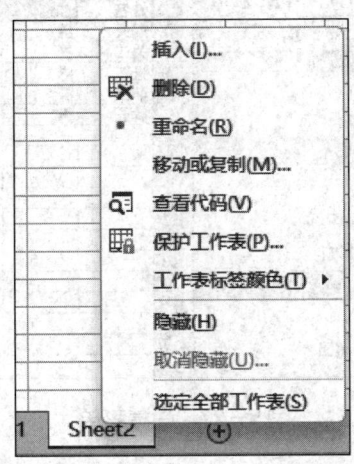

图 5-25　右击 sheet 后的快捷菜单

2）在功能区中找到"工作表"，在下拉菜单中单击相关命令，完成工作表的插入、删除、移动、复制、保护、重命名以及工作表标签颜色的改变等相应操作。功能区插入按钮如图 5-26 所示。

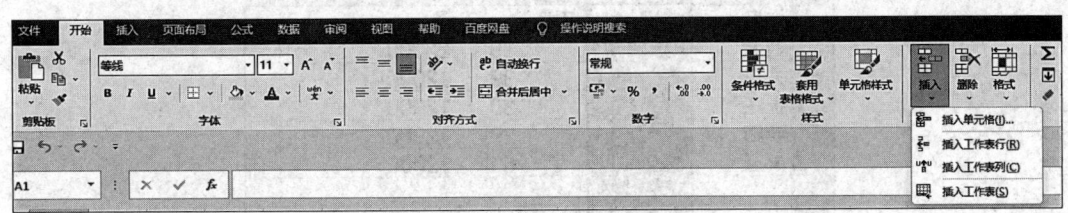

图 5-26　功能区插入按钮

3）在重命名工作表时，其名称最多可包含 31 个字符，可以包含空格，但不能包含冒号、问号、星号、斜线（/）和反斜线（\）等。

二、编辑数据

1. 行和列的设置

在实际制作表格时，通常都需要对表格的结构进行编辑调整，包括在数据区域中插入新行/新列，移动行/列的位置，隐藏（取消隐藏）行/列，以及设置行高和列宽。

选中某一列或某一行，右击鼠标，在弹出的快捷菜单中执行相应命令，即可实现相应操作。快捷菜单如图 5-27 所示。

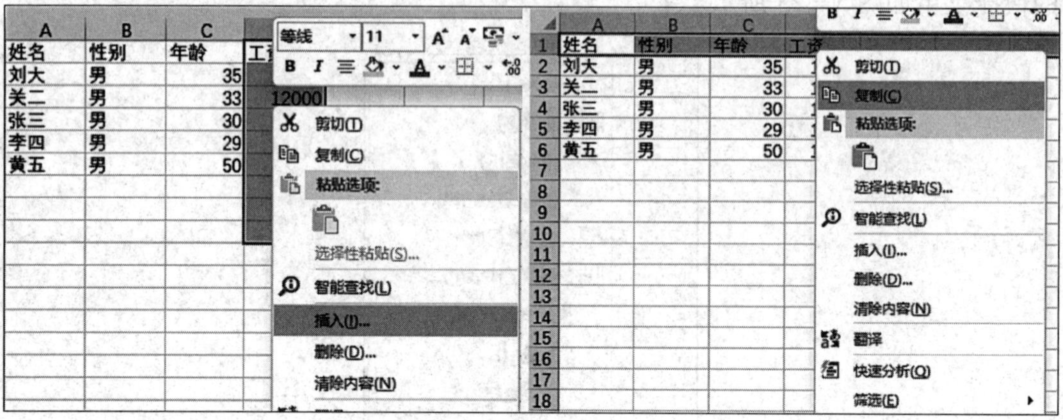

图 5-27 快捷菜单

如果需要调整列/行数据的次序，选中需要调整的列/行，按住【Shift】键并拖动鼠标至新的位置，纵向/横向虚线时释放鼠标和按键即可。调整列的位置如图 5-28 所示。

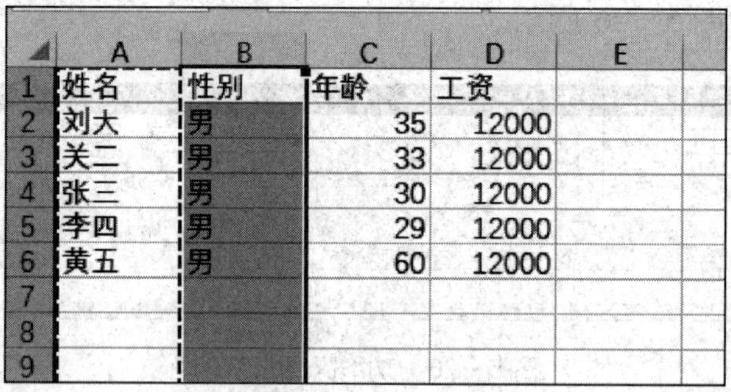

图 5-28 调整列的位置

行高和列宽的设置，可以点击右键在行高/列宽对话框中精确设置；也可以手工调整，即上下拖动行与行之间的边界线调整行高，左右拖动列与列之间的边界线调整列宽；还可以单击功能区中的"开始"→"单元格"→"格式"按钮，在弹出的菜单中执行"自动调整列宽""自动调整行高"命令。

2. 单元格的格式设置

选中需要设置的单元格，右击鼠标，在弹出的快捷菜单中选择"设置单元格格式"，在弹出的对话框中可以完成对单元格中的数字、对齐、字体、边框、填充、保护等设置。设置单元格格式如图 5-29 所示。

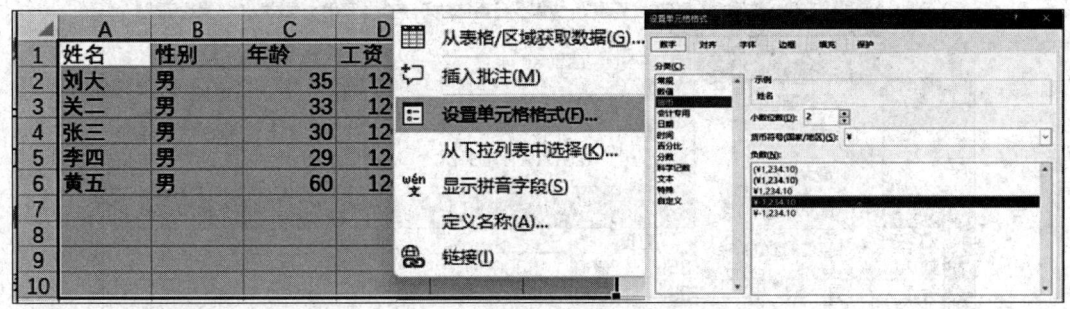

图 5-29　设置单元格格式

三、常用公式和函数

1. 公式的使用

选中需要输入结果的单元格，在编辑栏中输入公式，输入公式时切记先输入"="，之后单击完成公式所需数据所在的单元格，公式内容全部输入后按【Enter】键即可输出结果。公式的输入如图 5-30 所示。

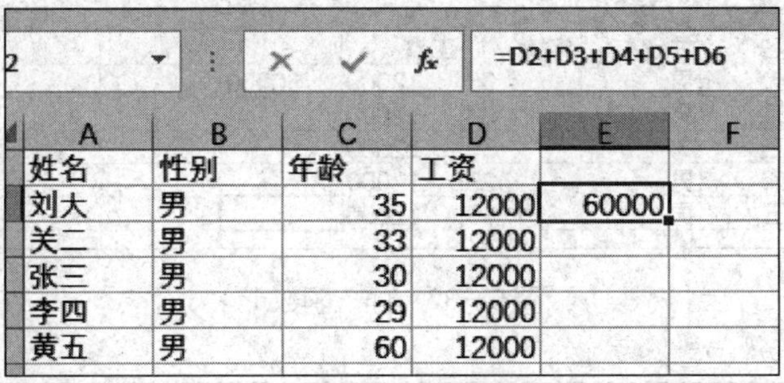

图 5-30　公式的输入

2. 常用函数的使用

Excel 中提供了 5 个常用的函数：求和、平均值、计数、最大值和最小值。单击"公式"选项卡中的"自动求和 ∑"按钮，将在其下拉列表中显示这几个常用的函数项。如果首先选中了用于进行求和、求平均值等计算的单元格区域，则选中相应的选项即可在所选单元格的下部单元格中显示所求得的值。通过相同的操作，可以进行求平均值、计数、最大值和最小值的计算。常用函数的应用如图 5-31 所示。

图 5-31 常用函数的应用

如果不能确定函数的拼写方式和参数，可以使用函数向导插入函数。在弹出的"插入函数"对话框中选择相应的函数完成计算，插入函数 1 如图 5-32 所示；插入函数 2 如图 5-33 所示；插入函数 3 如图 5-34 所示。

图 5-32 插入函数 1

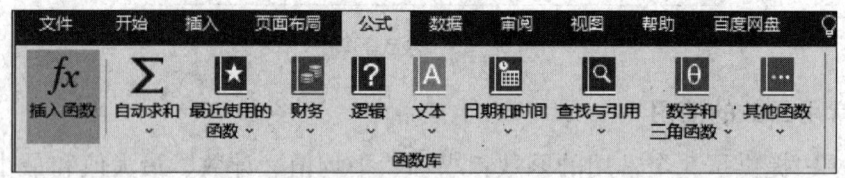

图 5-33 插入函数 2

四、图表编辑

1. 图表

图表是以工作表中的数据为基础创建的，以图形表现数据，从而直观体现工

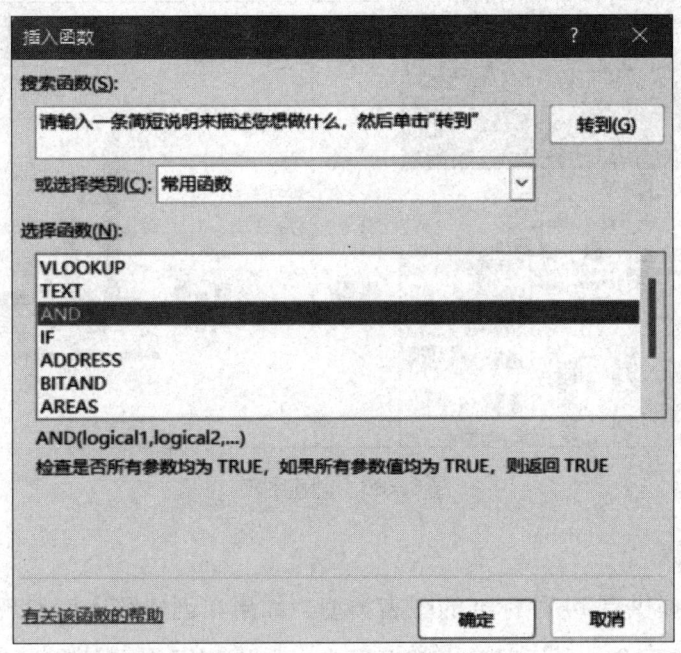

图 5-34　插入函数 3

作表中各数据间关系的表现形式。Excel 提供有多种类型的图表，常用的有柱状图、折线图和饼图等。其中，柱状图多用于显示一段时间内的数据变化或各项数据之间的比较情况；折线图可以显示随时间而变化的连续数据；饼图用于显示一个数据系列中各项的大小与各项总和的比例等。用户可以根据实际需要选择图表类型，如图 5-35 所示。

图 5-35　图表

2. 创建图表

打开含有数据的工作簿，选择创建图表的数据源，切换至"插入"选项卡，单击"图表"选项组中的"柱形图"按钮，打开"柱形图"下拉面板，单击"二维柱形图"组下的"簇状柱形图"项，即可在当前工作表中创建图表，如图 5-36 所示。

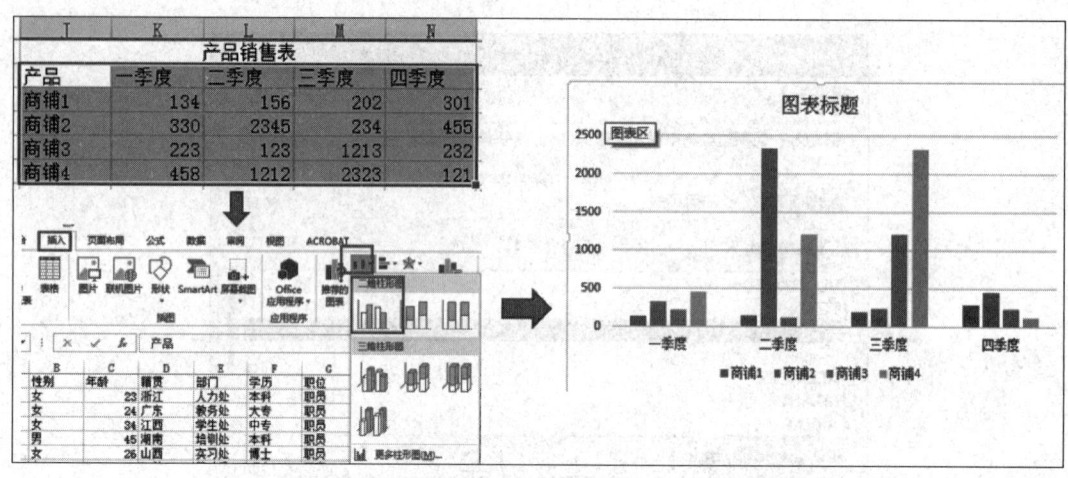

图 5-36 创建图表

3. 图表编辑

Excel 默认提供有 14 种标准的图表类型，如果在创建图表后发现图表类型并不是很符合设计的要求，则可以选中整个图表，切换至图表工具的"设计"选项卡，单击"类型"组中的"更改图表类型"按钮，对其进行更改。更改图表类型如图 5-37 所示。

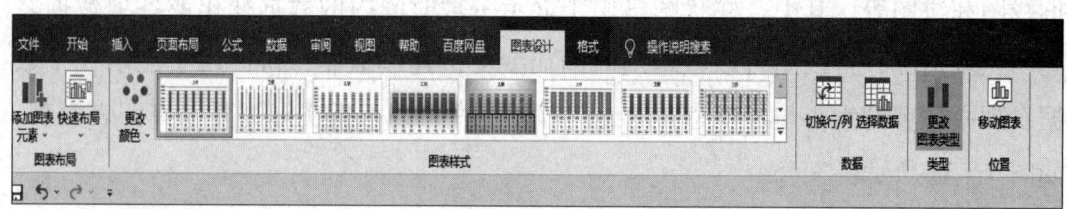

图 5-37 更改图表类型

在同一个图表类型下，Excel 还提供了多种可直接应用的图表样式。图表样式主要用于对图表项的颜色等进行更改。更改图表样式如图 5-38 所示。

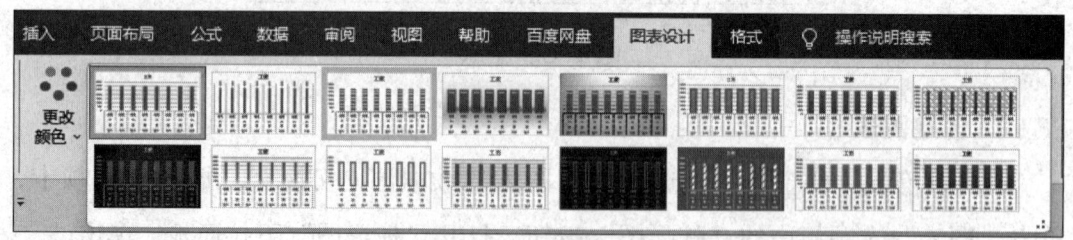

图 5-38 更改图表样式

Excel 提供了用户可直接应用的图表布局方式，例如，默认创建的柱形图表不包含图表标题，用户可使用更改图表布局的方式为其添加标题。更改图表布局如图 5-39 所示。

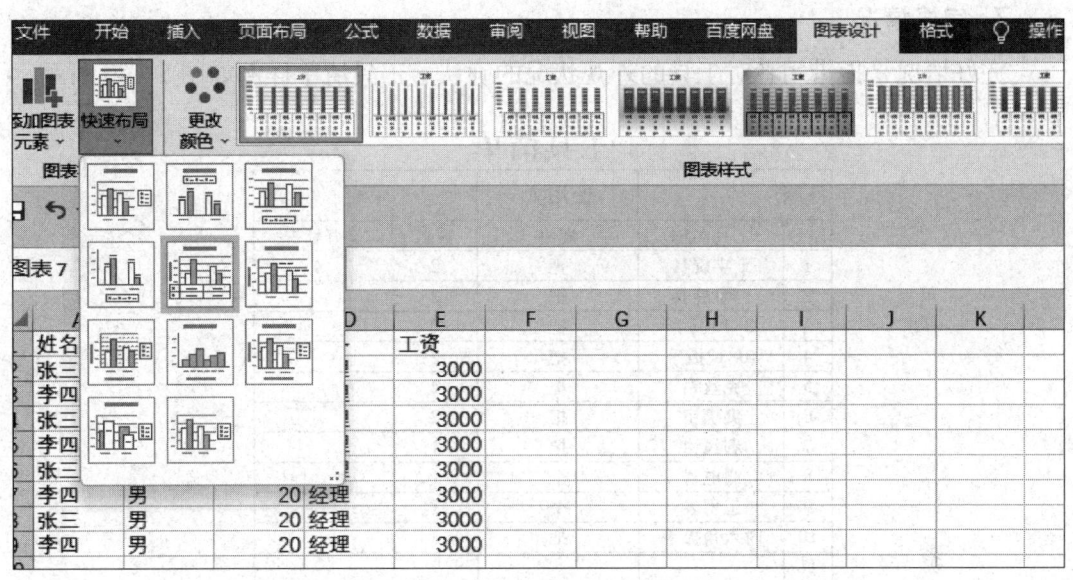

图 5-39　更改图表布局

五、编制工具和设备清单

编制工具和设备清单应包括日期、使用人（清点人）、序号、名称、规格、数量、完好情况等要素。

1. 日期

日期是指工具和设备的使用时间。

2. 使用人（清点人）

使用人（清点人）是指工具、设备的使用者，负责工具的借用、使用以及使用过程中的保管、清洁、归还，并对借到的工具进行签字确认。

3. 序号

序号是告诉使用者工具有多少种（类），以便于使用者根据需要进行选取。

4. 名称

名称是告诉使用者某个序号的工具叫什么名字。

5. 规格

规格是告诉使用者工具的适用范围。

6. 数量

数量是指使用者借工具的量,需要手填。

7. 完好情况

完好情况是指借用者对工具的外观状况的确认。工具清单样例如图5-40所示。

工具清单

日期		使用人		
序号	工具名称	规格	数量	完好情况
1	十字旋具	把	2	
2	一字旋具	把	2	
3	8×10扳手	把	2	
4	10×12扳手	把	2	
5	克丝钳	把	2	
6	尖嘴钳	把	2	
7	剥线钳	把	1	
8	测电器	个	1	
9	三用表	个	1	
10	内六角扳手	把	3	
11				
12				
13				
14				
15				
16				

图5-40 工具清单样例

学习单元2　Word基本操作

一、Word工作界面与文档的基本操作

1. Word工作界面

Word是一款文字处理应用程序,集文字输入、格式排版、图片穿插等多种功能于一身,是日常办公不可或缺的工具,被广泛地应用于财务、行政、人事等众多领域。启动Word后,屏幕上就会出现Word的工作窗口。窗口主要由"常用"工具栏、标题栏、"文件"按钮、功能区、导航区、文档编辑区和状态栏等部分

组成。

2. 文档的基本操作

启动 Word，在新建的空白文档中完成文档编辑后，单击"文件"，在弹出的菜单中可执行保存、另存、打印、共享等相应指令。为了防止泄密或者防止别人更改自己的文档，可以为文档设置权限，以保护文档。可执行"文件"→"信息"命令，在"保护文档"下拉菜单中选择需要使用的保护文档的方式。文档保护如图 5-41 所示。

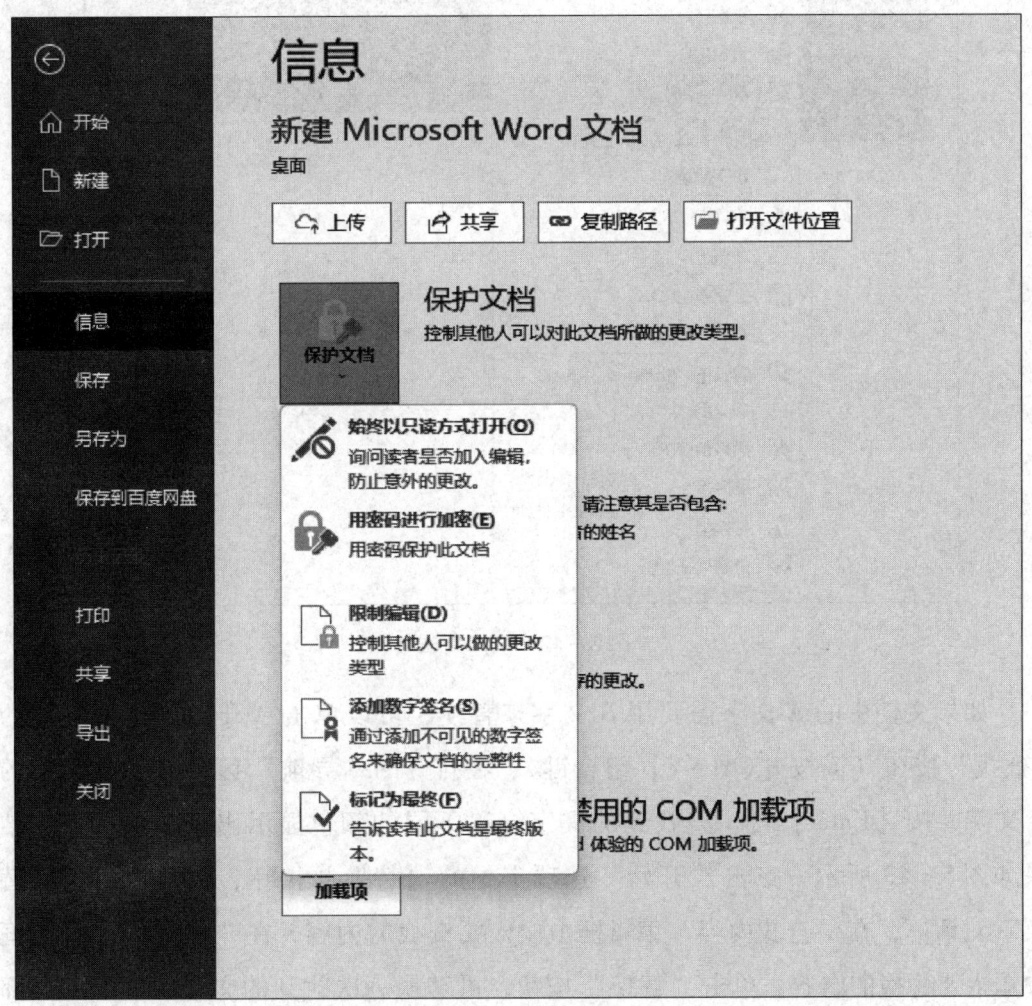

图 5-41 文档保护

二、文档的编辑

在 Word 文档中输入文本后，通常都需要对其进行编辑，使读者更方便地阅读。按住鼠标左键向右或向下拖动，选择需要编辑的文本。右击鼠标，在弹出的快捷菜单中即可实现对选中文本进行剪切、复制、粘贴、链接等相应操作，也可实现对其字体、段落等的设置。选定需要复制的内容后，单击右键可弹出快捷菜单栏，如图5-42所示。

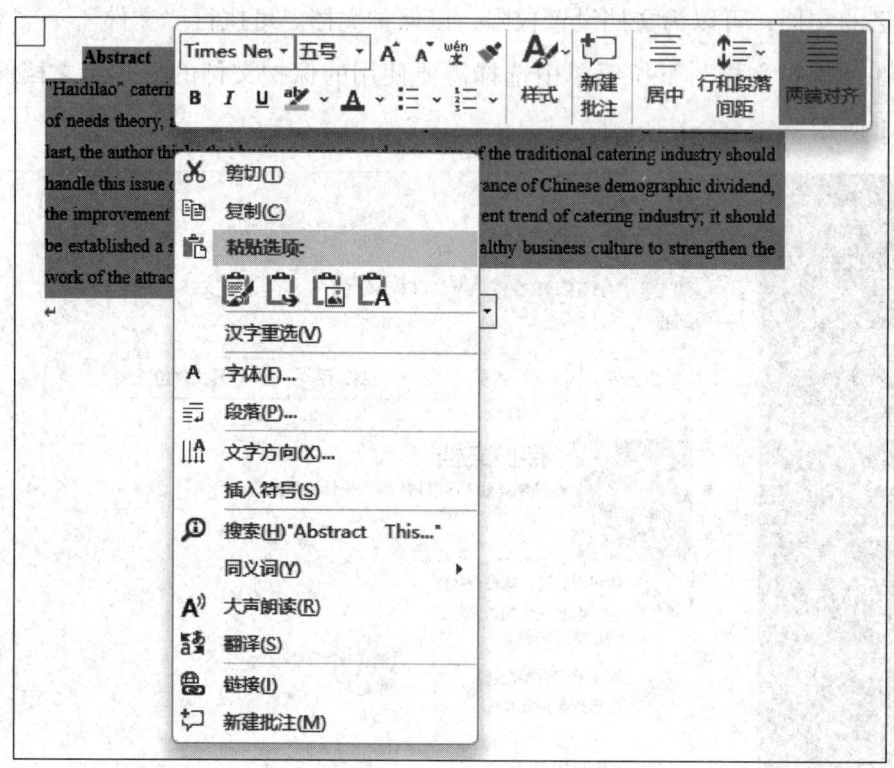

图5-42　快捷菜单

如果文档中的A文字需要用B文字来替换，可以单击"开始"选项卡中的"查找"按钮（或按【Ctrl+F】组合键），在打开的"导航"区中输入要查找的A文字并按【Enter】键，查找到的文字会以不同的颜色显示出来，导航查找结果如图5-43所示。点击"开始"选项卡中的"替换"按钮，打开"查找和替换"对话框，在"查找内容"编辑框中输入要查找的内容，在"替换为"编辑框中输入要替换的内容，单击"替换"按钮，可替换一次找到的文本。单击"全部替换"按钮可将所有找到的文本全部替换。"查找和替换"对话框如图5-44所示。

当编辑文档出现误操作时，可点击"撤销"按钮还原，如果"撤销"太多想恢复一部分，可点击"恢复"按钮。

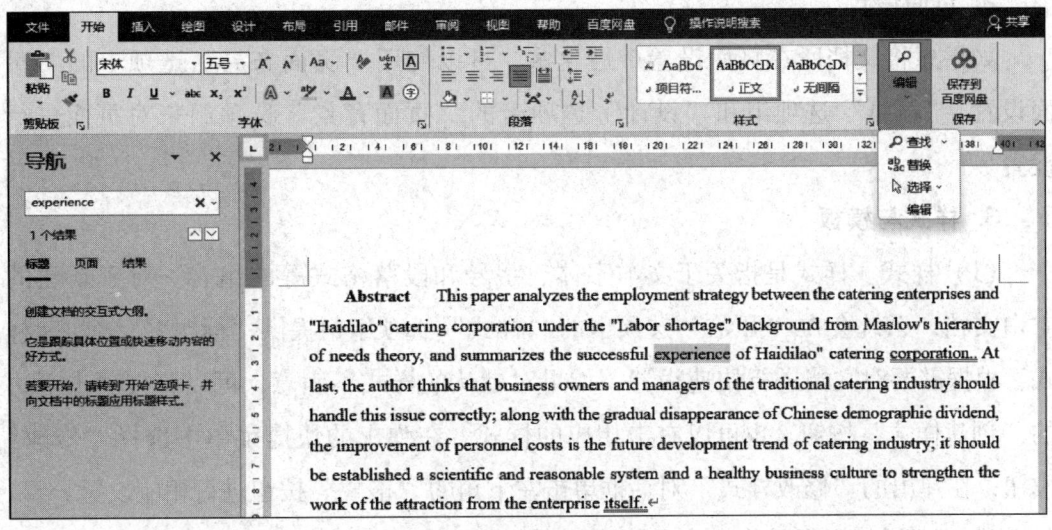

图 5-43 导航查找结果

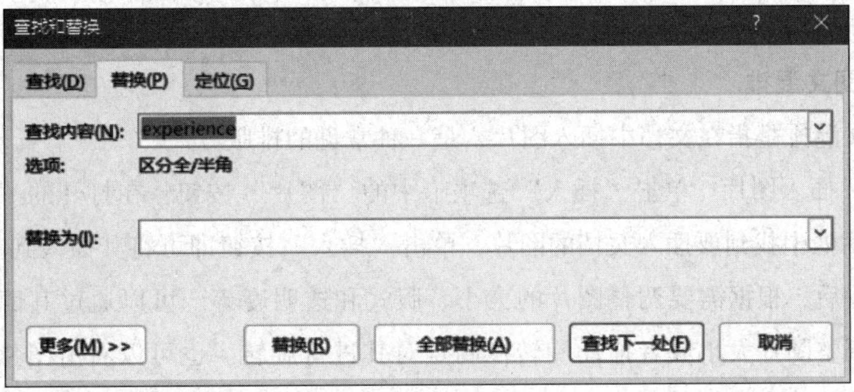

图 5-44 "查找和替换"对话框

三、文档排版与页面设置

为了使输入的文字结构清晰、便于阅读，需要对其格式进行编排，如设置字体字号、段落，以及设置不同的页面大小等。这部分内容属于文字处理软件的核心功能。

1. 字体/段落设置

选中文本右击鼠标，在下拉菜单中单击"字体"/"段落"按钮，在弹出的"字体"/"段落"对话框中可以完成对文本字体/段落的设置，也可以直接使用"开始"选项卡的"字体"/"段落"选项组进行设置。

2. 页面设置

如果想将文档所在页面设置个性化些，可以使用"页面布局"选项卡的"页面设置""稿纸"选项组和"设计"选项卡的"页面背景"选项组来对页面进行设置。

3. 样式与模板

（1）样式。样式是指关于文本字体、字号和段落格式等的组合。对于新建的空白文档，系统会在"开始"选项卡的"样式"选项组中提供"标题1"等快速样式，根据需要对文档进行快速设置，如果对默认的样式不满意，可以直接单击下边的"创建样式"按钮。也可以右击相应的样式，在弹出的快捷菜单中选择"修改"按钮，在弹出的"修改样式"对话框单击左下角的"格式"按钮进行相应设置。

（2）模板。模板是指一个或多个文件，其中所包含的结构和工具构成了已完成文件的样式和页面布局等元素。例如，Word 模板能够生成单个文档，而 FrontPage 模板则可以形成整个网站。

4. 图文混排

图文混排是指在文档中插入图片，是一种常见的排版方式。

（1）插入图片。单击"插入"选项卡中的"图片"按钮，在打开的"插入图片"对话框中找到要插入文档的图片，单击"插入"按钮即可将其插入到文档中。插入图片后，根据需要调整图片的大小、版式和透明度等。可以通过其四周的控制点来调整图片大小或者拖动旋转控制点对其进行旋转。也可以右击图片，在弹出的快捷菜单中执行相关命令对图片进行剪切、复制、粘贴、保存、格式、大小和位置等设置。在图片右上角会弹出图片位置的布局选项，可以选择对应的"文字环绕"选项。

要注意"嵌入型"和"上下型"的区别："嵌入型"是指图片可以嵌入到文本的行中，即一行中可以有图片也可以有文字，而"上下型"是指图片将单独占用一行，不能出现文字。图片的设置如图 5-45 所示。

（2）插入形状。单击"插入"选项卡中的"形状"按钮，可以在工作区中绘制各种图形。对图形可以填充图案和设置边线等。图形插入如图 5-46 所示。

（3）艺术字插入。若想将文档中的部分文字设置为艺术字，可以选中文字，点击"插入"选项卡中的"艺术字"按钮下的艺术字效果（如"渐变填充"—"金色"项），即可插入艺术字。艺术字插入如图 5-47 所示。

图 5-45 图片的设置

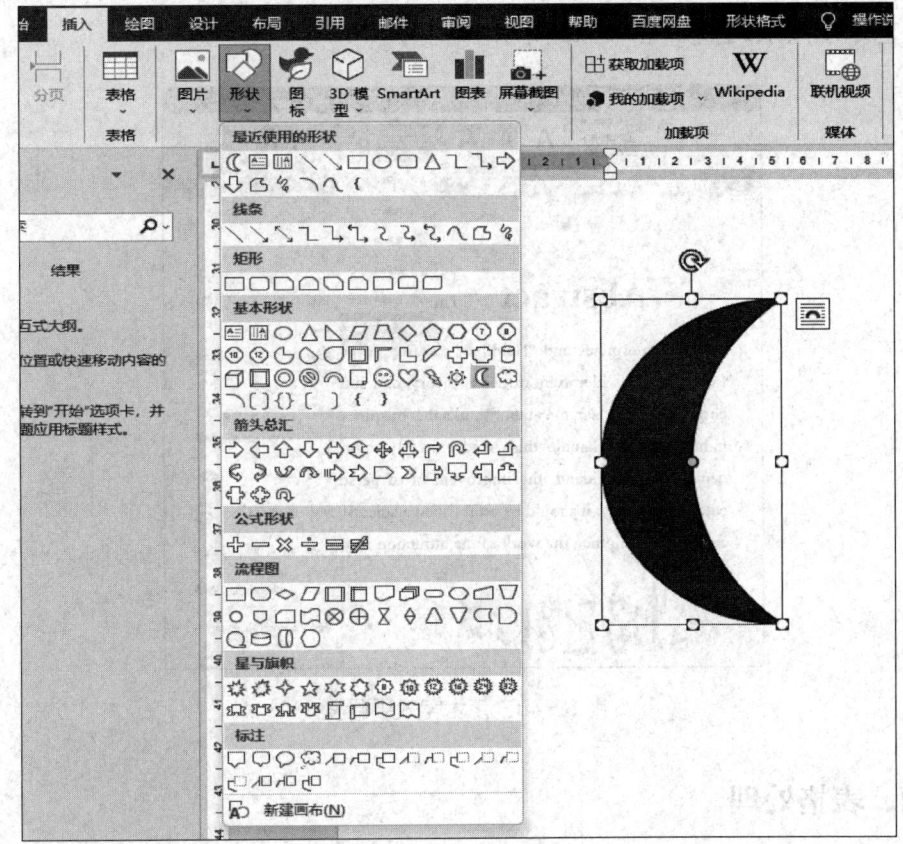

图 5-46 图形插入

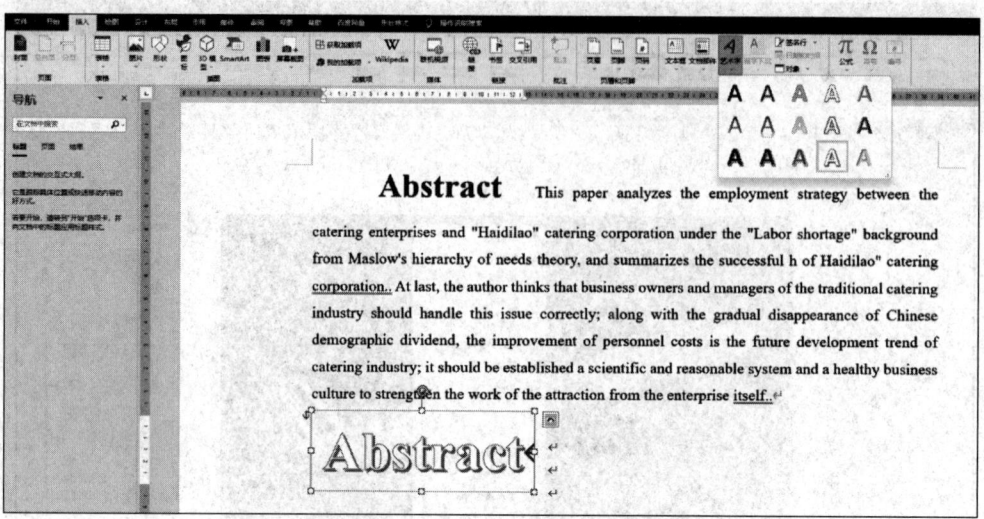

图 5-47　艺术字插入

（4）艺术字效果调整。保持艺术字的选中状态，切换到"格式"选项卡，单击"文字效果"按钮，在其下拉面板中选择需要设置的效果即可实现对艺术字的调整。艺术字效果调整如图 5-48 所示。

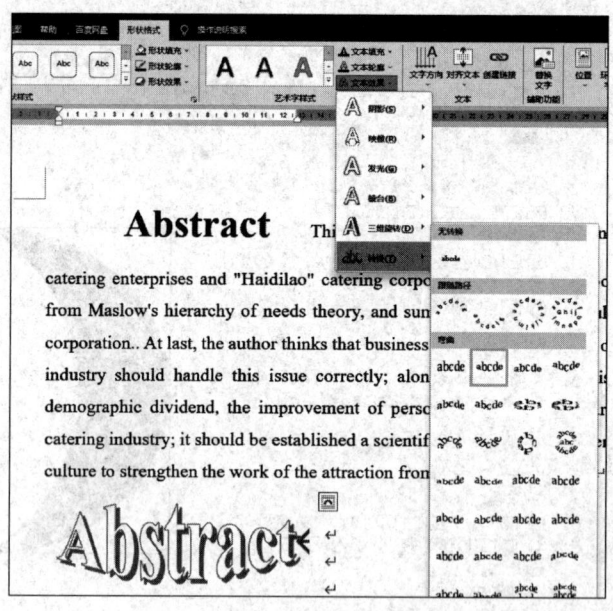

图 5-48　艺术字效果调整

四、表格处理

在文档中插入表格是一种很好的说明和表达方式，可令操作者更容易理解所要表述的内容。

1. 创建表格

单击"插入"选项卡中的"表格"按钮，在弹出的下拉面板一定的表格区域中，即可在 Word 文档的默认位置插入一个表格。也可以单击"插入"表格命令，在弹出的"插入表格"对话框中设置表格的列数和行数，从而实现插入表格。

2. 编辑表格

表格创建后，选中表格或需要设置的表格区域，可通过功能区显示出来的"布局"选项卡中提供的按钮或者右击鼠标，在弹出的快捷菜单中实现对表格的相关调整。例如，插入或删除行或列、合并单元格、拆分单元格，或是设置表格内的文字对齐方向等。"布局"选项卡如图 5-49 所示。编辑表格快捷菜单如图 5-50 所示。

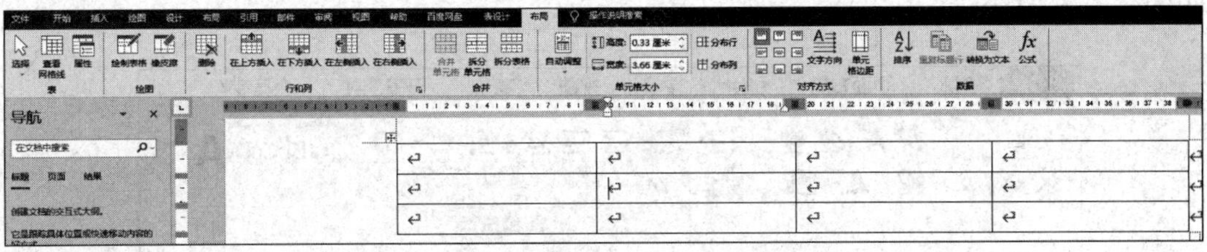

图 5-49 "布局"选项卡

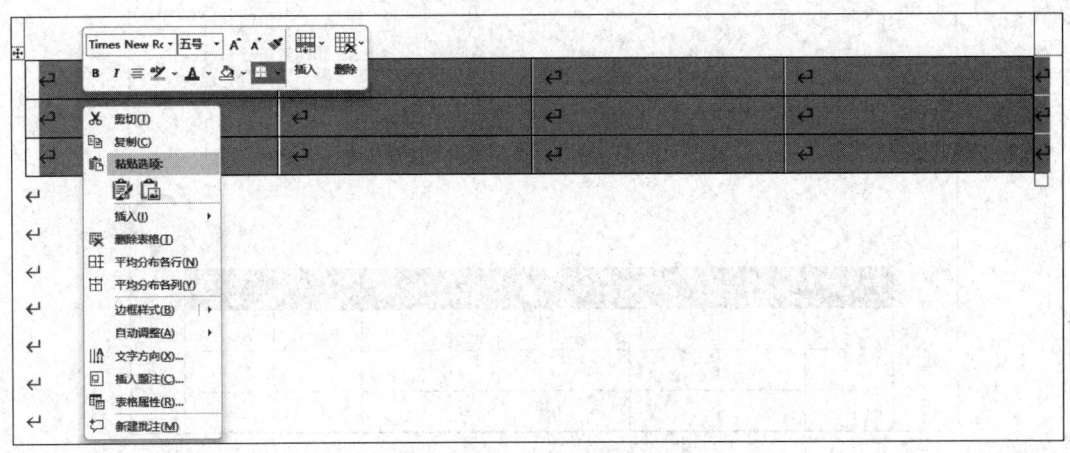

图 5-50 编辑表格快捷菜单

3. 表格的数据处理

将光标置于已创建好的表格单元格内，即可向单元格输入数据。此外，利用 Word 的功能，还可以执行更多快捷的数据处理操作，如表格的批量填充、对表格中的数据进行排序以及计算表格数据等。

（1）表格的批量填充方法。复制某区域的单元格数据后，选择需要填充数据的单元格，然后粘贴单元格，所有单元格将被重复填充为复制的数据。批量填充单元格如图 5-51 所示。

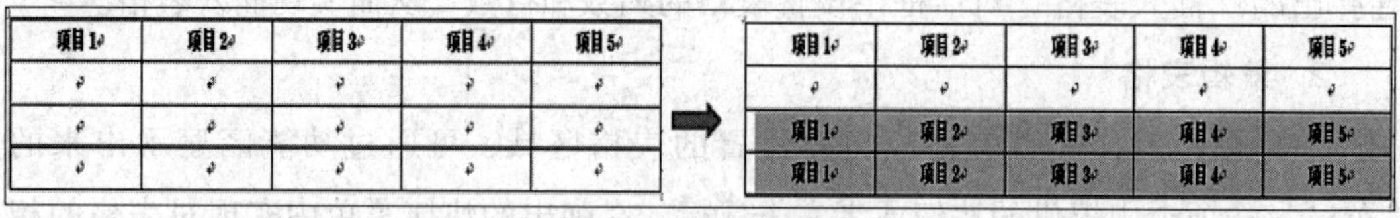

图 5-51　批量填充单元格

如需输入一连串的序数，如学号 1~32 号，可选中需要填充的单元格，然后在"开始"选项卡"编号"下拉列表中选择一种编号样式，即可进行编码数据填充，如图 5-52 所示。

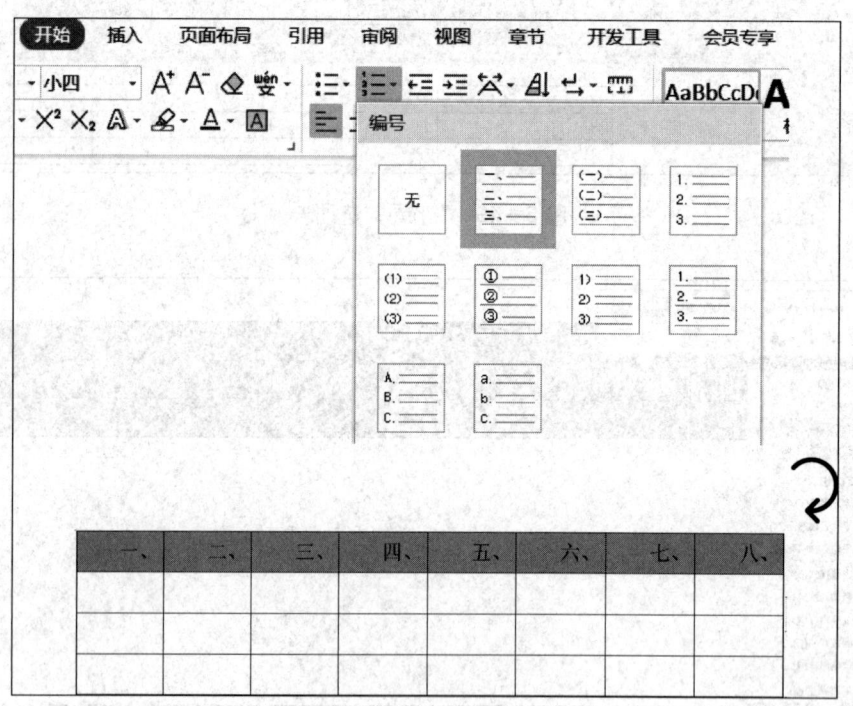

图 5-52　编码数据填充

（2）表格中数据的排序方法。选中整个单元格，在"布局"选项卡中执行"数据"→"排序"命令，打开"排序"对话框，选择关键字的列，并设置此列数据类型，单击"确定"按钮即可。排序数据填充如图 5-53 所示。

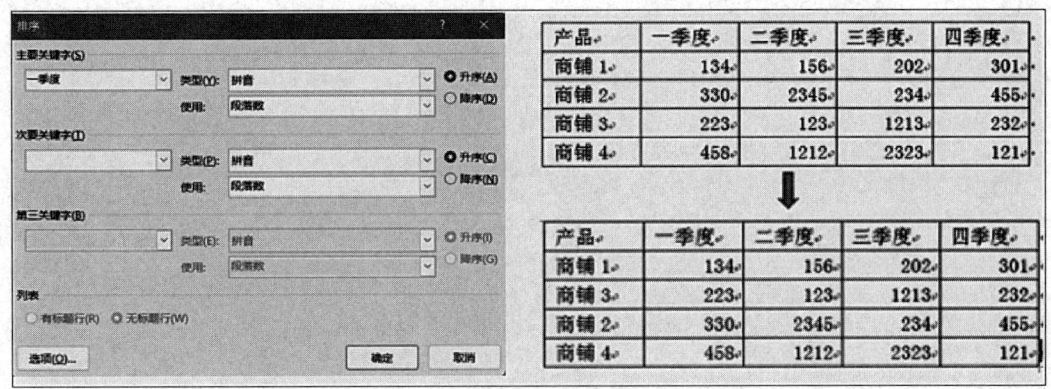

图 5-53 排序数据填充

（3）表格数据的计算方法。选中要获得计算结果的表格，单击"布局"选项卡中的"公式"按钮，打开"公式"对话框，设置需要使用的公式，单击"确定"按钮，即可对数据进行计算。表格数据的计算如图 5-54 所示。

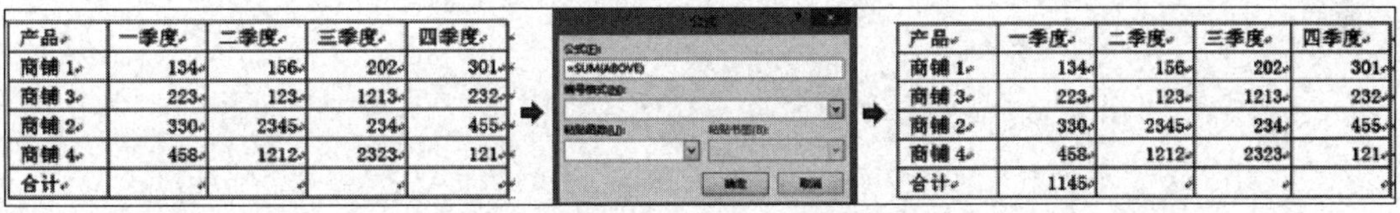

图 5-54 表格数据的计算

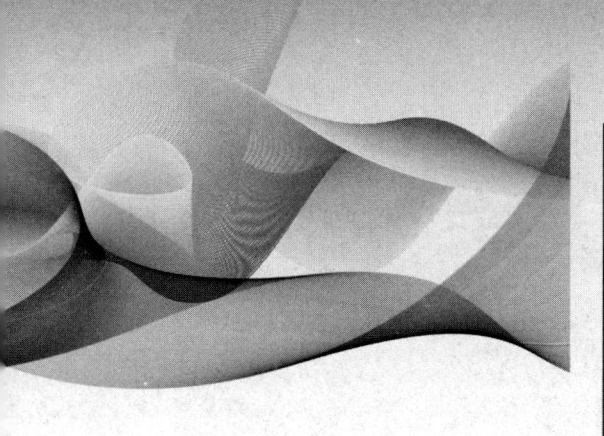

职业模块 6
安全生产与环境保护基础知识

培训课程 1

劳动保护基础知识

学习单元 1　劳动保护知识

一、劳动保护

1. 劳动保护的定义

劳动保护是国家和单位为保护劳动者在劳动生产过程中的安全和健康所采取的立法、组织和技术措施的总称。

2. 劳动保护的目的

劳动保护的目的是为劳动者创造安全、卫生、舒适的劳动工作条件，消除和预防劳动生产过程中可能发生的伤亡、职业病和职业中毒，保障劳动者以健康状态参加社会生产，促进劳动生产率的提高，保证社会主义现代化建设顺利进行。

3. 劳动保护的根据

劳动保护是根据国家法律、法规，依靠技术进步和科学管理，采取组织措施和技术措施，消除危及人身安全与健康的不良条件和行为，防止事故和职业病的发生，保护劳动者在劳动过程中的安全与健康。

4. 劳动保护的内容

劳动保护的内容包括：劳动安全保护、劳动卫生保护、女工保护、未成年工保护、工作时间保护与休假制度保护。

（1）劳动安全保护。劳动安全保护是指为了保护劳动者的劳动安全，预防和消除劳动者在劳动和生产过程中的伤亡事故，以及防止生产设备遭到破坏而规定的劳动安全技术规程。

（2）劳动卫生保护。劳动卫生保护是指为了保护劳动者在劳动生产过程中的身体健康，避免有毒、有害物质的危害，防止和消除职业中毒和职业病而制定的劳动卫生规程。劳动卫生规程主要包括以下内容。

1）防止粉尘危害。

2）防止有毒、有害物质的危害。

3）防止噪声和强光的刺激。

4）防暑降温和防冻取暖。

5）通风和照明。

6）个人保护用品的供给。

（3）女工保护。女工保护是为了减少和解决女职工在劳动中因生理特点造成的特殊困难，保护女职工健康的相关规定。

（4）未成年工保护。未成年工保护是指国家根据未成年工的身体状况和生理特点而规定的对未成年工在劳动中的安全和卫生加以特殊保护的相关规定。未成年工保护包括两个部分：一是未满16周岁的少年，除法规有特殊规定外，禁止进入劳动过程，即禁止使用童工的规定；二是对已满16周岁、未满18周岁的未成年人进入劳动过程后的特殊保护，即对未成年工的特殊保护。

（5）工作时间保护。工作时间又称劳动时间，是指法律规定的劳动者在一昼夜和一周内从事劳动的时间。工作时间的长度由法律直接规定，或由集体合同或劳动合同直接规定。劳动者或用人单位不遵守工作时间的规定或约定，要承担相应的法律责任。休息时间是在 8 h 以外劳动者自由支配的时间。

（6）休假制度保护。休假制度是为保障职工享有休息权而实行的定期休假的相关规定。根据规定，现行休假制度包括：公休假日、法定节日、探亲假、年休假以及由于职业特点或其他特殊需要而规定的休假。

二、劳动时间管理

1. 劳动时间的定义

劳动时间是指劳动者的工作时间，包括准备结束时间、作业时间、劳动者自然需要的中断时间和工艺中断时间。

（1）准备结束时间是指劳动者在工作日（班），为完成生产任务或作业的准备和结束所消耗的时间。

（2）作业时间是指劳动者直接用于完成规定的生产任务或作业所消耗的时间。

（3）劳动者自然需要的中断时间是指劳动者因自身的生理需要而必须中断正常工作的时间。

（4）工艺中断时间是指劳动者在工作时间中，因工艺技术特点的需要使工作必须中断的时间

2. 劳动时间管理的定义

劳动时间管理是指用人单位和劳动者本人对劳动时间的规划管理，以达到提高劳动效率，增加劳动效益的目的。

3. 劳动工时

劳动时间的表现形式是工作的时间长度，即劳动工时。劳动工时根据用人单位的劳动性质不同，有如下表现形式：标准工时制、综合计算工时制、不定时工时制等。

（1）标准工时制。我国实行的是每日工作 8 h、每周工作 40 h 的标准工时制。任何单位和个人都不得擅自延长职工的工作时间。

（2）综合计算工时制。综合计算工时制是指单位以标准工作时间为基础，以一定的期限为周期，综合计算工作时间的工时制度。实行综合计算工时制的岗位，需企业报经当地人社部门批准，未经批准，不能任意扩大范围。

（3）不定时工时制。不定时工时制是指因生产特点、工作特殊需要或职责范围，无法按标准工作时间衡量、需机动作业而采取不确定工作时间的一种工时制度。

三、特殊群体劳动保护

1. 特殊群体劳动保护的定义

特殊群体劳动保护是指针对某些特殊群体的身体结构、生理特点、身份特征及其各自的特殊需要，在劳动权益方面给予他们特别的法律保障。

2. 劳动法上的特殊群体

劳动法上的特殊群体是相对一般劳动者来说的，如女职工、未成年工、农民工、残疾劳动者、老年劳动者及少数民族劳动者等。对女职工、未成年工和残疾

劳动者的特别保护，往往是特殊群体劳动保护的重点。

3. 特殊群体劳动保护的特殊性

（1）适用对象的特殊性，即特殊群体劳动保护只适用于特定劳动者，而非所有劳动者。

（2）制度内容的特殊性，表现为特殊群体劳动保护的内容，与特殊群体的身体结构、生理特点等密切相关，是对特殊群体特殊需要的特别保护。

4. 女职工的劳动保护

《女职工劳动保护特别规定》是女职工的劳动保护的依据，是为了减少和解决女职工在劳动中因生理特点造成的特殊困难而制定的。

5. 未成年工的劳动保护

未成年工是指年满16周岁、不满18周岁的劳动者。由于未成年工的身体还没有完全发育成熟，从事某些工作会危害其生长发育和身体健康。因此，对未成年人就业作出了一些保护性的规定。

（1）用人单位不得安排从事矿山井下及有毒有害的工作。

（2）不得安排从事重体力劳动。

（3）不得安排从事其他禁忌从事的劳动，包括森林伐木及流放作业、高空作业、放射性物质超标作业以及其他会影响生长发育的作业。

（4）对未成年工定期进行健康检查。

四、特殊劳动环境的劳动保护

特殊劳动环境是指按照国家相关标准和规定测评确定的，具有长期（指在特殊环境连续工作6个月以上）影响在岗工作人员身体健康的有毒有害、粉尘、噪声等职业危害因素的工作环境。

常见的特殊劳动环境有高空工作环境、高温工作环境及有毒有害工作环境。

（1）高空工作环境。凡在距离坠落高度基准面2 m以上（含2 m），在有可能坠落的高处进行的作业，均称为高空作业。防坠落用品主要有安全带、安全绳、安全网三种。

（2）高温工作环境。高温环境下，建筑工地等室外作业场所不宜安排劳动者工作。按照相关法律、法规规定，高温下工作中暑算工伤。

（3）有毒有害工作环境。有毒有害作业是指在对人体有毒有害环境下的劳动。

在生产中，由于某种原因，存在一些有可能对工人的身体健康引起危害的物质，即有害物质。有些生产性毒物能引起人体中毒。对从事有毒有害作业的人员，除应改革工艺，加强劳动保护外，还应定期对相关人员进行身体检查，及早发现受危害人员，及时进行治疗。

学习单元 2　劳动防护用品

一、劳动防护用品的功能与分类

1. 劳动防护用品的定义

劳动防护用品是指劳动者在生产过程中为免遭或减轻事故伤害或职业危害所配备的一种防护性装备。

2. 劳动防护用品的功能

劳动防护用品用于消除或预防传递给人体的能量造成的伤害。传递给人体的能量造成的伤害有急性伤害和慢性伤害两种类型。

3. 传递给人体的能量造成急性伤害的劳动防护用品

（1）当势能转变为动能时，通过介质来吸收和缓冲的防护方式，如安全帽、安全带等。

（2）电能的绝缘防护，如绝缘手套。

（3）利用试剂将急性有害的化学能变为无害的防护方式，如防毒面具。

（4）对飞来物体和落物的防护，如安全帽、防护镜等。

4. 传递给人体的能量造成慢性伤害的劳动防护用品

（1）消除化学能的防护，如保护全身的防护服。

（2）吸收、降低噪声能量，如耳塞。

（3）辐射热能的屏蔽，如高温防护服。

（4）放射线的屏蔽，如防紫外线的遮光镜。

5. 劳动防护用品的分类

（1）按人体生理部位分类。头部防护：塑料安全帽、V形安全帽、竹编安全帽、矿工安全帽。面部防护：头戴式电焊面罩、防酸面罩、防高温面罩。眼睛防护：防尘眼镜、防酸眼镜、防飞溅眼镜、防紫外线眼镜。呼吸道防护：防毒口罩、防毒面具、防尘口罩、氧（空）气呼吸器。听力防护：防噪声耳塞、护耳罩、噪声阻抗器。手部防护：绝缘手套、耐酸碱手套、耐油手套、医用手套、皮手套、浸塑手套、帆布手套、棉纱手套、防静电手套、耐高温手套、防割手套。脚部防护：工矿靴、绝缘靴、耐酸碱靴、安全皮鞋、防砸皮鞋、耐油鞋。身躯防护：耐酸围裙、防尘围裙、工作服、雨衣、太阳伞。

（2）按防护用途分类。防尘用品、防毒用品、防酸碱制品、耐油制品、绝缘用品、耐高温辐射用品、防噪声用品、防冲击用品、防水用品、涉水作业用品、高处作业用品、防微波和激光辐射用品、防机械外伤和脏污用品、防寒用品、农业作业用品等。

二、劳动防护用品的使用管理

应为劳动者免费提供符合国家规定的劳动防护用品，不得以货币或其他物品替代应当配备的劳动防护用品；应教育劳动者按照劳动防护用品使用规则和防护要求正确使用劳动防护用品；应建立健全劳动防护用品的购买、验收、保管、发放、使用、更换、报废等管理制度，并按照劳动防护用品的使用要求，在使用前对其防护功能进行必要的检查；应到定点经营单位或生产企业购买特种劳动防护用品，购买的劳动防护用品须经本单位的安全技术部门检验。

培训课程 2

安全生产基础知识

学习单元1 安全生产基本管理制度

一、安全生产责任制

1. 安全生产责任制的内涵

安全生产责任制是根据安全生产方针和安全生产法规建立的各级领导、职能部门、工程技术人员、岗位操作人员在劳动生产过程中对安全生产层层负责的制度。

安全生产责任制是企业岗位责任制的一个组成部分，是企业最基本的一项安全制度，也是企业安全生产、劳动保护管理制度的核心。

2. 建立、健全安全生产责任制的意义

实践证明，凡是建立、健全了安全生产责任制的企业，各级领导重视安全生产、劳动保护工作，在认真负责组织生产的同时，积极采取措施，改善劳动条件，其工伤事故和职业病就会减少。反之，就会职责不清，相互推诿，使安全生产、劳动保护工作无人负责，工伤事故和职业病就会不断发生。

3. 安全生产责任制的实施

安全生产责任制是经长期的安全生产、劳动保护管理实践证明的成功制度与措施。企业的各级领导、职能部门、工程技术人员和岗位操作人员，在生产过程中应负的安全责任，必须加以明确。

企业的各级领导在管理生产的同时，必须负责管理安全工作，认真贯彻执行国家有关劳动保护的法令和制度，在计划、布置、检查、总结、评比生产的同时，计划、布置、检查、总结、评比安全工作（"五同时"制度）。

二、安全生产培训

1. 安全生产培训的内涵

安全生产培训是指为确保企业的安全生产，提高全员的自我保护和保护他人的意识，在员工中牢固树立"安全第一"的思想，使员工懂得安全生产的基本知识，掌握安全生产的操作技能所进行的安全生产的法律法规、基本知识、管理制度、操作规程、操作技能及事故案例分析等的培训。

2. 安全生产培训的内容

企业培训以安全生产的法律法规、方针政策、规章制度为主；车间、班组培训以安全操作规程、劳动纪律、岗位职责、工艺流程、事故案例剖析等为主；特种作业人员培训以特种设备的操作规程、特种作业人员的安全知识为主。

3. 安全生产培训的形式

安全生产可采取灵活多样的培训形式，如课堂学习、实地参观、实际演练、安全技能比赛、看录像、研讨交流、现场示范等。

三、安全生产检查

1. 安全生产检查的内涵

安全生产检查既包括企业本身对安全生产工作进行的经常性检查，也包括由地方劳动部门、行业主管部门联合组织的定期检查；可以对安全生产进行普遍检查，也可以对某项问题，如防暑降温、电气安全等进行专业性检查或季节性检查。

2. 安全生产检查的方式

（1）安全执法检查。

（2）企业定期安全大检查。

（3）专业性安全大检查。

（4）季节性安全大检查。

（5）验收性安全大检查。

（6）班前班后安全检查。

（7）经常性安全检查。

（8）职工代表安全检查。

（9）工地巡回安全检查。

（10）工地"达标"安全检查。

（11）节假日安全检查。

（12）综合性安全检查。

3. 安全生产检查的记录

（1）班组安全检查记录。

（2）专职安全员检查记录。

（3）项目安全值班记录。

学习单元2　安全生产的人为因素

一、职业危害与职业病概述

1. 职业危害

职业危害是职工在生产劳动过程中所发生的对人身的威胁和伤害，是由于人们所从事的职业或职业环境中所特有的危险性、潜在危险因素、有害因素及人的不安全行为所造成的危害。职业危害包括职业意外事故和职业病两类。

2. 职业病

（1）职业病的内涵。职业病是指企业、事业单位和个体经济组织等用人单位的劳动者在职业活动中，因接触粉尘、放射性物质和其他有毒、有害物质等而引起的疾病。一般来说，只有符合法律规定的疾病才能称为职业病。

（2）职业病的类型

1）粉尘类。在工程施工过程中对材料的切割、打磨，以及进行电焊作业时产生大量粉尘，在长期接触和吸入各种粉尘的情况下容易引起尘肺病。

2）噪声类。在工程施工中使用到的切割机、电焊机、冲击钻、砂轮机等机械设备会产生大量的噪声，长期处在高分贝噪声的施工环境下容易导致职业性耳聋。

3）振动类。在工程施工中使用切割机、手提式砂轮机、冲击钻等机械设备时会产生强烈的振动，长期接触较强的振动可以引起外周和中枢神经系统的功能改变、外周循环功能改变、植物神经紊乱。振幅大、冲击力强的振动还可以引起骨、关节的损害等各种疾病。

4）高温中暑类。夏季高温时，在户外作业或者在较为密闭的空间里施工都会导致作业人员大量出汗，在这样的环境下从事体力劳动容易发生体温调节障碍，造成水、电解质平衡失调，心血管和中枢神经系统功能紊乱从而发生脱水和中暑。

二、职业病预防与管理

1. 职业病预防

在可能发生急性职业损伤的有毒、有害工作场所，设置警示标志，在施工现场配置急救用品、冲洗设施。积极推广、应用有利于职业病防治和保护劳动者健康的新技术、新工艺、新材料，限制使用或淘汰有职业病危害的技术、工艺、材料。加强对职业病防治的宣传教育，提高作业人员的自我健康保护意识。对职业病防护设备、应急救援设施和个人使用的职业病防护用品，进行经常性的维护、检修，定期检测其性能和效果，确保其处于正常状态。

（1）粉尘预防控制措施

1）作业场所防护措施。加强易扬尘材料存放处、使用处的扬尘防护，对施工中灰尘较大的环节采取洒水降尘措施。

2）个人防护措施。落实相关岗位的持证上岗制度，给作业人员提供防护口罩，杜绝作业人员超时工作。

3）检查措施。在检查施工现场安全的同时，检查作业人员作业场所防护措施的落实情况，指导作业人员减少扬尘的操作方法和技巧。

（2）噪声预防控制措施

1）作业场所防护措施。在作业区，对噪声大的机械加强日常保养和维护，在机械上加装降噪声设备，减少噪声污染。

2）个人防护措施。为作业人员提供劳动防护耳塞，采取轮班作业制度，杜绝作业人员超时工作。

3）检查措施。在检查施工现场安全的同时，检查落实作业场所的降噪措施，严格监督作业人员佩戴防护耳塞。

（3）振动病的预防控制措施

1）作业场所防护措施。在作业区设置防职业病警示标志。

2）个人防护措施。作业人员要持证上岗，戴振动防护手套。采取延长换班休息时间制度，杜绝作业人员超时工作。

3）检查措施。在检查工程安全的同时，检查落实警示标志的悬挂、作业人员持证上岗、防振手套佩戴、工作时间不超时等情况。

（4）高温中暑的预防控制措施

1）作业场所防护措施。在高温天气时，为作业人员备足饮用水或绿豆汤、防中暑药品。

2）个人防护措施。合理安排工作时间，尤其是延长中午休息时间，加大作业人员轮班次数。

3）检查措施。在检查工程安全的同时，检查饮水、防中暑物品的配备作业人员劳逸结合等情况，指导提高中暑情况发生时救人与自救的能力。

2. 职业病管理

用人单位负有职业病防治的主体责任，职业病是人祸，可以预防，职业病应按三级预防措施加以管理。

（1）一级预防。一级预防是指病因预防，是从根本上消除或控制职业性危害因素对人的作用和损害，如改进生产工艺和生产设备，合理利用防护设施及个人防护用品，培养良好的健康行为和生活方式。

（2）二级预防。二级预防是指对引起职业病的危害因素的检测预防。定期对工作场所职业性危害因素进行检测，定期组织接触者进行职业健康检查，早期发现病损并予以早期治疗和干预。

（3）三级预防。三级预防是指对职业病的治疗，如调离原工作岗位、给予合理治疗等。

学习单元3　安全生产事故的应急救援

一、事故应急救援

1. 事故应急救援的定义

事故应急救援是指针对突发、具有破坏力的紧急事件采取响应和恢复的措施。

2. 事故应急救援的类型

根据紧急事件的不同类型，分为卫生应急、交通应急、消防应急、地震应急、厂矿应急、家庭应急等领域的应急救援。

二、应急救援预案

1. 应急救援预案的定义

应急救援预案是指针对可能发生的事故，为迅速、有序开展应急行动而预先制定的行动方案。

2. 应急救援预案的作用

（1）应急救援预案确定了应急救援的范围和体系，使应急管理不再无据可依，无章可循。尤其是通过培训和演练，可以使应急人员熟悉自己的任务，具备完成指定任务所需的能力，并检验预案和行动程序，评估应急人员的整体协调性。

（2）应急救援预案有利于作出及时的应急响应，控制和防止事故进一步恶化。应急救援对时间要求十分敏感，不允许有任何拖延。应急救援预案明确了应急各方职责和响应程序，在应急资源等方面进行先期准备，可以指导应急救援迅速、高效、有序地开展，将事故造成的人员伤亡、财产损失和环境破坏降到最低限度。

（3）应急救援预案是各类突发事故的应急基础。通过编制应急救援预案，可以对那些事先无法预料到的突发事故发挥基本的应急指导作用，成为开展应急救援的"底线"。在此基础上，可以针对特定事故类别编制专项应急救援预案，进行专项应急救援预案准备和演习。

（4）通过编制应急救援预案可以确保当发生超过本级应急能力的重大事故时

与有关应急机构进行联系和协调。

(5) 应急救援预案有利于提高风险防范意识。应急预案的编制、评审、发布、宣传、演练、教育和培训，有利于各方了解面临的重大事故及其相应的应急措施，有利于促进各方提高风险防范意识和能力。

3. 应急救援预案的编制基本要求

应急救援预案的编制基本要求包括针对性、科学性、可操作性、完整性、合规性、可读性及衔接性等。

(1) 针对性。应急救援预案是针对可能发生的事故而预先制定的行动方案，是结合危险因素分析的结果。

1) 针对重大危险源。

2) 针对可能发生的各类事故。

3) 针对关键的岗位和地点。

4) 针对薄弱环节。

5) 针对重要工程。

(2) 科学性。应急救援工作是一项科学性很强的工作，编制应急救援预案必须以科学的态度，在全面调查研究的基础上，开展科学分析和论证，制定出具有科学性的决策程序和处置方案。

(3) 可操作性。应急救援预案应具有实用性和可操作性，在发生重大事故灾害时，有关应急组织、人员可以按照应急救援预案的规定迅速、有序、有效地开展应急救援行动，降低事故损失。

(4) 完整性。完整性是指功能完整性、过程完整性和范围完整性。

1) 功能完整性。应急救援预案中应说明有关部门应履行的应急准备职能、应急响应职能和灾后恢复职能，说明为确保履行这些职能而实施的支持性职能。

2) 过程完整性。过程完整性包括应急管理工作中的预防、准备、响应、恢复四个阶段。

3) 范围完整性。范围完整性是指应急救援预案的使用范围，能涵盖本单位不同事故性质。

(5) 合规性。应急救援预案的内容应符合国家法律、法规、标准和规范的要求。

(6) 可读性。易于查询、语言简洁、通俗易懂、层次及结构清晰。

（7）衔接性。应急救援预案应相互协调一致、相互兼容。

三、应急救援原则及实施

1. 应急救援原则

（1）安全原则。救护人员要保持镇定，在观察、评估的基础上，努力确保自身与伤病员的安全。如果环境不安全，要先抢后救。如果是在火险、毒气等情况下，应先让伤病员脱离险情，再实施急救。但在一般情况下，不要轻易搬动伤病员。

（2）先救人后救物的原则。救护人员应在第一时间救援伤者脱离危险环境，确保其安全后再进行其他救援。

2. 应急救援实施

（1）急救与呼救并重。呼救求援要及时，尤其是在遇到大量伤病员时，更要充分利用可支配的人力、物力协助救护。急救与呼救尽量同时进行。

（2）先救命后治伤。在事故救援现场，在命与伤的选择过程中，应以救命为优先，果断实施救护措施。即在大量伤病员出现时，有的伤病员出现呼吸或心跳停止、大出血、开放性气胸等，要先实施抢救。

（3）先止血，后包扎，再固定。

（4）先轻后重，先近后远。遇到危重和较轻的伤病员时，优先抢救危重者，后抢救病情较轻者。伤情相当的，则先救护距离自己较近的，再救护距离自己较远的，不要舍近求远而耽误了抢救时间。

（5）先急救后转运。遇到伤病员，要先救后送。在送的途中，不要停止抢救措施，继续观察病情变化，保证快速、平安到达目的地。

（6）救命治伤与心理救助结合。伤病员可能会出现紧张、恐惧、焦虑、忧郁等各种心理反应。此时，救护人员保持镇静，可以使伤病员产生一种心理慰藉和信任感，同时进行疏导，尽量减轻伤病员的身心痛苦。

培训课程 3 环境保护基础知识

学习单元1　环境保护概述

环境保护法律法规是指为保护和改善生活环境与生态环境，防治污染和其他公害，保障人体健康，促进社会主义现代化建设发展所制定的保护性措施和规定。

一、环境保护的对象

环境保护的对象有人体健康、动植物、资源等。

1. 人体健康保护

人体健康保护是为使环境更适合人类工作和劳动的需要，对涉及人们衣、食、住、行的方方面面，所做的符合科学、卫生、健康、绿色要求的行为。

2. 动植物保护

动植物保护包括物种的保全、植物植被的养护、动物的回归、维护生物多样性、濒临灭绝生物的特殊保护、栖息地的扩大、人类与生物的和谐共处等。

3. 资源保护

为了防止自然环境的恶化，对青山、绿水、蓝天、大海等进行保护。不能私采（矿）滥伐（树）、不能乱排（污水）乱放（污气）、不能过度放牧、不能过度开荒、不能过度开发自然资源、不能破坏自然界的生态平衡等。

二、环境保护的类型

环境保护主要包括生物多样性保护、水源保护、海洋保护、土壤保护、牧场保护、森林保护、矿产资源保护、能源节约等类型。

1. 生物多样性保护

生物多样性保护是对现有的动物、植物、微生物与环境形成的生态复合体以及与此相关的各种生态进行保护、利用、研究,以确保生态安全。生物多样性保护是保障经济社会可持续发展的基础。

2. 水源保护

水源保护是指节约用水,防止水污染,防止水流失。

3. 海洋保护

海洋保护是指对海洋环境、海洋资源进行保护,防止生活污水污染、工业污染及其他污染。

4. 土壤保护

土壤保护是保护、利用好现有的土地,治理好已经盐碱化、荒漠化的土地,防止水土流失等。

5. 牧场保护

牧场保护是防止畜牧场产生的废水、废气和粪便对周围环境产生污染。

6. 森林保护

森林保护是指对森林资源进行合理利用,对森林病虫害及其有害生物进行防治等。森林与所在空间的非生物环境有机结合在一起,构成完整的生态系统。森林是地球上最大的陆地生态系统,是全球生物圈中重要的一环,是地球上的基因库、碳储库、蓄水库和能源库,对维系整个地球的生态平衡起着至关重要的作用,是人类赖以生存和发展的资源。人类需要保护森林。

7. 矿产资源保护

矿产资源是经济社会发展的重要物质基础。开发利用矿产资源是现代化建设的必然要求。矿产资源的保护主要有以下几种。

(1) 合理开发利用矿产资源,优化资源配置,实现矿产资源的最优消耗。

(2) 限制或禁止不合理的乱采滥挖,防止矿产资源的损失、浪费或破坏。

(3) 对矿产资源的开发利用进行全过程控制,将环境代价减小到最低限度。

(4) 保护矿区生态环境,防止矿山寿命终结时沦为荒芜的不毛之地。

8. 能源节约

能源节约是从能源的开采、运输、加工、转换、使用等各个环节上努力减少能源的损失和浪费，以提高能源有效利用度的一系列活动。它不是简单压缩能源消耗数量，而是力求在满足相同需要或达到相同目的的前提下，使能源消耗量减少，或者以相同数量的能源消耗生产出更多的产品或产值。

学习单元 2　无人机的使用对环境的影响及保护措施

一、影响

1. 无人机的使用助力环境保护

（1）环境实时监测。目前，应用无人机对环境进行监测的技术实际上已经比较成熟。无人机可以对空气质量进行监测，在无人机的机身装置上配备采样设备，就可以在监测过程中带回一些检测地的空气样本，用于后续进一步检测和分析。除此之外，无人机还可以对地表的水质、水文情况等进行实时监测，不仅可以提前防治洪涝等自然灾害，还可以对水质的污染状况进行实时监测，让环境专家对当地河流的水质状况有更加全面了解，进而能因地制宜地提出相应的自然保护规划。除了监测客观存在的环境情况，还能监测人为的主观因素对环境造成的影响。例如，可以利用无人机实时监测工程施工对环境造成的二次破坏。通过借助无人机的监测技术，实时监控施工现场的情况和完成进度等情况，观察施工作业是否出现一些占用耕地、占用河道及生态保护区的情况，这些都是环境监测工作的重点环节。此外，无人机也可以非常细致入微地检查水土保持状态，有的挖掘沙土项目在施工的同时，需要同步进行防治水土流失工作。在监测施工环境和进展的过程中，也能及时发现一些安全隐患，通过实时传输的图像数据资料，可以及时排查危险，减少安全问题发生。因此，无人机监测环境具有很强的优势和现实意义。

（2）预防污染事件。无人机监测技术不但可以全面监测分析环境污染源头的分布情况，还可以有效防止违法违规、污染环境事件的发生。例如，通过无人机的高分辨率画面，发现有些化工厂偷偷排放污水，则可以第一时间对接相关管理部门对其进行管控，避免对环境产生更大的破坏。

（3）环保验收。在对工程建设项目进行环境影响评价分析时，一般需要提供当地实时的地形图像，进而从整体上把控整治环境的效果。但有些较为偏远的地区可能没有高清的地形全貌图像作为参考，有的甚至没有图像，降低了环境影响评价工作的效率和精准度。无人机技术的应用恰好解决了这一问题。它可以解决搜集图像资料时遇到的各种不便，并提供及时、准确的第一手资料信息，为环境影响评价工作提供基础数据和技术支持，提高环境影响评价工作的准确性和科学性。

（4）野生动物保护。利用无人机勘测野生动物将比人工勘测更加有效，并且不会对野生动物日常生活造成影响。近年来，使用无人机勘测野生动物保护的行为逐年增加，无人机能够对人类无法到达的区域进行监测，并比人看得更广。

2. 无人机使用产生的副作用

（1）噪声。噪声易惊吓到被观察的濒危动物，有时不但起不到保护作用，反而起到相反作用。

（2）打伤飞禽。由于无人机比较小，在空中飞行时，往往被一些大型飞禽当作捕猎目标进行捕猎，使它们被高速旋转的螺旋桨打伤。

二、保护措施

最好在湖面等空旷的区域，且尽量避免在野生动物聚集区操作无人机，否则会给野生动物带来不必要的伤害，造成机毁、动物伤的局面。

无人机除了螺旋桨具有杀伤力，其噪声也对动物影响极大。应该提醒相关从业人员提高无人机影响野生动物的意识，在没有必要时，不要让无人机靠近野生动物。

职业模块 7
相关法律、法规知识

培训课程 1 《中华人民共和国民用航空法》相关知识

一、民用航空器国籍登记和权利

1. 民用航空器国籍登记

（1）民用航空器的界定。《中华人民共和国民用航空法》（以下简称《民用航空法》）规定，民用航空器是指除用于执行军事、海关、警察飞行任务外的航空器。

（2）民用航空器国籍登记的定义。民用航空器国籍登记是指经中华人民共和国国务院民用航空主管部门依法进行国籍登记的民用航空器，具有中华人民共和国国籍，由国务院民用航空主管部门发给国籍登记证书。国务院民用航空主管部门设立中华人民共和国民用航空器国籍登记簿，统一记载民用航空器的国籍登记事项。

（3）民用航空器登记的范围

《民用航空法》规定以下民用航空器应当进行中华人民共和国国籍登记。

1）中华人民共和国国家机构的民用航空器。

2）依照中华人民共和国法律设立的企业法人的民用航空器。

3）国务院民用航空主管部门准予登记的其他民用航空器。无人机属于其他航空器。

2. 民用航空器权利

《民用航空法》规定的民用航空器权利，包括对民用航空器构架、发动机、螺旋桨、无线电设备和其他一切为了在民用航空器上使用的，无论安装于其上或者暂时拆离的物品的权利。

民用航空器权利人应当就下列权利分别向国务院民用航空主管部门办理权利登记。

（1）民用航空器所有权。

（2）通过购买行为取得并占有民用航空器的权利。

（3）根据租赁期限为6个月以上的租赁合同占有民用航空器的权利。

（4）民用航空器抵押权。

（5）民用航空器优先权。

二、民用航空器适航管理

民用航空器适航管理主要是通过颁发相关证书进行管理。相关的适航证书有型号合格证书，生产许可证书、维修许可证书，型号认可证书，出口适航证书等。

1. 型号合格证书管理

设计民用航空器及其发动机、螺旋桨和民用航空器上设备，应当向国务院民用航空主管部门申请领取型号合格证书。经审查合格的，发给型号合格证书。

2. 生产许可证书、维修许可证书管理

生产、维修民用航空器及其发动机、螺旋桨和民用航空器上的设备，应当向国务院民用航空主管部门申请领取生产许可证书、维修许可证书。经审查合格的，发给相应的证书。

3. 型号认可证书管理

外国制造人生产的任何型号的民用航空器及其发动机、螺旋桨和民用航空器上的设备，首次进口中国的，该外国制造人应当向国务院民用航空主管部门申请领取型号认可证书。经审查合格的，发给型号认可证书。已取得外国颁发的型号合格证书的民用航空器及其发动机、螺旋桨和民用航空器上的设备，首次在中国境内生产的，该型号合格证书的持有人应当向国务院民用航空主管部门申请领取型号认可证书。经审查合格的，发给型号认可证书。具有中华人民共和国国籍的民用航空器，应当持有国务院民用航空主管部门颁发的适航证书方可飞行。

4. 出口适航证书管理

出口民用航空器及其发动机、螺旋桨和民用航空器上的设备，制造人应当向国务院民用航空主管部门申请领取出口适航证书。经审查合格的，发给出口适航证书。租用的外国民用航空器，应当经国务院民用航空主管部门对其原国籍登记

国发给的适航证书审查认可或者另发适航证书方可飞行。

民用航空器适航管理规定由国务院制定。民用航空器的所有人或者承租人应当按照适航证书规定的使用范围使用民用航空器，做好民用航空器的维修保养工作，保证民用航空器处于适航状态。

三、民用机场

《民用航空法》规定，民用机场是指专供民用航空器起飞、降落、滑行、停放以及进行其他活动使用的划定区域，包括附属的建筑物、装置和设施。其中，民用机场不包括临时机场。军民合用机场由国务院、中央军事委员会另行制定管理办法。

1. 民用机场的新建和扩建

新建、扩建民用机场，应当由民用机场所在地县级以上地方人民政府发布公告，即应当在当地主要报纸上刊登，并在拟新建、扩建机场周围地区张贴。

禁止在依法划定的民用机场范围内和按照国家规定划定的机场净空保护区域内从事下列活动。

（1）修建可能在空中排放大量烟雾、粉尘、火焰、废气而影响飞行安全的建筑物或者设施。

（2）修建靶场、强烈爆炸物仓库等影响飞行安全的建筑物或者设施。

（3）修建不符合机场净空要求的建筑物或者设施。

（4）设置影响机场目视助航设施使用的灯光、标志或者物体。

（5）种植影响飞行安全或者影响机场助航设施使用的植物。

（6）饲养、放飞影响飞行安全的鸟类和其他动物。

（7）修建影响机场电磁环境的建筑物或者设施。

此外，禁止在依法划定的民用机场范围内放养牲畜。

2. 机场使用许可证

国务院民用航空主管部门规定的对公众开放的民用机场应当取得机场使用许可证方可开放使用，其他民用机场应当按照国务院民用航空主管部门的规定进行备案。

申请取得机场使用许可证，应当具备下列条件，并按照国家规定经验收合格。

（1）具备与其运营业务相适应的飞行区、航站区、工作区以及服务设施和人员。

(2) 具备能够保障飞行安全的空中交通管制、通信导航、气象等设施和人员。

(3) 具备符合国家规定的安全保卫条件。

(4) 具备处理特殊情况的应急计划以及相应的设施和人员。

(5) 具备国务院民用航空主管部门规定的其他条件。

国际机场还应当具备国际通航条件，设立海关和其他口岸检查机关。

四、搜寻救援和事故调查及地面第三人损害的赔偿责任

1. 搜寻救援和事故调查

(1) 搜寻救援。搜寻救援是指民用航空器出现紧急情况后，所进行的搜寻与救援活动。民用航空器遇到紧急情况时，应当发送信号，并向空中交通管制单位报告，提出救援请求。空中交通管制单位应当立即通知搜寻救援协调中心。民用航空器在海上遇到紧急情况时，还应当向船舶和国家海上搜寻援救组织发送信号。

发现民用航空器遇到紧急情况或者收听到民用航空器遇到紧急情况的信号的单位或者个人，应当立即通知有关的搜寻援救协调中心、海上搜寻援救组织或者当地人民政府。

收到通知的搜寻援救协调中心、海上搜寻援救组织和地方人民政府，应当立即组织搜寻援救。收到通知的搜寻援救协调中心，应当设法将已经采取的搜寻援救措施通知遇到紧急情况的民用航空器。搜寻援救民用航空器的具体办法，由国务院规定。

(2) 事故调查。事故调查是指对紧急情况产生的原因进行的分析调查。执行搜寻援救任务的单位或者个人，应当尽力抢救民用航空器所载人员，按照规定对民用航空器采取抢救措施并保护现场，保存证据。民用航空器事故的当事人以及有关人员在接受调查时，应当如实提供现场情况和与事故有关的情节。民用航空器事故调查的组织和程序，由国务院规定。

2. 地面第三人损害的赔偿责任

(1) 因飞行中的民用航空器或者从飞行中的民用航空器上落下的人或者物，造成地面（包括水面，下同）上的人身伤亡或者财产损害的，受害人有权获得赔偿。但是，所受损害并非造成损害的事故的直接后果，或者所受损害仅是民用航空器依照国家有关的空中交通规则在空中通过造成的，受害人无权要求赔偿。

(2) 未经对民用航空器有航行控制权的人同意而使用民用航空器，对地面第

三人造成损害的，有航行控制权的人除证明本人已经适当注意防止此种使用外，应当与该非法使用人承担连带责任。损害是武装冲突或者骚乱的直接后果，依照规定应当承担责任的人不承担责任。依照规定应当承担责任的人对民用航空器的使用权经国家机关依法剥夺的，不承担责任。

（3）依照规定应当承担责任的人证明损害完全是由于受害人或者其受雇人、代理人的过错造成的，免除其赔偿责任。应当承担责任的人证明损害是部分由于受害人或者其受雇人、代理人的过错造成的，相应减轻其赔偿责任。但是，损害是由于受害人的受雇人、代理人的过错造成时，受害人证明其受雇人、代理人的行为超出其所授权的范围的，不免除或者不减轻应当承担责任的人的赔偿责任。一人对另一人的死亡或者伤害提起诉讼，请求赔偿时，损害是该另一人或者其受雇人、代理人的过错造成的，适用前款规定。

（4）两个以上的民用航空器在飞行中相撞或者相扰，造成应当赔偿的损害，或者两个以上的民用航空器共同造成此种损害的，各有关民用航空器均应当被认为已经造成此种损害，各有关民用航空器的经营人均应当承担责任。经营人、所有人和应当承担责任的人，以及他们的受雇人、代理人，对于飞行中的民用航空器或者从飞行中的民用航空器上落下的人或者物造成的地面上的损害不承担责任，但是故意造成此种损害的人除外。

（5）保险人和担保人除享有与经营人相同的抗辩权，以及对伪造证件进行抗辩的权利外，对依照规定提出的赔偿请求只能进行下列抗辩。

1）损害发生在保险或者担保终止有效后，且保险或者担保在飞行中期满的，该项保险或者担保在飞行计划中所载下一次降落前继续有效，但是不得超过24 h。

2）损害发生在保险或者担保所指定的地区范围外，除非飞行超出该范围是由于不可抗力、援助他人所必需，或者驾驶、航行或领航上的差错造成的。

3）前款关于保险或者担保继续有效的规定，只在对受害人有利时适用。

4）仅在下列情形下，受害人可以直接对保险人或者担保人提起诉讼，但是不妨碍受害人根据有关保险合同或者担保合同的法律规定提起直接诉讼的权利：保险或者担保继续有效的、经营人破产的。

5）保险人或者担保人对受害人依照规定提起的直接诉讼不得以保险或者担保的无效或者追溯力终止为由进行抗辩。保险人应当支付给经营人的款项，在规定的第三人的赔偿请求未满足前，不受经营人的债权人的扣留和处理。地面第三人损害赔偿的诉讼时效期间为二年,自损害发生之日起计算。但是,在任何情况下,时效期间不得超过自损害发生之日起三年。

(6)《民用航空法》的规定不适用于下列损害。

1)对飞行中的民用航空器或者对该航空器上的人或者物造成的损害。

2)为受害人同经营人或者同发生损害时对民用航空器有使用权的人订立的合同所约束,或者为适用双方之间的劳动合同的法律有关职工赔偿的规定所约束的损害。

3)核损害。

五、外国民用航空器境内起飞、运输条件

1. 外国民用航空器飞入飞出的条件

外国民用航空器根据其国籍登记国政府与中华人民共和国政府签订的协定、协议的规定,或者经中华人民共和国国务院民用航空主管部门批准或者接受,方可飞入、飞出中华人民共和国领空和在中华人民共和国境内飞行、降落。对不符合前款规定,擅自飞入、飞出中华人民共和国领空的外国民用航空器,中华人民共和国有关机关有权采取必要措施,令其在指定的机场降落。对虽然符合前款规定,但是有合理的根据认为需要对其进行检查的,有关机关有权令其在指定的机场降落。

2. 外国民用航空器经营人需提交的文件

外国民用航空器飞入中华人民共和国领空,其经营人应当提供有关证明书,证明其已经投保地面第三人责任险或者已经取得相应的责任担保。其经营人未提供有关证明书的,中华人民共和国国务院民用航空主管部门有权拒绝其飞入中华人民共和国领空。

3. 外国民用航空器的经营条件

外国民用航空器的经营人经其本国政府指定,并取得中华人民共和国国务院民用航空主管部门颁发的经营许可证,方可经营中华人民共和国政府与该外国政府签订的协定、协议规定的国际航班运输。外国民用航空器的经营人经其本国政府批准,并获得中华人民共和国国务院民用航空主管部门批准,方可经营中华人民共和国境内一地和境外一地之间的不定期航空运输。前款规定的外国民用航空器经营人,应当依照中华人民共和国法律、行政法规的规定,制定相应的安全保

卫方案，报中华人民共和国国务院民用航空主管部门备案。

4. 外国民用航空器的经营禁止

外国民用航空器的经营人，不得经营中华人民共和国境内两点之间的航空运输。外国民用航空器，应当按照中华人民共和国国务院民用航空主管部门批准的班期时刻或者飞行计划飞行。变更班期时刻或者飞行计划的，其经营人应当获得中华人民共和国国务院民用航空主管部门的批准。因故变更或者取消飞行的，其经营人应当及时报告中华人民共和国国务院民用航空主管部门。外国民用航空器应当在中华人民共和国国务院民用航空主管部门指定的设关机场起飞或者降落。

5. 外国民用航空器的经营管理

中华人民共和国国务院民用航空主管部门和其他主管机关，有权在外国民用航空器降落或者飞出时查验规定的携带文件。

外国民用航空器及其所载人员、行李、货物，应当接受中华人民共和国有关主管机关依法实施的入境出境、海关、检疫等检查。实施前两款规定的查验、检查，应当避免不必要的延误。

培训课程 2 《通用航空飞行管制条例》相关知识

一、通用航空的定义及其活动分类

1. 通用航空的定义

根据《通用航空飞行管制条例》规定，通用航空指的是除军事、警务、海关缉私飞行和公共航空运输飞行以外的航空活动，包括从事工业、农业、林业、渔业、矿业、建筑业的作业飞行和医疗卫生、抢险救灾、气象探测、海洋监测、科学实验、遥感测绘、教育训练、文化体育、旅游观光等方面的飞行活动。

2. 通用航空活动分类

通用航空活动分为经营性和非经营性两大类。

（1）经营性通用航空活动。经营性通用航空活动是指中华人民共和国境内的企业法人使用民用航空器开展的以营利为目的的通用航空飞行活动。经营性通用航空活动分为三类：载客类、载人类、其他类。

1）载客类。载客类包括通用航空短途运输、通用航空包机飞行。通用航空短途运输是指通用航空企业使用30座（含机组）以下的民用航空器开展的定期载客运输飞行服务活动。短途运输航线距离原则上不超过500 km。

通用航空包机飞行是指通用航空企业使用30座（含机组）以下的民用航空器，按照与包机方所订立的合法文本合同提供的不定期载客运输服务。此类服务不对社会公众销售客票，不向非乘机人公布航班时刻，而是根据需要决定飞行频次。

2）载人类。载人类包括石油服务、直升机引航、航空医疗救护、航空护林、空中游览、跳伞飞行服务、个人娱乐飞行等。

石油服务是指通用航空企业使用符合民航局规定的民用航空器,在石油勘探开发的作业地至后勤保障基地之间开展的人员和物资运输以及空中吊装、空中消防灭火、搜寻救援等飞行服务活动。

直升机引航是指通用航空企业使用符合民航局规定的民用直升机,在轮船和港口之间运送引航员的飞行服务活动。

航空医疗救护包括航空医疗急救与航空医疗转运两种情形。航空医疗急救是指通用航空企业使用符合民航局规定的民用航空器,将患者从事故或者发病现场转移至医疗机构的飞行服务活动。航空医疗转运是指通用航空企业使用符合民航局规定的民用航空器,将患者从一个安全地点转移到另一个安全地点的飞行服务活动。

航空护林是指通用航空企业使用符合民航局规定的民用航空器,配备专用仪器、设备和专业人员,以保护森林(草原)资源为目的开展的森林(草原)消防飞行服务活动,包括巡护飞行、索降灭火、机降灭火、喷液灭火、吊桶灭火等。

空中游览是指通用航空企业使用符合民航局规定的民用航空器,载运游客开展的以观赏、游览为目的的飞行服务活动。

跳伞飞行服务是指通用航空企业使用符合民航局规定的民用航空器,运载跳伞人员到达指定空域的飞行服务活动。

个人娱乐飞行是指飞行驾驶执照拥有者为保持和提高飞行技术、体验飞行乐趣,从通用航空企业租用符合民航局规定的民用航空器开展的飞行活动。

3)其他类。其他类包括城市消防、直升机机外载荷飞行、人工影响天气、航空探矿、航空摄影、海洋监测、渔业飞行、空中巡查、电力作业、航空喷洒(撒)、空中拍照、空中广告、科学实验、气象探测、表演飞行、通用航空货运、商用驾驶员执照培训、私用驾驶员执照培训、运动驾驶员执照培训、无人机驾驶员执照培训等。

城市消防是指通用航空企业使用符合民航局规定的民用直升机,开展的对城市高层建筑物的空中喷液灭火和人员救援等飞行服务活动。

直升机机外载荷飞行是指通用航空企业以符合民航局规定的民用直升机为平台进行的吊装、吊运等飞行服务活动。

人工影响天气是指在云中降水条件不足的情况下,通用航空企业使用符合民航局规定的民用航空器,利用装有或者搭载的专用设备,向云层中喷撒催化剂以促进降水的飞行服务活动。或者向地表覆盖的冰雪喷撒吸热物质，提高冰雪温度，以促使冰雪融化的飞行服务活动。

航空探矿是指通用航空企业以符合民航局规定的民用航空器为平台，使用装有或者搭载的专用探测仪器，通过从空中测量地球各种物理场（磁场、电磁场、重力场、放射性场等）的变化，了解地下地质情况和矿藏分布状况的飞行服务活动。

航空摄影是指通用航空企业以符合民航局规定的民用航空器为平台，使用装有或者搭载的专用设备（如航空摄影仪、多光谱扫描仪、成像光谱仪和微波辐射计、散射计、合成孔径雷达等）对地观测，获取地球地表反射、辐射以及散射电磁波特性信息，用于测制各种比例尺的地形图、资源调查等的飞行服务活动。

海洋监测是指通用航空企业以符合民航局规定的民用航空器为平台，使用装有或者搭载的专用仪器，对领海和专属经济区内海洋资源使用、海洋污染情况进行的空中监测、调查、取证等飞行服务活动。

渔业飞行是指通用航空企业以符合民航局规定的民用航空器为平台，使用装有或者搭载的专用仪器，对渔业资源分布、使用情况进行的监测、调查、取证等飞行服务活动。

空中巡查是指通用航空企业以符合民航局规定的民用航空器为平台，使用装有或者搭载的专用仪器，对预先设定的区域或者输电线路、油气管线等特定目标进行的空中观察、监测、现场管理等飞行服务活动。

电力作业是指通用航空企业使用符合民航局规定的民用航空器，为电力建设、输电线路维护、海上风电运维等提供的飞行服务活动，包括输电线路基础施工、组装输电铁塔、施放导引绳、输电线路清洗、输电线路带电维护和风力涡轮发电设施维护所需人员与设备的运输等项目。

航空喷洒（撒）是指通用航空企业以符合民航局规定的民用航空器为平台，使用装有或者搭载的专业喷洒（撒）设备或者装置，将液体或者干固体物料，按特定技术要求从空中向地面农业目标喷雾或者撒播的飞行服务活动。

空中拍照是指通用航空企业以符合民航局规定的民用航空器为平台，使用安装或者搭载的摄影、摄像等专业设备，为影视制作、新闻报道、比赛转播等拍摄空中影像资料的飞行服务活动。

空中广告是指通用航空企业使用符合民航局规定的民用航空器，在空中开展的广告宣传飞行服务活动，包括机（艇）身广告、飞机拖曳广告、空中喷烟广告等。

科学实验是指通用航空企业以符合民航局规定的民用航空器为平台，为开展各类科学实验提供空中环境的飞行服务活动。

气象探测是指通用航空企业以符合民航局规定的民用航空器为平台，通过安装或者搭载的专业设备，对大气物理、大气化学和气象现象进行探察、测量的飞行服务活动。

表演飞行是指通用航空企业使用符合民航局规定的民用航空器，以展示飞机性能、飞行技艺、普及航空知识和满足观众观赏为目的开展的飞行服务活动。

通用航空货运是指通用航空企业使用符合民航局规定的民用航空器，从事邮件或者货物运输的飞行服务活动。

商用、私用、运动、无人机驾驶员执照培训是指通用航空企业使用符合民航局规定的民用航空器，以掌握飞行驾驶技术，获得商用驾驶员执照、私用驾驶员执照、运动驾驶员执照或者无人机驾驶员执照为目的开展的飞行服务活动，包括正常教学飞行、教官带飞、学员在教官的指导下单飞，但不包括熟练飞行。

（2）非经营性通用航空活动。非经营性通用航空活动，是指中华人民共和国境内的中国公民、法人或其他组织使用民用航空器开展的不以营利为目的的通用航空飞行活动。

非经营性通用航空活动项目包括不以营利为目的的人工降水、医疗救护、自用公务飞行、搜索救援飞行、海洋监测、渔业飞行、气象探测、科学实验、城市消防、空中巡查、飞机播种、空中施肥、空中喷洒植物生长调节剂、空中除草、防治农林业病虫害、草原灭鼠、防治卫生害虫、航空护林、空中拍照、航空运动训练飞行、个人飞行与娱乐飞行活动。

二、飞行空域的划设与使用

飞行空域是指无人机飞行训练和作业所在的活动空间。

1. 临时飞行空域

通用航空飞行活动的单位、个人使用机场飞行空域、航路、航线，应当按照国家有关规定向飞行管制部门提出申请，经批准后方可实施。

从事通用航空飞行活动的单位、个人，根据飞行活动要求，需要划设临时飞行空域的，应当向有关飞行管制部门提出划设临时飞行空域的申请。划设临时飞行空域的申请应当在拟使用临时飞行空域 7 个工作日前向有关飞行管制部门提出。申请应当包括下列内容。

（1）临时飞行空域的水平范围、高度。

（2）飞入和飞出临时飞行空域的方法。

（3）使用临时飞行空域的时间。

（4）飞行活动性质。

（5）其他有关事项。

无人机使用的飞行空域目前都是临时飞行空域，无人机的飞行活动属于通用航空的范畴。

无人机的空域是有时间限制的，一般情况下固定空域的使用申请最长时限不超过当年的 12 月 31 日，每年在空域使用到期前要在规定的期限内进行复审申请。短期的使用可以提前一周左右进行空域使用申请。

 **小提示**

对于使用安全网进行空间隔离的无人机训练空域不需要进行申请。

2. 划设临时飞行空域的批准权限

划设临时飞行空域，按照下列规定的权限批准。

（1）在机场区域内划设的，由负责该机场飞行管制的部门批准。

（2）超出机场区域在飞行管制分区内划设的，由负责该分区飞行管制的部门批准。

（3）超出飞行管制分区在飞行管制区内划设的，由负责该管制区飞行管制的部门批准。

（4）在飞行管制区间划设的，由中国人民解放军空军批准。

负责批准该临时飞行空域的飞行管制部门应当在拟使用临时飞行空域 3 个工作日前作出批准或者不予批准的决定，并通知申请人。若作出批准的决定，批准划设临时飞行空域的部门应当将划设的临时飞行空域报上一级飞行管制部门备案，并通报有关单位。

3. 临时飞行空域的使用期限

临时飞行空域的使用期限应当根据通用航空飞行的性质和需要确定，通常不得超过 12 个月。因飞行任务的要求，需要延长临时飞行空域使用期限的，应当报经批准该临时飞行空域的飞行管制部门同意。通用航空飞行任务完成后，从事通用航空飞行活动的单位、个人应当及时报告有关飞行管制部门，其申请划设的临时飞行空域即行撤销。对于已划设的临时飞行空域，从事通用航空飞行活动的其他单位、个人因飞行需要，经批准划设该临时飞行空域的飞行管制部门同意，也可以使用。

三、飞行活动的管理

1. 一般飞行计划的申请

从事通用航空飞行活动的单位、个人实施飞行前，应当向当地飞行管制部门提出飞行计划申请，按照批准权限，经批准后方可实施。

飞行计划申请应当在拟飞行前 1 天 15 时前提出。

飞行计划申请应当包括以下内容。

（1）飞行单位。

（2）飞行任务性质。

（3）机长（飞行员）姓名、代号（呼号）和空勤组人数。

（4）航空器型号和架数。

（5）通信联络方法和二次雷达应答机代码。

（6）起飞、降落机场和备降机场。

（7）预计飞行开始、结束时间。

（8）飞行气象条件。

（9）航线、飞行高度和飞行范围。

（10）其他特殊保障需求。

2. 紧急飞行计划的申请

对于执行紧急救护、抢险救灾、人工影响天气或者其他紧急任务的，可以提出临时飞行计划申请。临时飞行计划申请最迟应当在拟飞行 1 h 前提出。

从事通用航空飞行活动的单位、个人有下列情形之一的，必须在提出飞行计划申请时，提交有效的任务批准文件。

(1) 飞出或者飞入我国领空的（公务飞行除外）。

(2) 进入空中禁区或者国（边）界线至我国一侧 10 km 之间地带上空飞行的。

(3) 在我国境内进行航空物探或者航空摄影活动的。

(4) 超出领海（海岸）线飞行的。

(5) 外国航空器或者外国人使用我国航空器在我国境内进行通用航空飞行活动的。

3. 飞行计划的批准

使用机场飞行空域、航路、航线进行通用航空飞行活动，其飞行计划申请由当地飞行管制部门批准或者由当地飞行管制部门报经上级飞行管制部门批准。

使用临时飞行空域、临时航线进行通用航空飞行活动，其飞行计划申请按照下列规定的权限批准。

(1) 在机场区域内的，由负责该机场飞行管制的部门批准。

(2) 超出机场区域在飞行管制分区内的，由负责该分区飞行管制的部门批准。

(3) 超出飞行管制分区在飞行管制区内的，由负责该区域飞行管制的部门批准。

(4) 超出飞行管制区的，由中国人民解放军空军批准。

飞行管制部门应当在拟飞行前 1 天 21 时前作出批准或者不予批准的决定，并通知申请人。对于执行紧急救护、抢险救灾、人工影响天气或者其他紧急任务而提出临时飞行计划申请的，飞行管制部门应当在拟起飞时刻前 15 min 作出批准或者不予批准的决定，并通知申请人。

四、飞行活动的保障

通信、导航、雷达、气象、航行情报和其他飞行保障部门应当认真履行职责，密切协同，统筹兼顾，合理安排，提高飞行空域和时间的利用率，保障通用航空飞行顺利实施。

通信、导航、雷达、气象、航行情报和其他飞行保障部门对于紧急救护、抢险救灾、人工影响天气等突发性任务的飞行，应当优先安排。

从事通用航空飞行活动的单位、个人，组织各类飞行活动时，应当制定安全保障措施，严格按照批准的飞行计划组织实施，并按照要求报告飞行动态。

从事通用航空飞行活动的单位、个人，应当与有关飞行管制部门建立可靠的通信联络。在划设的临时飞行空域内从事通用航空飞行活动时，应当保持空地联络畅通。

在临时飞行空域内进行通用航空飞行活动，通常由从事通用航空飞行活动的单位、个人负责组织实施，并对其安全负责。

飞行管制部门应当按照职责分工或者协议，为通用航空飞行活动提供空中交通管制服务。

从事通用航空飞行活动需要使用军用机场的，应当将使用军用机场的申请和飞行计划申请一并向有关部队司令机关提出，由有关部队司令机关作出批准或者不予批准的决定，并通知申请人。

从事通用航空飞行活动的航空器转场飞行，需要使用军用或者民用机场的，由该机场管理机构按照规定或者协议提供保障；使用军民合用机场的，由从事通用航空飞行活动的单位、个人与机场有关部门协商确定保障事宜。

在临时机场或者起降点飞行的组织指挥，通常由从事通用航空飞行活动的单位、个人负责。

从事通用航空飞行活动的民用航空器能否起飞、着陆和飞行，由机长（飞行员）根据适航标准和气象条件等最终确定，并对此决定负责。

通用航空飞行保障收费标准，按照国家有关国内机场收费标准执行。

培训课程 3 《民用航空安全管理规定》相关知识

一、安全管理要求

1. 安全管理体系的要求

安全管理体系应当至少包括十二项要素。

（1）安全管理承诺与责任。

（2）安全问责制。

（3）任命关键的安全人员。

（4）应急预案的协调。

（5）安全管理体系文件。

（6）危险源识别。

（7）安全风险评估与缓解措施。

（8）安全绩效监测与评估。

（9）变更管理。

（10）持续改进。

（11）培训与教育。

（12）安全交流。

2. 安全管理机制的功能

（1）查明危险源及评估相关风险。

（2）制定并实施必要的预防和纠正措施以保持可接受的安全绩效水平。

（3）持续监测与定期评估安全管理活动的适宜性和有效性。

3. 安全生产的投入

（1）制定完备的安全生产规章制度和操作规程。

（2）从业人员安全教育和培训。

（3）安全设施、设备、工艺符合有关安全生产法律、行政法规、标准和规章的要求。

（4）安全生产检查与评价。

（5）重大危险源、重大安全隐患的评估、整改、监控。

（6）安全生产突发事件应急预案、应急组织、应急演练，配备必要的应急器材、设备。

（7）满足法律、行政法规和规章规定的与安全生产直接相关的其他要求。

4. 安全人员的培训

民航生产经营单位的主要负责人、分管安全生产的负责人和安全管理人员应当按规定完成必需的安全管理培训，并定期参加复训。

民航生产经营单位应当针对生产运行相关岗位人员制订安全培训大纲和年度安全培训计划，其内容和质量应当满足相应的要求。

民航生产经营单位应当组织开展安全培训，建立培训档案，定期组织复训和考核。未经安全教育和培训，或者经教育和培训后考核不合格的人员，不得上岗作业。

民航生产经营单位应当对安全培训质量实行监督，确保培训目的、内容和质量满足相关要求。

二、安全数据和安全信息的利用

1. 行业安全数据和安全信息管理

民航局建立安全数据收集和处理系统，并实现安全数据整合或者互访功能。民航局建立基于安全信息分析的安全项目工作机制，包括但不限于以下内容。

（1）开展行业安全信息分析，确定重点风险领域，提出民用航空安全项目建议。

（2）组建民用航空安全咨询专家组，系统研究并提出风险控制方案。

（3）对风险控制措施的实施及效果进行持续监控。

安全数据和安全信息应当用于调查事故或者事故征候原因，提出安全建议，预防事故或者事故征候发生。

2. 民航生产经营单位安全数据利用

民航生产经营单位应当根据本单位运行类型、规模和复杂程度，以及相应的安全管理需求，建立适宜的安全数据收集和处理系统。

民航生产经营单位应当充分利用收集的安全数据，开展安全现状分析和趋势预测，不得将安全数据用于除改进航空安全以外的其他任何目的。

3. 安全数据的来源

（1）安全报告，包括强制报告、自愿报告和举报等。

（2）事件调查。

（3）安全检查、审核和评估。

（4）航空器持续适航有关的报告。

（5）飞行品质监控。

三、安全监督管理

1. 中国民航航空安全方案的要素

民航局编制和实施中国民航航空安全方案，以使民用航空安全绩效达到可接受的水平。

中国民航航空安全方案包括十一项要素。

（1）安全立法框架。

（2）安全责任和问责制。

（3）事故和事故征候调查。

（4）执法政策。

（5）对民航生产经营单位安全管理体系的要求。

（6）对民航生产经营单位安全绩效的认可。

（7）安全监督。

（8）安全数据的收集、分析和交换。

（9）基于安全数据确定重点监管领域。

（10）内部培训、交流和发布信息。

（11）外部培训、交流和发布信息。

2. 安全监督制度的内容

民航局建立安全监督制度，保证安全监管全面、有效开展。安全监管制度包括以下几方面。

（1）基本民用航空法律和法规。参与航空立法，以使安全监管活动得到充分的法律保障，实现依法治理。

（2）具体运行规章。依法制定行业运行规章，实现民用航空生产运行标准化、规范化管理，防范安全风险。

（3）安全监管机构、人员及职能。建立与民用航空运行规模和复杂程度相适应的安全监管机构，协调有关部门配备数量足够的合格人员以及必要的财政经费，以保证安全监管职能得到有效履行，安全监管目标得以实现。

（4）监察员资质和培训。规定监察员最低资格要求，建立初始培训、复训以及培训记录制度。

（5）提供技术指导、工具及重要的安全信息。向监察员提供必要的监管工具、技术指导材料、关键安全信息，使其按规定程序有效履行安全监管职能。向行业提供执行相关规章的技术指导。

（6）颁发执照、合格审定、授权或者批准。通过制定并实施特定的程序，确保从事民用航空活动的人员和单位只有在符合相关规章要求之后，方可从事执照、许可证、授权或者批准所包含的相关民用航空活动。

（7）监察。通过制订并实施持续的检查、审计和监测计划，对民用航空活动进行监察，确保航空执照、许可证、授权或者批准的持有人持续符合规章要求，其中包括对民航行政机关指定的代其履行安全监督职能的人员进行监察。

（8）解决安全问题。制定并使用规范的程序，用于采取包括强制措施在内的整改行动，以解决查明的安全问题。通过对整改情况的监测和记录，确保查明的安全问题得到及时解决。

培训课程 4 《民用无人机驾驶员管理规定》相关知识

一、驾驶员的证照管理

1. 无须证照管理的情况

在下列情况下，无人机系统驾驶员自行负责，无须证照管理。

（1）在室内运行的无人机。

（2）Ⅰ类、Ⅱ类无人机（如运行需要，驾驶员可在无人机云系统进行备案。备案内容应包括驾驶员真实身份信息、所使用的无人机型号，并通过在线法规测试）。

（3）在人烟稀少、空旷的非人口稠密区进行试验的无人机。

2. 由协会实施管理，局方实施监督的情况

在下列情况下，无人机驾驶员由行业协会实施管理，局方飞行标准部门可以实施监督。

（1）在隔离空域内运行的除Ⅰ类、Ⅱ类以外的无人机。

（2）在融合空域内运行的Ⅲ类、Ⅳ类、Ⅴ类、Ⅵ类、Ⅶ类无人机。

（3）在融合空域运行的Ⅺ类、Ⅻ类无人机，其驾驶员由局方实施管理。

二、行业协会对无人机系统驾驶员的管理

实施无人机系统驾驶员管理的行业协会须具备以下条件。

（1）正式注册五年以上的全国性行业协会，并具有行业相关性。

（2）设立了专门的无人机管理机构。

（3）建立了可发展完善的理论知识评估方法，可以测评人员的理论水平。

（4）建立了可发展完善的安全操作技能评估方法，可以评估人员的操控、指挥

和管理技能。

（5）建立了驾驶员考试体系和标准化考试流程，可实现驾驶员训练、考试全流程电子化实时监测。

（6）建立了驾驶员管理体系，可以统计和管理驾驶员在持证期间的运行和培训的飞行经历、违章处罚等记录。

（7）已经在民航局备案。

行业协会对申请人实施考核后签发训练合格证。

训练合格证应定期更新，更新时应对新的法规要求、新的知识和驾驶技术等内容实施必要的培训，如有需要应进行考核。

行业协会每6个月向局方提交报告，内容包括训练情况、技术进步情况、遇到的困难和问题、事故和事故征候、训练合格证统计信息等。

三、局方对无人机系统驾驶员的管理

1. 执照要求

（1）在融合空域3 000 m以下运行的XI类无人机驾驶员，应至少持有运动或私用驾驶员执照，并带有相似的类别等级（如适用）。

（2）在融合空域3 000 m以上运行的XI类无人机驾驶员，应至少持有带有飞机或直升机等级的商用驾驶员执照。

（3）在融合空域运行的XII类无人机驾驶员，应至少持有带有飞机或直升机等级的商用驾驶员执照和仪表等级。

（4）在融合空域运行的XII类无人机机长，应至少持有航线运输驾驶员执照。

2. 执照所含信息

对于完成训练并考试合格人员，在其驾驶员执照上应签注如下信息。

（1）无人机型号。

（2）无人机类型。

（3）职位，包括机长、副驾驶。

3. 熟练检查

驾驶员应对每个签注的无人机类型接受熟练度检查，该检查每12个月进行一次。检查由局方可接受的人员实施。

4. 体检合格

拥有驾驶员执照的无人机驾驶员必须持有按中国民用航空规章《中国民用航空人员医学标准和体检合格证管理规则》（CCAR-67FS）颁发的有效体检合格证，并且在行使驾驶员执照权利时随身携带该合格证。

5. 航空知识要求

申请人必须接受并记录培训机构工作人员提供的地面训练，完成与所申请无人机系统等级相应的地面训练课程并通过理论考试。

培训课程 5 《轻小无人机运行规定（试行）》相关知识

一、轻小无人机的定义

近年来，民用无人机的生产和应用在国内外蓬勃发展，特别是低空、慢速、微轻小型无人机数量快速增加，占到民用无人机的绝大多数。为了规范此类民用无人机的运行，发布《轻小无人机运行规定（试行）》咨询通告。

二、视距内和超视距运行要求

1. 视距内运行要求

（1）必须在驾驶员或者观测员视距范围内运行。

（2）必须在昼间运行。

（3）必须将航路优先权让与其他航空器。

2. 超视距运行要求

（1）必须将航路优先权让与有人驾驶航空器。

（2）当飞行操作危害到空域的其他使用者、地面上人身、财产安全或不能按照本咨询通告要求继续飞行时，应当立即停止飞行活动。

（3）驾驶员应当能够随时控制无人机。对于使用自主模式的无人机，无人机驾驶员必须能够随时操控。

3. 无人机失控预案

出现无人机失控的情况，机长应该执行相应的预案，包括以下方面。

（1）无人机应急回收程序。

（2）对于接入无人机云的用户，应在系统内上报相关情况。

（3）对于未接入无人机云的用户，根据相关空管服务部门的程序，上报遵照以上程序的相关责任人名单。

三、民用无人机的运行管理

1. 无人机驾驶员资格要求

民用无人机驾驶员应当根据其所驾驶的民用无人机的等级分类，符合咨询通告《民用无人驾驶航空器系统驾驶员管理暂行规定》（AC-61-FS-2013-20）中关于执照、合格证、等级、训练、考试、检查和航空经历等方面的要求，并依据本咨询通告运行。

2. 无人机机长的职责和权限

民用无人机机长对民用无人机的运行直接负责，并具有最终决定权。

（1）在飞行中遇有紧急情况时：机长必须采取适合当时情况的应急措施。在飞行中遇到需要立即处置的紧急情况时，机长可以在保证地面人员安全所需要的范围内偏离本咨询通告的任何规定。

（2）如果在危及地面人员安全的紧急情况下必须采取违反当地规章或程序的措施，机长必须毫不迟疑地通知有关地方当局。

机长必须负责以可用的、最迅速的方法将导致人员严重受伤或死亡、地面财产重大损失的任何航空器事故通知最近的民航及相关部门。

民用无人机分类繁杂，运行种类繁多，所使用空域远比有人驾驶航空器广阔，因此有必要实施分类管理，依据现有无人机技术成熟情况，针对轻小型民用无人机进行民用无人机的运行管理。

3. 接入无人机云的民用无人机管理

（1）对于重点地区和机场净空区以下使用的Ⅱ类和Ⅴ类的民用无人机，应接入无人机云，或者仅将其地面操控设备位置信息接入无人机云，报告频率最少每分钟一次。

（2）对于Ⅲ类、Ⅳ类、Ⅵ类和Ⅶ类的民用无人机应接入无人机云，在人口稠密区报告频率最少每秒一次。在非人口稠密区报告频率最少每30秒一次。

（3）对于Ⅳ类的民用无人机，增加被动反馈系统。

4. 未接入无人机云的民用无人机管理

未接入无人机云的民用无人机运行前需要提前向管制部门提出申请，并提供有效监视手段。

培训课程 6 《民用无人驾驶航空器实名制登记管理规定》相关知识

学习单元1 无人机相关方的职责

一、适航司的职责

(1) 制定民用无人机实名登记政策。

(2) 管理"中国民用航空局民用无人机实名登记信息系统"(简称"无人机实名登记系统")。

二、制造商的职责

(1) 在"无人机实名登记系统"中填报其产品的名称、型号、最大起飞重量、空机重量、产品类型、无人机购买者姓名和移动电话等信息。

(2) 在产品外包装明显位置和产品说明书中,提醒拥有者在"无人机实名登记系统"中进行实名登记,警示不实名登记擅自飞行的危害。

(3) 随产品提供不干胶打印纸,供拥有者打印"无人机登记标志"。

三、无人机拥有者的职责

(1) 依据《民用无人驾驶航空器实名制登记管理规定》3.2 的要求,在"无人机实名登记系统"进行实名登记。

(2) 依据《民用无人驾驶航空器实名制登记管理规定》3.4 的要求，在其拥有的无人机上粘贴登记标志。

(3) 当发生《民用无人驾驶航空器实名制登记管理规定》3.5 所述情况，在"无人机实名登记系统"上更新无人机的信息。

学习单元 2　民用无人机实名登记内容

一、实名登记的信息内容

1. 民用无人机制造商填报信息

民用无人机制造商在"无人机实名登记系统"中填报的信息包括以下内容。

（1）制造商名称、注册地址和联系方式。

（2）产品名称和型号。

（3）空机重量和最大起飞重量。

（4）产品类别。

（5）无人机购买者姓名和移动电话。

2. 个人民用无人机拥有者的登记信息

个人民用无人机拥有者在"无人机实名登记系统"中登记的信息包括以下内容。

（1）拥有者姓名。

（2）有效证件号码（如身份证号、护照号等）。

（3）移动电话和电子邮箱。

（4）产品型号、产品序号。

（5）使用目的。

3. 单位民用无人机拥有者的登记信息

单位民用无人机拥有者在"无人机实名登记系统"中登记的信息包括以下内容。

(1) 单位名称。
(2) 统一社会信用代码或者组织机构代码等。
(3) 移动电话和电子邮箱。
(4) 产品型号、产品序号。
(5) 使用目的。

二、民用无人机的登记标志

1. 民用无人机登记标志的内容

民用无人机登记标志包括登记号和登记二维码,民用无人机拥有者在"无人机实名登记系统"中完成信息填报后,系统自动给出包含登记号和二维码的登记标志图片,并发送到登记的邮箱。

2. 民用无人机登记号

民用无人机登记号是为区分民用无人机而给出的编号,对于序号(S/N)不同的民用无人机,登记号也不同。民用无人机登记号共有 11 位字符,分为两部分:前 3 位为字母 UAS,后 8 位为阿拉伯数字,采用流水号形式,范围为 00000001 ~ 99999999,例如登记号 UAS00000003。

3. 民用无人机登记二维码

民用无人机登记二维码包括无人机制造商、产品型号、产品名称、产品序号、登记时间、拥有者姓名或单位名称、联系方式等信息。

三、民用无人机的标识要求

1. 标志图大小要求

民用无人机拥有者在收到系统给出的包含登记号和二维码的登记标志图片后,将其打印为至少 2 cm×2 cm 的不干胶粘贴牌。

2. 标志图粘贴要求

民用无人机拥有者将登记标志图片采用耐久性方法粘于无人机不易损坏的地方,且始终清晰可辨,以便于查看。便于查看是指登记标志附着于一个不需要借助任何工具就能查看的部件之上。

3. 标志使用要求

民用无人机拥有者必须确保无人机每次运行期间均保持登记标志附着其上。

4. 标志使用禁止项

民用无人机登记号和二维码信息不得涂改、伪造或转让。

四、登记信息的更新

1. 登记信息的注销

民用无人机发生出售、转让、损毁、报废、丢失或者被盗等情况，民用无人机拥有者应及时通过"无人机实名登记系统"注销该无人机的信息。

2. 登记变更后的无人机信息

民用无人机的所有权发生转移后，变更后的所有人必须按照规定的要求实名登记该民用无人机的信息。